高等院校海洋科学专业规划教材

大地构造学与中国古海洋演化

Geotectonics and China Paleo-Oceans Evolution

蔡周荣　编著

中山大学出版社
SUN YAT-SEN UNIVERSITY PRESS

·广州·

内容提要

本教材主要内容分为两部分。一是介绍国内外大地构造学的基本理论，包括国外学者提出的槽台学说、大陆漂移学说、海底扩张学说、板块构造学说，以及中国学者提出的多旋回构造学说、地质力学学说、断块构造学说、地洼构造学说、波浪状镶嵌构造学说等；二是运用大地构造学相关理论，从古海洋构造演化的角度，以板块构造学说和威尔逊旋回为主线，总结中国及邻区的古海洋大地构造演化史，包括古亚洲洋、秦祁昆洋、青藏—三江特提斯洋、古华南洋以及西太平洋等的构造演化。

本教材可作为高校地质专业本科生、研究生以及从事地质专业研究人员的参考书。

图书在版编目（CIP）数据

大地构造学与中国古海洋演化/蔡周荣编著 . —广州：中山大学出版社，2023.5
ISBN 978 - 7 - 306 - 07762 - 2

Ⅰ. ①大… Ⅱ. ①蔡… Ⅲ. ①大地构造—教材 ②古海洋学—海洋演化—中国—教材 Ⅳ. ①P54 ②P736.2

中国国家版本馆 CIP 数据核字（2023）第 045208 号
审图号：GS 川（2023）92 号

DADI GOUZAOXUE YU ZHONGGUO GUHAIYANG YANHUA

出 版 人：王天琪
策划编辑：李 文
责任编辑：李 文
封面设计：曾 斌
责任校对：廖翠舒
责任技编：靳晓虹
出版发行：中山大学出版社
电 话：编辑部 020 - 84110283，84113349，84111997，84110779，84110776
　　　　发行部 020 - 84111998，84111981，84111160
地 址：广州市新港西路 135 号
邮 编：510275 传 真：020 - 84036565
网 址：http://www.zsup.com.cn E-mail：zdcbs@ mail. sysu. edu. cn
印 刷 者：佛山市浩文彩色印刷有限公司
规 格：787mm×1092mm 1/16 14.25 印张 345 千字
版次印次：2023 年 5 月第 1 版 2023 年 5 月第 1 次印刷
定 价：50.00 元

总　序

　　海洋与国家安全和权益维护、人类生存和可持续发展、全球气候变化、油气和某些金属矿产等战略性资源保障等等休戚相关。贯彻落实"海洋强国"建设和"一带一路"倡议，不仅需要高端人才的持续汇集，实现关键技术的突破和超越，而且需要培养一大批了解海洋知识、掌握海洋科技、精通海洋事务的卓越拔尖人才。

　　海洋科学涉及的领域极为宽广，几乎涵盖了传统所熟知的"陆地学科"。当前，海洋科学更加强调整体观、系统观的研究思路，从单一学科向多学科交叉融合的发展趋势十分明显。海洋科学本科人才培养中，处理好"广博"与"专深"的关系，十分关键。基于此，我们本着"博学专长"的理念，按"243"思路来构建"学科大类→专业方向→综合提升"的专业课程体系。其中，学科大类板块设置了基础和核心两类课程，以拓宽学生知识面，助其掌握海洋科学理论基础和核心知识；专业方向板块从本科第四学期开始，按海洋生物、海洋地质、物理海洋和海洋化学四个方向将学生"四选一"进行分流，以帮助学生掌握扎实的专业知识；综合提升板块则设置选修课、实践课和毕业论文三个模块，以推动学生更自主、个性化、综合性的学习，养成专业素养。

　　相对于数学、物理学、化学、生物学、地质学等专业，海洋科学专业开设时间较短，教材积累相对欠缺，部分课程尚无正式教材，部分课程虽有教材但专业适用性不理想或知识内容较为陈旧。我们基于"243"课程体系，固化课程内容，从以下三个方面建设海洋科学专业系列教材：一是引进、翻译和出版 Descriptive Physical Oceanography：An Introduction，6ed（《物理海洋学·第 6 版》）、Chemical Oceanography，4ed（《化学海洋学·第 4 版》）、Biological Oceanography，2ed（《生物海洋学·第 2 版》）、Introduction to Satellite Oceanography（《卫星海洋学》）、Coastal Storms：Processes and Impacts（《海岸风暴：过程与作用》）、Marine Ecotoxicology（《海洋生态毒理学》）等原版教材；二是编著、出版《海洋植物学》《海洋仪器分析》《海岸动力地貌学》《海洋地图与测量学》《海洋污染与毒理》《海洋气象学》《海洋观测技术》

《海洋油气地质学》等理论课教材；三是编著、出版《海洋沉积动力学实验》《海洋化学实验》《海洋动物学实验》《海洋生态学实验》《海洋微生物学实验》《海洋科学专业实习》《海洋科学综合实习》等实验教材或实习指导书，预计最终将出版40多部系列性教材。

教材建设是高校的基本建设，对于实现人才培养目标起着重要作用。在教育部、广东省和中山大学等教学质量工程项目的支持下，我们以教师为主体、以学生为中心，及时地把本学科发展的新成果引入教材，使教学内容更具针对性和适用性。谨此对所有参与系列教材建设的教师和学生表示感谢。

系列教材建设是一项长期持续的工作，我们致力于突出前沿性、科学性和适用性，并强调内容的衔接，以形成完整的知识体系。

因时间仓促，教材中难免有不足和疏漏之处，敬请不吝指正。

《高等院校海洋科学专业规划教材》编审委员会

前　言

笔者在海洋地质和构造地质专业从事教学和科研工作十多年，一直想从古海洋构造演化的角度编一本大地构造学与中国区域地质方面的教材，以满足相关专业的教学需求。综观我国及邻区的大地构造演化历史，其实质就是以三大陆块（华北、扬子和塔里木）为核心，周缘分布着浩瀚的古大洋和微陆块，这些古大洋经历了开启、扩张、闭合以及碰撞形成造山带的过程，而三大陆块则镶嵌其中。因此，中国区域大地构造演化过程是多个不同时空分布的古海洋的构造演化历史。

大地构造学一直被地质学家作为地质学的上层建筑，是一代又一代大地构造学家对我们居住的星球不断探索的成果和思想结晶。从古人发出"沧海桑田"的感叹到今天"上九天揽月，下五洋捉鳖"的丰硕成果，从充满哲学思想的隆起说、水成说和火成说等到目前流行的板块构造理论，无不闪耀着人类智慧的光芒。大地构造学理论伴随着人类文明的进步而不断发展，本书第一章主要介绍这些大地构造学理论、发展历程及其应用。

在中国及邻区，围绕华北、扬子和塔里木地台，周缘发育着数条巨型造山带，这些造山带当中，除了一些较年轻的造山带由陆内造山作用形成之外，大部分经历了古海洋的开启、扩张和闭合碰撞构造演化。本书第二至第八章以板块构造学说中的威尔逊旋回为主线，介绍中国及邻区从古海洋到造山带的大地构造演化过程。

大地构造学涉及面广，知识结构复杂，观点众多，对一些区域的构造演化亦可能存在诸多争议。本教材在编写过程中参考了多部前辈编写的大地构造学教材，如云金表等编写的《大地构造与中国区域地质》、车自成等编写的《中国及其邻区区域大地构造学》、万天丰编写的《中国大地构造学》、潘桂堂等编写的《中国大地构造》、葛肖虹等编写的《中国区域大地构造学教程》、吴凤鸣编写的《大地构造学发展简史：史料汇编》以及亚建华等编写的《大地构造学基础与中国地质学概论》等，同时也补充了一些其他大地构造学理论；在古海洋构造演化方面除了吸收老一辈大地构造学家的研究成果之外，还收集了其他地质学科的一些资料作为佐证，如岩石学、地球化学、地球物理等方面的新成果和认识。

笔者首次尝试从古海洋构造演化角度编写中国区域大地构造演化的教材，由于水平有限，在教材编写过程中可能还存在很多问题，有些认识可能存在偏差，有些新发表的成果可能没引用等，敬请读者批评指正，以便在后续出版中不断改进和完善。

本教材由蔡周荣统编，刘海龄研究员提供第一章第十节层块构造的资料，研究生黄倩茹清绘部分插图，在此表示感谢！同时，感谢夏斌教授、刘海龄研究员、姚永坚教授、殷征欣博士等对教材编写提出的建设性意见！最后，感谢中山大学海洋科学学院领导和海洋地质教研室对本教材出版的大力支持！

编　者

2023 年 1 月

目　　录

绪　　论

大地构造学理论和中国区域构造演化是本书的两条主线，但两者并非相互独立，而是相辅相成，大地构造学理论为研究中国古海洋演化（区域大地构造）提供理论指导，而中国古海洋演化研究可以为相关大地构造理论提供更多的客观依据。因此，要了解中国古海洋的开启、扩张、闭合、造山等大地构造演化史，必须深入学习和熟练运用大地构造学相关理论。

第一节　大地构造学的学科性质

大地构造学（geotectonics）是研究地壳或岩石圈物质组成、形貌特征、结构构造、变形变位及形成演化的一门地质学分支学科，包括地壳或岩石圈的几何学、运动学、动力学和演化规律等方面，同时也是一门涉及地质地球物理、岩石地球化学、沉积学等综合性极强的学科，是地质学的概括和总结，被誉为地质学里的"上层建筑"。大地构造学研究对象（地球）的深度和广度主要受科技水平的影响，目前主要停留在地壳层次，鲜有到达岩石圈深处，对壳幔相互作用的认识还很有限。随着地球物理、大洋钻探等深部探测手段的运用以及地球化学等测试方法的进步，大地构造学研究的时空维度也在不断地拓宽。

大地构造学又可以进一步细分为不同的理论体系和分支学科。按所采用的理论和研究方法的不同，大地构造学分为不同的体系，如地槽–地台学说（简称槽台学说）、板块构造学、地质力学等，其主要区别在于各自以不同的地球动力作为自己的立论基础，如槽台说的立论基础为壳幔垂向相互作用，板块构造学的立论基础为地幔对流，地质力学的立论基础是地球自转速度的变化。按研究对象的不同，大地构造学可细分为许多分支学科，按照地壳构造分区可分为大洋地质、大陆边缘地质、岛弧地质、克拉通地质、造山带与盆地等；按照地理和行政区划可分为东亚地质、非洲地质、北美地质、中国区域地质等。

在大地构造学中，有一门分支学科尤其值得我们重视，那就是"地球动力学"（geodynamics），它是研究地球形成演化基本动力的大地构造学分支，是各种学说的立论基础，也是当今地质学中最热门的话题之一。地球动力学可归纳为五大系统：重力、膨胀收缩与脉动、地幔分异与对流、地球自转和星际作用。这五大系统又可以细分为若干个不同的学派或假说，而且新的学说仍在不断涌现。

第二节　大地构造学的研究任务和内容

大地构造学的主要研究任务是解决岩石圈形成演化的规律以及动力学问题，为矿产资源预测、地质灾害环境评价等与人类密切相关的资源环境问题提供宏观理论指导，并建立相应的动力学模型。人类要生存和发展就离不开地球资源，而各种资源都赋存在一定的地球动力学背景之下，有规律可寻，如石油、天然气以及各类固体矿产资源等，大地构造学可以为寻找这类资源提供宏观的理论指导。另外，火山、地震、滑坡、崩塌等这类对人类威胁极大的自然灾害，也是地壳运动的表现形式，尤其与新构造运动有关，只有在掌握其规律的情况下才能有效地预防和预报，这也是大地构造学的研究任务之一。

关于大地构造学的研究内容，前苏联大地构造学家别洛乌索夫（1976）作了高度的概括。本教材在此基础上，结合前人对大地构造的认识，将大地构造学的研究内容概括如下。

1. 研究地壳或岩石圈的几何学、形态学以及变形特征

小至一个岩体，大至一个地台、地槽或地壳、岩石圈等，不论地质体大小范围如何，其都有一个几何形态、大小尺寸以及相应的组分构造。这些很多是构造运动留下的形迹，包括褶皱、断裂、面理、线理、变质结构与变质矿物等构造形迹。造山带和盆地则是地壳运动留下的更大尺度的构造形迹，是地壳运动的综合表现。我们通过这些地质体的几何学、形态学以及变形特征研究，探索其形成的力学机制，就可以寻求地壳或岩石圈运动的力源问题。

2. 研究地壳或岩石圈的运动学

在充分了解地质体的几何形态和变形特征之后，有必要进一步分析这些地质体的变形演化过程，探索地质体变形时物质发生的位移、转动和应变等内部和外部的运动过程。

3. 研究地壳或岩石圈的动力学

主要是根据构造几何学（研究不同级别、不同尺度构造要素之间的空间几何关系，及其所建立的几何构造形式）和构造运动学（研究地质体在构造变动中的运动状态、运动过程和运动规律）的研究成果，反演构造变形时作用力的性质、大小、方向、应力场的演化以及外力与应力之间的关系，探索地质体在构造变动过程中的动力学过程。

4. 研究地壳或岩石圈的历史学

所有地质体都是在历史过程中不断演化的，研究地质体的构造演化历史就是要阐明各种地质构造的形成时期及其发育顺序。

概括起来，大地构造学这门学科的主要研究内容为地壳或岩石圈的几何学、运动学、动力学以及演化历史。以上几个方面的研究内容在大地构造学中不是孤立的，而是相互联系、相辅相成的。以对构造形态进行几何分析为基础，才能正确分析地质构造的变形过程、动力学机制以及演化历史，从而揭示岩石圈的形成和发展规律。

第三节　大地构造学的研究方法

地壳或岩石圈的变形几何学、运动学、动力学以及演化规律是大地构造学的主要研究内容，这就要求我们在研究方法上要理论与实践相结合，尊重地质事实及自然规律，通过对地质体的形态、产状、规模以及分布规律进行观察、描述和测量，从而开展地质体的几何学研究，并以野外地质考察、填图、遥感、地球物理等为主要研究手段；根据构造几何学的有关资料和数据，去探索现有的构造状态和位置，以及地质体在变形时物质相继发生的位移、转动和应变等内部和外部的运动规律，开展地质体的运动学研究；在详细的几何学和运动学基础上，探索构造变形时作用力的性质、大小、方向、应力场的演化以及外力与应力之间的关系，以进行地质体动力学研究；通过野外观察和室内对有关资料的综合研究，阐明各种地质构造的形成时期及其发育顺序，进而构建地质的构造演化历史。以上研究方法及顺序必须循序渐进、由表及里、由浅入深，且将野外地质考察与室内实验验证相结合。从更广袤的时空角度去研究地球不同位置的大地构造特征与演化规律，除了要求我们掌握区域大地构造的实际资料之外，还要从纵向和横向上进行对比研究。前人把中国区域大地构造学的研究方法概括为历史－构造分析法、将今论古法、构造类比法（云金表等，2002；巫建华等，2013）以及大地构造相分析法等，这些方法同样适用于全球的大地构造学研究。

1. 历史－构造分析法

在大地构造学领域里，各种理论和假说甚多。尽管它们在学术观点和思想体系上有所不同，但都是从岩石圈的组成观点或结构观点上来研究大地构造。岩石圈的组成和结构是物质运动在一定阶段的表现形式，它处在不断的运动、变化和发展过程中，因此，从历史发展的观点来分析岩石圈的组成和结构是研究大地构造的基本方法，这种方法就是历史－构造分析法或称地质历史分析法。概括起来，就是以各种地质、地球物理、地球化学资料为基础，按地史发展的顺序，探讨不同阶段大地构造发展的特点，着重研究和比较地壳、地幔及各部分构造的发生、发展和转化，找出它们之间的共同性和差异性，阐明它们的运动规律。

岩石圈的组成和结构主要包括岩石建造的成分、性质、类型分布，及其在地壳、地幔运动中，随着时间和空间的演化所表现出来的各种产状、形态的变化。具体地说，主要包括沉积特征、岩浆活动、构造变动、变质作用和成矿作用以及地球化学和地球物理资料的综合分析等方面（云金表等，2002）。

（1）沉积特征分析。分析沉积建造类型和建造系列，分析岩相－古地理、海侵海退、岩层间接触关系、岩层的厚度、古气候、生物地理区等，从而研究各地质时期沉积区和剥蚀区的分布，各地区之间的构造分异，以及历史上出现过的大规模大陆分裂和碰撞，大洋的扩张和消亡。

（2）岩浆活动分析。分析岩浆活动出现的时间，岩浆岩的岩性、产状、活动方式、活动规模、岩石系列顺序等，以了解岩浆活动在时间上和空间上的变化，以及与构造运动的关系，再造消失的海洋，确定不同性质的大陆边缘和大陆裂谷带。

（3）构造变动分析。根据地层之间的接触关系确定各时期构造运动的性质和时间，从构造形态组合特点分析构造运动的强度及当时的动力条件，从变形带的分布、走向等方面分析大陆碰撞带的位置、碰撞时间。

（4）变质作用分析。根据变质岩的岩性、分布、时代确定变质岩类型、强度及其形成的构造意义，重塑大陆边缘性质、造山带分布以及地缝合线位置。

（5）成矿作用分析。结合矿产类型、空间分布和成矿时代，研究各种矿产成矿与地质构造之间的关系，指出成矿大地构造条件和找矿方向。

（6）地球物理分析。通过深部地震测深、大地电磁测深、重力、磁力法了解地壳深部物质组成的特征及其结构。古地磁分析对重建大陆位置、了解古大陆大规模的水平运动无疑是十分重要的。岩石同位素年龄测定对研究寒武纪以前地壳演化历史也是必不可少的。

历史－构造分析法是目前区域大地构造研究中最基本的方法。不过，应该指出，在运用历史－构造分析法及上述几个具体的分析方法时，应把地层分析作为基础，沉积作用、岩浆活动、构造变动、变质作用都要通过与地层的关系把各种地质作用从时间上联系起来，没有地层的分析就没有时间的发展，各种地质作用只能是彼此孤立的，这样也就不能反映出地质构造发展的过程和演化的规律。在运用历史－构造分析法时，还应把构造运动作为主导作用，即从构造运动、构造活动性和构造环境的角度来分析沉积作用、岩浆活动、构造变动、变质作用和成矿作用。再有，在运用历史－构造分析法时，还应注意地质作用各方面之间的联系，事实上，在演化过程中，各种地质作用是一个整体，它们互相制约、互相影响、不可分割。

2. 将今论古法

将今论古法是地质学研究的基本方法，在区域大地构造研究中也同样适用。区域大地构造以岩石圈为研究对象，现代所见的岩石圈的物质响应和结构都经历了长期演变的过程。这些都是人类出现之前地质历史时期发生的事件。在推导过去的构造时，我们经常用现代地壳上所见的各种地质构造类型和各种地质作用，与地质历史上保存下来的各物质记录相比较，从而找出与这些物质记录相应的构造类型，并确定地质历史上这些地壳构造类型演变的规律，这种方法就是历史比较法或将今论古法。把地质历史上出现的地槽确定为大陆边缘，把地质历史上出现的蛇绿岩套确定为洋壳残留体或消减带都是通过历史比较法加以推论的。

当然，我们也应该看到，地球是不断演化的，地壳也是不断发展的，如地壳厚度总体加厚了，壳、幔物质分异更明显了，地壳构造类型更复杂更多样了，因此，现代地壳上的各种构造类型不是地质时期出现过和各种地壳构造类型的简单重复，不能不加区别地比较。一般来说，中生代以来的情况与现代大体相似；古生代与现代差别较大，比较时要慎重；前寒武纪特别是前寒武纪早期的状况更加难以比较，那时的地壳和地幔刚开始分异，地球的热力、动力可能与现代完全不同。

3. 构造类比法

区域大地构造研究中，根据不同地区地质构造及其发展历史的差别，划分出不同级别、不同性质的构造单位。严格地说，由于地壳发展不平衡，各种地质作用千差万别，各地区之间的差异是绝对的，但是不能把所有地区都划成各不相同的构造单位。我们的任务是要把千差万别的各种地质的、地球物理的和地球化学的资料加以综合分析，找出在某一尺度上相同的本质，划分出不同级别、不同类型的构造单位，这里就需要运用构造类比法。

例如，地壳是相对于地幔而存在的，大陆地壳和大洋地壳都是地壳的组成部分，但由于大陆地壳属于硅铝质，大洋地壳属于硅镁质，就从物质组成的差别把它们划为地壳上最大一级的构造单位，实际上大陆地壳与大洋地壳之间的差别比地壳与地幔之间的差别要小。又比如，台背斜和台向斜是地台上两种性质不同的构造单位，前者在长期发展过程中以隆起倾向占优势，后者在长期发展过程中以拗陷倾向为主，但是台背斜和台向斜都存在着基底岩系，这一地台结构的共性把它们联系在一起而区别于地槽。

在研究区域大地构造中，需要通过性质相同的构造单位之间和性质不同的构造单位之间两个方面的对比，找出其本质的差别和非本质的差别，从而找到划分构造单位的合理方案，并从中探索构造演化的基本特征。

4. 大地构造相分析法

大地构造相（tectonic facies）这一术语最早由 Sander（1923）提出，指构造运动形成的岩石特征，后来又经国内外构造学家不断修改和完善。潘桂棠等（2008，2015）在中国大地构造编图过程中，进一步丰富和发展了大地构造相分析法，并将其作为编制大地构造图和大地构造单元分区的手段。潘桂棠等（2008，2015）认为，大地构造相是指反映陆块区、大洋盆地及造山系（带）形成演变过程中，在特定演化阶段、特定大地构造环境中，形成的一套岩石构造组合，是表达岩石圈板块经过离散、聚合、碰撞、造山等动力学过程而形成的地质构造作用的综合产物。大地构造相的研究方法，总体上是以板块构造学说为指导，运用将今论古法的现实主义比较构造地质学研究原则和大地构造相时空结构分析方法。"五要素"分析是大地构造相分析方法的基础研究工作。"五要素"分析是指开展沉积岩建造/构造研究、火山岩建造/构造研究、侵入岩建造/构造研究、变质岩建造/构造研究以及大型变形构造研究，通过研究分别提取及确定岩石构造组合，并按不同岩石构造组合归纳，上升为构造环境。

（1）沉积岩建造/构造研究。在沉积岩建造组合类型划分的基础上，要进行建造组合类型的原型盆地分析，从而确定出建造产生的构造古地理单元和大地构造相，包括划分沉积岩建造组合类型和构造古地理单元。将沉积岩建造组合类型定义为同一时代同一沉积相或沉积体系内几类沉积岩建造的自然组合。在沉积岩建造组合类型划分的基础上，要进行建造组合类型的原型盆地分析，从而确定出建造产生的构造古地理单元和大地构造相。沉积岩区大多数沉积岩建造组合类型和沉积相可以出现在多个构造古地理单元和大地构造相内，因此，对沉积岩区大地构造相的识别与划分，一定要与火成岩、变质岩和大型变形构造的研究成果相结合，通过综合分析才能正确识别与划分。

（2）火山岩建造/构造研究。对研究范围内火山岩及相关基础资料（断裂构造、侵入岩、沉积岩、变质岩等）进行综合分析研究，在基本搞清楚区域构造演化阶段和各阶段构造格局的基础上，划分各级火山岩构造岩浆岩旋回、各级火山岩构造岩浆岩带、火山岩大地构造相及构成亚相的岩石构造组合（或建造）、火山构造（机构）、火山岩中的含矿建造和含矿构造等。根据火山岩岩石组合、火山岩岩相以及火山机构（最基本的火山构造类型），结合同一构造背景形成的沉积岩、侵入岩、变质岩及大型变形构造特征，确定火山岩岩石组合形成的构造环境。

（3）侵入岩建造/构造研究。在已提出的全省侵入岩建造和侵入岩岩石构造组合（及其大地构造属性）时空分布的先行性模型（或初步方案）的基础上，开展进一步的详细研究，完成省级1∶50万大地构造相工作底图（侵入岩）的编制。关键问题在于，必须依据技术要求（侵入岩部分）最终确定侵入岩岩石构造组合及其大地构造相的归属，提供下一步的图面表达所需要的内容。

（4）变质岩建造/构造研究。针对陆块区前寒武纪变质基底和显生宙造山系中变质地质与大地构造相的关系，共划出38类变质岩岩石构造组合类型，且这38类组合不可能包括全国所有的变质岩岩石构造组合类型。因此，各省编制变质岩底图过程中，可根据划分变质岩岩石构造组合的原则，结合各区域实际情况添加。

（5）大型变形构造研究。大型变形构造的研究，不仅解决带内岩石及其构造问题，还可以解决大地构造相的边界问题。如推覆断裂带、剥离断层、走滑剪切带、古断裂构造带等，一般为形成大地构造相边界或内部划分主要大地构造相界线或大地构造块体界线、大型盆山（岭）构造边界的变形构造。此外，对已有物探、化探、遥感资料进行地质构造推断解译的基础上，进一步利用这些资料开展综合信息的地质构造研究工作，即通过重磁、化探、遥感推断解释地质构造，进而推断出隐伏或隐藏的深部构造，并将研究成果集中体现在综合信息地质构造图中。

在上述"五要素"分析的基础上，还要开展大地构造综合研究，包括大地构造相时空演化分析、大地构造相单元之间关系的研究和建立相模式以及大地构造相与成矿作用的关系研究。大地构造学或当今的板块构造学，其实质即是在一定构造阶段和大地构造环境中形成的各个不同尺度、不同层次、不同岩石构造组合的地质体（称之为构造相单元）之间的相互关系学。

第四节　大地构造学的发展历史

大地构造学的发展体现了人类对自身居住地球的结构构造、形成演化认识的不断深入。直到18世纪后期，大地构造学才逐渐形成一门独立的学科，在此之前，大地构造学思想仅仅体现于对一些自然现象的感悟。就其发展阶段而言，可分为以下四个时期（车自成等，2002）。

1. 感知时期（17 世纪中期以前）

早在公元前人们就有了海陆变迁的感悟，但直至中世纪，学者们对地质现象的认识还只停留在感性阶段，例如我国《诗经》中"高岸为谷，深谷为陵"的记载，古埃及和古希腊学者（公元前 500 年前后）从贝壳化石得到的海陆变迁的认识，我国唐、宋时期颜真卿（709—784）、沈括（1031—1095）、朱熹（1130—1200）等都曾论述过"沧海桑田"的思想。这一时期，人们虽然对地球地质现象的认识处于感知阶段，但对大自然的探索从未停止。我国战国时期诗人屈原创作的《天问》，从天地离分、阴阳变化、日月星辰等自然现象，一直问到神话传说乃至圣贤凶顽和治乱兴衰等历史故事，这说明了我们祖先很早以前就对大自然开启了探索之旅。

2. 萌芽时期（17 世纪中期—19 世纪中期）

17 世纪中期开始，人们从对孤立地质现象的感悟迈进对地球及山脉形成的探讨，但由于资料不足，又受到理论水平的限制，大多探讨具有猜测的性质，不过却为近代大地构造理论的产生奠定了基础。笛卡尔（R. Descartes）在其名著《哲学原理》一书中提出，组成地球的粒子按密度大小聚集，从而形成层状结构的地球。莱布尼茨（G. W. Leibniz）则提出，地球是由发光的熔融体冷却收缩而成；当海水漏入地下孔穴时，引起水位下降，山脉就是这样形成的。德国学者帕拉斯（P. S. Pallas）对乌拉尔等地进行考察后提出了早期的"隆起说"，认为山脉是由于地下扰动引起轴部隆起而成，因而轴部地层陡倾、侧方地层缓倾。18 世纪末至 19 世纪初出现"水""火"之争，以魏纳（A. G. Werner）为代表的水成论者主张山脉是水中结晶物质长期积累而成，而以郝顿（J. Hutton）为代表的火成学派则认为山脉是由于地下岩浆上涌而形成的。另外，19 世纪初还流行有收缩说（埃利·博蒙、H. 杰弗瑞斯、M. 贝特朗和 E. 休斯），可是，这些构造假说仅是基于简单的地质事实观察和推测，基本上是抽象的、定性的，缺少定量的计算和精确的预测能力，通常也不具有普遍适用于全球的性质。以下对这个时期出现的隆起说和收缩说进行简要叙述。

（1）隆起说。隆起说是第一个大地构造假说，由 J. 郝顿（J. Hutton，1788）等人于18 世纪晚期创立。岩浆侵入于沉积岩之中，以及现代火山活动的壮观景象，给隆起说学者以深刻的印象。他们推论地壳的各种地质现象都是由地下热能在上升过程中造成的，从而认为，地壳运动中起主导作用的是垂直方向的上升运动，隆起的原因在于熔融岩浆的上升。当岩浆向上侵入岩层之中，还会派生出斜压力或水平侧压力，再加上岩层本身的重力及所受阻力的共同作用，会导致岩层发生褶皱变形。这种褶皱应围绕着隆起中心向四周推挤而成（见图 0-1）。

图 0-1　隆起构造学说模型

　　（2）收缩说。到了19世纪三四十年代，隆起说渐趋衰落，代之而起的是法国地质学家博蒙（Elie de Beaumont，1830，1852）提出的收缩说。上述平行延伸的剧烈的褶皱变形，用水平方向上收缩作用来解释是很自然的。收缩说认为，早期的地球曾一度处于熔融的液态然后逐渐冷却收缩。冷却先从地球表层开始，地壳就是这种冷却固结的产物；随后，冷却收缩作用进一步发展到地球的深部；最后，相对于正在缩小的地球内部来说，地壳实在太宽敞了，于是迫使地壳收缩形成褶皱系，就像干缩的苹果皮一样。休斯（E. Suess）于1876年对收缩说作了重要补充，他把地壳划分为刚性地段和柔性地段，当整个地壳发生收缩时，刚性地段并未卷入褶皱作用，相反对柔性地段起着"老虎钳"的作用；柔性地段（巨厚的地槽沉积）便在不断靠拢着的较刚性地台或中间地块之间被揉皱，形成带状的褶皱山系。

3. 历史大地构造学时期（19世纪中期—20世纪中期）

　　这一阶段的大地构造学说以槽台学说占统治地位。19世纪后半期，霍尔（J. Hall，1859）和丹纳（J. Dana，1873）通过对沉积岩岩相、厚度的分析提出了地槽理论，休斯（Suess，1885）提出了"地台"的概念。槽台理论的建立使大地构造学开始成为一个独立的研究领域，开创了一条以地层分析的方法研究地球构造发展史的崭新途径。后来，地槽理论又得到舒克特（Schuchert，1923）、施蒂勒（Stille，1941）、黄汲清（1945，1962，1977）、凯伊（Kay，1955）、别洛乌索夫（Белоусов，1954，1978）和哈茵（Хаин，1954，1972）等人的发展。虽然这一时期魏格纳（Wegener，1912）的"大陆漂移说"影响很大，地质力学在我国也有一定影响，但占统治地位的是槽台学说。关于地球动力问题，虽曾提出收缩、膨胀、变速自转、放射性迁移等假说，但大多侧重构造特征和构造发展史研究，地球动力问题尚未引起足够的重视。除此之外，这一时期还出现"脉动说"（W. H. 布契尔和A. W. 葛利普）、"均衡说"（C. E. 杜顿和J. H. 普拉特）以及"地幔对流说"等其他地球成因观点。以下对这个时期提出的地球动力学假说进行简要叙述。

　　（1）膨胀说。放射性元素的发现，促使一些学者注意地球变热和膨胀的可能性。20世纪20—30年代，由B. 林德曼和O. C. 希尔根贝格分别提出地球膨胀说，膨胀说在理论前提上与收缩说恰好对立。收缩说注意到陆上褶皱山系的压缩褶皱现象，膨胀说则着眼于现代大洋的扩张新生性质。20世纪50年代晚期张性的全球性裂谷系的发现，使得膨胀说增添了一些新的信徒。可是，地球上除扩张带外还存在着压缩带（褶皱山系），这是地球膨胀说所无法解释的。如果认为大陆曾一度盖满整个地球表面，则当时地球半径只有目前地球半径的1/2左右，当时地球物质的密度是目前的好几倍，还难以想象何种物质能有这么高的密度。古地磁资料的推算也得出，从二叠纪以来，地球的体积并没有发生过显著的变化。这样，地球膨胀说的信徒只有少数人。

　　（2）脉动说。脉动说最早是由Rothpletz（1902）提出，但较完善的形式是由美国地质学家布契尔（W. H. Bucher，1933）、苏联学者乌索夫（1940）等提出的。此假说认为，在地球的发展过程中，膨胀和收缩是交替发生的。前者与放射性热的积聚有关，后者与放射性热的消耗有关。在地球膨胀时期，地壳开裂，形成地槽，伴随着玄武岩喷溢；在地球收缩时期，充填地槽的沉积物变形，形成褶皱山系，伴随着花岗岩侵入。脉动说对于单纯强调压缩的收缩说是一种改善和发展。不过，脉动说也有其严重的弱点，例如经常可以见到，在同一地质时期，一些地区在扩张，另一些地区则处于压缩状态；更重要的是，还缺乏地球体积有过明显变化的证据。

（3）均衡说。1889 年，美国地质学家杜顿（C. E. Dutton）提出"均衡"概念。根据阿基米德原理，他认为地壳本应处于均衡状态，但由于地壳表面高低不平，在外力作用下山脉遭受剥蚀，盆地接受沉积，大陆遭受剥蚀，海洋接受沉积，这样就使这种均衡受到破坏；又由于重力不平衡，必然引起地壳的变动，山脉被削，重量减轻，产生上升运动，盆地受重，产生下降运动，因而重力的不平衡是地壳运动的主因。同时，每一上升必为以后创造下降的条件，根据平衡原理，质量较高的大陆则以下面密度较低之疏松带相抵消，而质量较低之海底则以下面密度较高之地壳弥补，古地壳的海洋部分仍与陆地部分保持平衡，这纯属地壳垂直运动假说。

（4）地幔对流说。英国地质学家霍姆斯（Holmes，1928）用地幔对流的上升流阐述大陆地壳的破裂、拉开及大洋的形成，从而把地幔上升流和下降流组合成统一的对流图式。霍姆斯还将地幔对流说与活动论（当时以大陆漂移说为代表）相互结合起来。大陆和岩石圈驮伏在地幔对流体上，从大洋中部的扩张带向两侧的挤压带移动；扩张带位于上升流处，挤压带（如海沟）位于下降流之上。这实际上已粗略地勾画出了 20 世纪 60 年代海底扩张和板块构造概念的轮廓（图 0 - 2）。

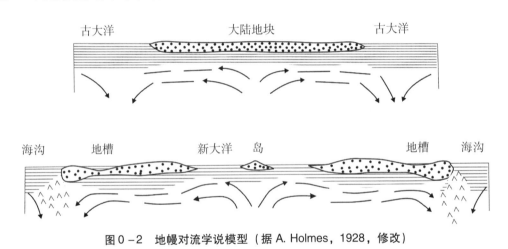

图 0 - 2　地幔对流学说模型（据 A. Holmes，1928，修改）

4. 地球动力学时期（20 世纪中期以来）

20 世纪 50 年代中期，英国古地磁学家布莱克特（P. M. S. Blackett）及后来的兰康（S. K. Runcorn）根据古地磁资料再次提出大陆漂移的可能性。1960 年，赫斯（H. H. Hess）提出海底扩张假说。1968 年，勒皮雄（X. Le Pichon）等根据海底扩张、地幔对流的设想提出板块构造假说。这些假说的提出开创了大地构造研究的新纪元。这一时期大地构造研究的主要特点是摆脱了单纯构造发育史的分析，各个大地构造理论都以某种地球动力作为自己的立论基础。例如，板块构造说以地幔对流为主要依据，地质力学以地球变速自转为前提，槽台理论也努力从深层分异与板块运动中去探讨地槽、地台的形成和演化。它们都把某种地球动力制约下的构造运动、岩浆活动和变质作用等作为一个整体来考虑，研究方法上也普遍把地球物理、地球化学的研究与构造研究密切结合起来。地球动力学被提高到了一个比较重要的位置，从而大大促进了大地构造理论的发展。

大地构造学的发展脉络如图 0 – 3 所示。

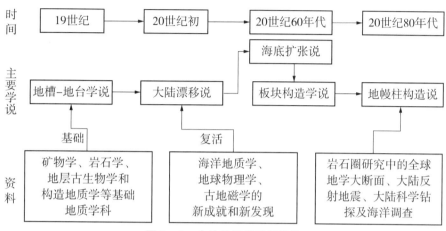

图 0 – 3　大地构造学发展脉络

第五节　中国大地构造学的发展历史

关于中国大地构造学的发展历史，从不同的角度有不同的划分阶段。我们的祖先很早之前就对地球的形成和演化提出过很多看法和认识，这些都属于大地构造学的感知和萌芽阶段。如果从 19 世纪晚期算起，中国大地构造学研究已经有 100 多年的历史，大致可分为 5 个发展阶段（任纪舜等，2002）。

1. 以外国人为主的研究时期（1926 年以前）

主要人物有：庞佩利（R. Pumpelly）、李希霍芬（F. von Richthofen）、维理士（B. Willis）和葛利普（A. W. Grabau）等。庞佩利著有《在中国、蒙古及日本的地质研究》，发现中国东部的主要构造线为 NE – SW 走向，命名为震旦方向（Pumpelly，1866）；李希霍芬等出版了《中国》一书，发现中国北方存在一个"震旦地块"，并在所附"中国北方构造图"上，画出一条从兴安岭经太行山东麓直达宜昌附近的走向 NNE 的构造线，称"兴安构造线"（Richthofen，1877，1882，1912）；维理士等撰写了《中国研究》一书，确定中国之主要构造运动发生在中元古代末、晚元古代末、泥盆纪与志留纪（？）之间、二叠纪与三叠纪之间和始新世之后（Willis et al.，1907—1913）；葛利普著有《中国地质史》（Grabau，1924—1928），提出华夏古陆等古地理 – 古构造单元。

2. 开创和奠基时期（1926—1949 年）

中国人自己发表有影响的大地构造学方面的论著，要从 1926 年翁文灏在第三届泛太平洋科学会议上发表的著名论文算起。这一时期的代表人物是翁文灏、李四光和黄汲清等，他们运用现代地质学的方法、原理，从中国实际出发，先后发表了《中国东部中生代以来的地壳运动及岩浆活动》（Wong，1927，1929）、《中国地质学》（Lee，1939）和《中国主要地质构造单元》（Huang，1945）等具有时代意义的著作，开创了中国大地构造研究的先河，奠定了研究基础。翁文灏第一次明确提出，中国东部重要构造运动时期不在古生代末期，而在中生代中期，并命名为燕山运动；李四光第一次系统阐述了中国的地层系统和地壳运动，并用其所独创的地质力学方法，论述了中国和东亚的构造；黄汲清第一次划定了中国的主要构造单位，提出中国有三个占优势的主要构造型式，即古亚洲式、太平洋式和特提斯－喜马拉雅式，多旋回的造山运动是中国大地构造的特征。1935 年，李毓尧等的《宁镇山脉地质》（Li Yuyao et al.，1935）则是中国地质填图的经典之作。

3. 大发展和百家争鸣时期（1949—1966 年）

这一时期，不仅李四光和黄汲清的学术思想得到了进一步发展，而且涌现了陈国达、张文佑、张伯声等杰出的大地构造学家。1956 年陈国达发表了《中国地台"活化区"的实例并着重讨论"华夏古陆"问题》（陈国达，1956），并在以后将其发展为"地洼学说"（陈国达，1959，1960）；1959 年张文佑出版中国第一张 1∶400 万彩色大地构造图，用地质历史与地质力学相结合的方法撰写了《中国大地构造纲要》（张文佑，1959），并在后来的研究中发展为"断块学说"（张文佑，1984）；1962 年张伯声发表《镶嵌的地壳》，之后又进一步提出"波浪镶嵌构造学说"（张伯声，1980）；1960 年黄汲清出版 1∶300 万中国（彩色）大地构造图，接着又撰写《中国大地构造基本特征》等著作，进一步论述了多旋回造山运动，提出了"准地台"的概念（黄汲清，1960；黄汲清等，1965）；李四光完成了《地质力学概论》的初稿，系统论述了地质力学的方法、理论，并以此为基础对中国以至全球构造作了论述。

4. "文化大革命"时期（1966—1976 年）

在特殊的历史条件下，地质力学得到了一定的发展，出版了《地质力学概论》（李四光，1973）和《中华人民共和国构造体系图》（1∶400 万，中国地质科学院地质力学研究所，1978）。

5. 板块构造理论盛行时期（1976 年至今）

这一时期，从 1972 年初尹赞勋等将板块构造引入中国时已初露端倪，但发展则是在 1976 年特别是 1979 年第二届全国构造会议之后。大地构造学研究的主要特征是，高新技术和地学各学科大多介入大地构造研究，这种学科间的交叉、渗透和新技术的使用，一方面促进了大地构造学的发展，另一方面也推动了各学科自身的进步，涌现出一些新的学术带头人，出版了一批重要著作。任纪舜等 1980 年出版了《中国大地构造及其演化》（任纪舜等，1980），并在 1∶400 万《中国大地构造图》上详细标绘了中国各时代的板块缝合带（中国地质科学院地质研究所构造地质研究室，1979）；李春昱等（1982）用板块构造思想全面论述了亚洲构造；王鸿祯等（1985）用活动论与阶段论相结合的思想阐述了中国的古地理、古构造和大地构造的发展历程；马杏垣等（1978，1989）描绘和阐述了中国的地震构造、深部构造和地球动力学过程；刘光鼎（1993）全面总结了中国海域的地质、地球物理调查成果；袁学诚等（1996）全面汇集了中国的地球物理调查成果；王鸿祯等（1996）为第 30 届国际地质大会在中国召开，发表了重要论文《中国大地构造演化概述》（Wang et al.，1996）；许靖华等（1998）出版了 1∶400 万《中国大地构造相图》（许靖华等，

1998）；任纪舜等1999年出版了1∶500万《中国及邻区大地构造图》及简要说明《从全球看中国大地构造》。此外，张文佑、张伯声、陈国达等用他们各自的学术观点，也编制了中国或亚洲地区的大地构造图，并出版了相应的著作（张文佑等，1986；张伯声等，1995；陈国达等，1998）。马宗晋（1982）提出了全球三大构造系统等新认识，发展了李四光的学术思想；程裕淇（1994）在各省（区）区域地质志的基础上，主编了《中国区域地质概论》；《中国地质学》扩编委员会（1999）编著了新的《中国地质学》（扩编版）（《中国地质学》扩编委员会，1999）。这一时期还出版了大量区域性和专题性论著，深化了中国大地构造研究，如王作勋等（1990）、左国朝等（1990）、肖序常等（1992）、唐克东等（1992）、何国琦等（1994）、陈哲夫等（1997）对天山—兴安带的研究；许志琴等（1988）、姜春发等（1992）、张二朋等（1993）、张国伟等（1996）、张以茹等（1996）、夏林圻等（1998）对昆仑—祁连—秦岭带的研究；常承发等（1973）、肖序常等（1988）、刘增乾等（1990）、陈炳蔚等（1991）、Pan Yusheng（1996）、潘桂棠等（1997）、钟大赉等（1998）、孙鸿烈等（1996）对西藏—滇西带的研究；郭令智等（1980）、李继亮等（1992）、金文等（1997）对华南的研究；高明修（1983）、崔盛芹等（1983）、任纪舜等（1990）、邓晋福等（1996）、路凤香等（2000）对中国东部环太平洋带的研究；徐嘉炜等（1980）、国家地震局地质所（1987）、万天丰（1995）、王小凤等（2000）对郯庐断裂的研究；杨建军等（1989）、徐树桐等（1994）、从柏林等（1994）、游振东等（1998）、索书田等（2000）、杨巍然等（2000）对苏鲁—大别超高压变质带的研究；王日伦等（1980）、董申保等（1986）、马杏垣等（1987）、钱祥麟（1992）、白瑾等（1993）、赵宗溥等（1993）、陆松年等（1996）、伍家善等（1998）、沈其韩等（2000）对中国前寒武纪构造及变质岩之研究；李德生（1982），王尚文（1983）、朱夏（1986）、关士聪（1994）、田在艺等（1996）、李思田等（1997）、张文昭（1997）、龚再升等（1997）、罗志立等（1999）对中国含油气盆地的研究；邓起东等（1973）、时振梁等（1974）、马宗晋等（1982）、丁国瑜等（1989）对地震地质和活动构造之研究；曾融生等（1973）、滕吉文等（1974，1975）、冯锐等（1981）、冯锐（1985）、崔作舟（1987）、刘福田等（1989）、马杏（1991）、吴功健等（1991）、赵文津等（1993）、袁学诚等（1996）等对深部构造之研究，特别是13条全球地球科学（GGT）断面的完成，等等。

我国大地构造学主要发展脉络如图0-4所示。

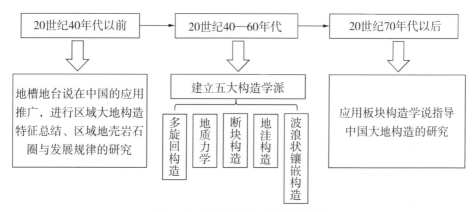

图0-4 中国大地构造学发展脉络

第六节 大地构造学与构造地质学、区域大地构造学的关系

1. 大地构造学与构造地质学

关于构造的内涵，朱夏教授（1991）有过精彩的论述。他认为在早期的地质学中，研究地球无非是这样几个方面，一是由哪些材料组成的，研究这些材料的就叫岩石学、矿物学，当时水成论、火成论还说不清楚，只能是笼而统之；二是这些材料的放置总得有个层序，这就是地层学，当时也只能分出第一、第二、第三和第四系；三是这些材料和层次之间必然存在着这样或那样的结构关系，研究这种结构的就是构造，也是包含很广、大小并存的。从一条矿脉到由波罗的海、俄罗斯、阿尔卑斯组成欧洲的结构，都是Tectonics。后来各种工作的需求不一，观察的方法愈来愈多，研究的尺度各不相同，才有所谓大构造、小构造之分，并逐渐被用于大的。其实，像20世纪30年代 H. Closs 所写的讲花岗岩流线理、节理等经典名著，讲的东西并不大，但书名仍然叫 *Tektonik der Granit*。大了还不够，于是出现了 Geotectonics，主要是前苏联地质学家别洛乌索夫写了一本 Geotectonics 的专著。

从以上前人对构造一词的理解来看，构造有大构造和小构造之分。前人把广义的大地构造学（geotectonics）分为构造地质学（structural geology）和区域大地构造学（regional geotec-tology），反映了两者的从属关系。但就目前而言，大地构造学与构造地质学在概念、研究任务、研究内容、研究对象的规模以及研究方法等方面都存在明显的不同。

在概念上，大地构造学是研究地壳的大型构造乃至全球构造的发生、发展、区域构造组合，以及它们的几何学、运动学和动力学特征的学科；构造地质学则是研究组成地壳或岩石圈中、小尺度的岩层和岩体在内、外动力地质作用下发生的变形、变位，从而形成诸如褶皱、节理、断层、劈理以及其他各种面状和线状构造的学科。

在研究任务和研究内容上，大地构造学包括地质体的几何形成、运动学、动力学以及演化历史，主要侧重于动力学和演化历史；构造地质学包括地质体的几何学、运动学和成因机制，主要侧重于几何学和运动学的研究。

在研究地质体的规模方面，大地构造学注重大尺度的构造研究，重点揭示岩石圈的演化规律及动力学机制；构造地质学则主要研究中、小尺度的地质构造，重点揭示某一地质构造的形态特征以及变形过程。

在研究方法方面，大地构造学的研究方法主要是历史分析法与动力分析法相结合，由于不同作者研究的侧重点不同，而形成了不同的大地构造学派；构造地质学在不同的地质构造和不同尺度构造的研究中，尽管任务和方法有所不同，但野外观察和地质填图始终是研究地质构造的基本方法。

因此，我们在学习大地构造学以及运用大地构造学理论方法指导研究的过程中，要掌握各大地构造学说的基本概念与原理，了解各大地构造学派在解决具体问题上具有的优点和局限性，掌握大地构造学的逻辑思维方法，从而提高自身的思维层次，培养从宏观看问题的能力。

2. 大地构造学与区域大地构造学

区域大地构造学是对某一个区域进行的大地构造学研究，即应用大地构造理论进行区域地质特征总结、区域地壳岩石圈发生发展规律研究的地质学分支。因此，区域大地构造学不仅工作范围局限，而且侧重于实际资料的综合分析，而大地构造学则侧重于理论分析与建立，具有探索性。由此可见，大地构造学与区域大地构造学二者是两个密不可分的学科。一方面区域大地构造学的研究需要先进大地构造理论的指导，另一方面大地构造学需要借鉴区域大地构造学的研究成果。只有找出地球岩石圈不同区域的共性与差别，才能将岩石圈各部分有机地联系起来，最终分析其形成发展的规律性，建立全球岩石圈构造运动和演化的模式。因此，区域大地构造的研究是大地构造研究的基础环节。

具体区域的区域大地构造研究，不仅要分析与总结区域地质资料，同时也要对大地构造理论进行改进与创新，只有这样才能完善目前尚未完善的地质理论。中国大地构造的研究也应如此。我国老一辈大地构造学家正是以中国区域大地构造学研究为基础，总结了我国大地构造的基本特征和演化规律，并形成了五大构造学派。他们提出的大地构造学理论至今仍享誉全球。

以中国区域大地构造学为例，其主要任务是应用大地构造理论，研究中国大地构造的基本特征，特别是古生代以来中国大地构造的基本特征，揭示其岩石圈形成、发育和演化的基本规律，以及各类地质矿产的成矿规律和分布特征。具体内容包括：阐述中国区域岩石圈的组成和结构特征；进行区域构造发展阶段的分析；对比分析，进行区域差异性分析；总结我国区域大地构造基本特征，并进一步探索中国大地构造的发生发展规律和地球动力；总结我国大地构造发展，认识中国沉积盆地的原型及地质发展史。

中国古海洋构造演化是中国区域大地构造学的重要组成部分。古亚洲洋、古特提斯洋以及古太平洋三大构造域控制了我国大地构造的发展和演化。本教材在介绍国内外大地构造学说的基础上，以板块构造学体系为主要思想，以威尔逊旋回为主线，揭示中国及邻区板块间古海洋的开启、扩张和闭合，以及古海洋中各块体在地质历史时期的分裂、漂移、俯冲、碰撞等过程。

第一章 国内外大地构造学说简介

第一节 槽台学说

槽台学说又称地槽－地台说，在大地构造学上具有重要的地位，其形成标志着大地构造学从萌芽阶段进入历史大地构造学时期。虽然在今天槽台学说被认为属于固定论，但在解释某些地质构造现象尤其是陆上的大地构造时仍被广泛应用，其提出的一些概念也沿用至今。本章节主要参考巫建华等（2013）编写的《大地构造学基础与中国地质学概论》以及云金表等（2002）编写的《大地构造与中国区域地质》，从槽台学说的发展历史、主要论点、主要特征、构造单元、相关名词以及局限性等方面对槽台学说进行综合叙述。

一、槽台概念的提出和发展历史

（一）地槽概念的提出和发展历史

地槽的概念最早可追溯到 1859 年。当时美国学者霍尔（J. Hall）对北美进行地质考察，他注意到美国东部阿巴拉契亚山区遭受强烈褶皱的古生代地层的厚度比美国中部产状平缓的平原区的同时代地层厚度大十倍之多，两者之间形成了鲜明的对比（图 1 - 1）。于是经过研究后他提出，阿巴拉契亚山是由那些原来堆积在沉降槽地内的巨厚浅海沉积物变形升高而成的，并认为拗陷是由沉积物的巨大重荷引起，同时伴随发生岩层的褶皱与变质作用。霍尔（J. Hall）首次把山脉和沉降带紧密地联系起来，沉降带是山脉的前身，山脉是沉降带的岩层褶皱而成的。

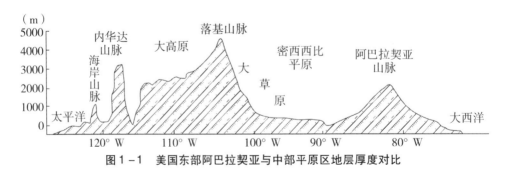

图 1 - 1 美国东部阿巴拉契亚与中部平原区地层厚度对比

1883 年，美国学者丹纳（J. Dana）在研究北美构造时，发表了论文《地球冷缩的某些结果，兼论山脉起源及地球内部的性质》，在霍尔（J. Hall）的基础上创立了"地槽"概念。但与霍尔认为"拗陷是由沉积物的巨大重荷引起"的观点不同，丹纳（J. Dana）认为地槽是由地球冷却不均匀的收缩而产生的侧向水平压力造成的，随后发生沉积物的褶皱、变质以及岩浆活动，并认为地槽是在大陆边缘发育起来的，在那里地壳一边下降一边接受沉积。

霍尔（J. Hall）和丹纳（J. Dana）的研究形成了地槽概念。因此，我们得到地槽的中心含义是：①一个沉降槽地；②堆积巨厚的浅海沉积物；③沉积物发生褶皱、变质作用并伴随有岩浆活动；④形成于大陆边缘，边沉降边接受沉积。

法国学者奥格等（1900）在研究欧洲与非洲之间的阿尔卑斯山区后发现，巨厚的沉积物中没有浅海相沉积层，却有厚度不大的深海或远海相沉积物。他们认为，地槽不一定表现在沉积物的巨大堆积厚度上，也可以反映在巨大的深度但没有沉积物补偿上；地槽的主要特征是后期强烈褶皱作用的结果，因而把构造变动强度作为划分地槽的主要依据；地槽是在大陆之间的海洋地区内发育起来的狭长的深海槽。

奥格等从对阿尔卑斯山区的研究中提出了新的地槽含义：①一个深海槽；②堆积厚度不大的深海或远海沉积物；③沉积速率小于沉降速率；④形成于两个大陆之间。

目前，地槽的含义一般理解为：①地槽具有两重性质，早期主要表现为地壳形成深坳陷，这种深坳陷可以被沉积物所补偿，从而形成被巨厚沉积物所占据的沉降带，也可以不被沉积物所补偿形成深海盆地，晚期则表现为强烈褶皱上升形成巨大的山系；②时间上指古生代以来曾经有过强烈活动的地带；③主要位于大陆边缘，少数位于两个大陆之间。

地槽是地壳不断演化过程中的产物，它从强烈活动开始到最后褶皱隆起形成褶皱带并向稳定方向转化，经历了复杂而有规律的发展历史，演化的总趋势是从活动转向稳定、从洋壳转变为陆壳。

（二）地台概念的提出和发展历史

地台的概念由奥地利地质学家休斯（E. Suess）于1885年提出。他认为，地台是地壳上稳定的、自形成后不再遭受褶皱变形的地区，这种地区岩层产状十分平缓，因而具有十分平坦的地貌，故称为地台（platform，平坦形态之意）。

在地台概念提出之前，俄国的卡尔宾斯基（1883）在研究俄罗斯平原的地质特征时指出，该区的基岩由上、下两个明显不同的构造层组成，这两个构造层在形成规律和发展特征上都显著不同，代表了两个不同的大地构造发展阶段。

地台概念提出之后，阿尔汉格尔斯基（1923）在详细研究俄罗斯地台的基础上，指出"地台具有双层结构"。地台是地壳上相对稳定的、具有明显双层结构的地区。下构造层是由巨厚的、强烈褶皱的变质岩和岩浆岩组成的复杂岩系，称为结晶基底或褶皱基底，代表地壳处于强烈活动的发展阶段，实际上就是地槽阶段的产物。上构造层由未变质的、产状平缓和厚度较小的沉积岩层组成，称为沉积盖层，代表地壳处于相对稳定的发展阶段，是地台发展阶段的产物。褶皱基底和沉积盖层之间被区域角度不整合面隔开，这表明他们是完全不同的两个大地构造发展阶段的产物。因此，划分地台的重要依据之一是由活动向稳定转化的时间。通常，把寒武纪以前结束活动转化为稳定的地区统称为地台；把古生代以来结束活动转化为稳定的地区，按其转化的时间划分为各个时期的褶皱带，如加里东褶皱带、海西褶皱带、印支褶皱带、燕山褶皱带、喜山褶皱带。

二、槽台学说的主要论点

从以上地槽和地台的概念及发展历史来看，地层厚度巨大、岩层强烈褶皱、呈狭长带状分布的山脉，曾经是地壳强烈活动区，称为地槽；地层厚度较小、岩层褶皱平缓、甚至近乎水平、地势平缓的广大地区，是地壳上相对稳定的地区，称为地台。全球陆壳分为两种构造单元，即地槽和地台（图1-2）。

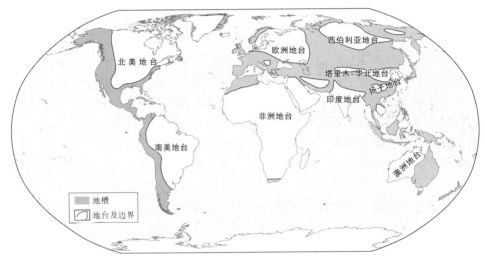

图1-2 全球地槽和地台分布

因此，槽台说学有两个主要论点：

（1）地槽和地台是地壳的两个基本构造单元，前者属（强烈）活动区，后者属（相对）稳定区；后者是由前者转化而来；

（2）地壳的演化历程有两个阶段，即地槽阶段和地台阶段。

三、地槽和地台的主要特征对比及发育演化过程

（一）地槽和地台的主要特征对比

地槽和地台是地壳的两个基本构造单元，具有完全不同的发育特征和演化过程。两个构造单元的基本特征对比如表1-1所示。

表1-1 地槽和地台的特征对比

地质特征	地槽	地台
形态特征	呈狭长的条带状，长达数百至数千千米、宽仅数十至数百千米	呈近圆形的块状，面积广大，达数百至数千平方千米
地貌特征	宏伟的长条形山脉	地势平坦

续表

地质特征	地槽	地台
地层特征	厚度巨大，沿地槽走向分布，岩性复杂，岩相、厚度变化大	厚度不大，岩性、岩相、厚度较稳定
沉积建造	硬砂岩建造、复理石建造、磨拉石建造、细碧角斑岩建造等	石英砂岩建造、碳酸岩建造、红色碎屑岩建造等
构造形态	复杂，褶皱强烈，形成巨大紧密线形褶皱，断裂发育	简单，褶皱微弱，岩层产状近水平，形成宽缓短轴褶皱
岩浆活动	强烈，不同时期有不同岩性、不同类型和产状的岩浆岩	微弱，仅局部沿断裂有少量侵入体和喷发岩分布
变质作用	岩石常遭受一定程度的区域变质	岩石一般无区域变质现象
矿产特征	以内生矿产为主，伴随不同时期的岩浆活动有相应的矿产类型	以外生矿产为主，Fe、Mn、P、Al、煤、石油、膏盐等
地球物理	多为地震活动带；M 面深；具异常上地幔；重力异常呈带状展布；磁异常呈一定规模沿走向线形分布；热流值高	无异常上地幔；重力异常为低负值，不规则，变化平缓；磁异常呈宽缓的不规则形；异常幅度变化较小；热流值低

（据巫建华等，2013）

（二）地槽的发育演化过程

1. 沉降阶段

沉降阶段以强烈下降为主，下降速度快、下降幅度大，从邻区搬运来的大量沉积物快速堆积，沉积厚度可达几千米甚至上万米，除下部有少量陆相沉积外，主要为海相沉积。强烈下降常伴生巨大的断裂，导致中 - 基性为主的海底火山喷发和侵入活动，形成与之有关的海底火山 - 沉积建造。沉降阶段可进一步细分为初期和后期两个次级阶段：

（1）下降初期。沉积物主要是相邻大陆地区剥蚀、搬运来的陆源碎屑物质，最下部以长石石英砂岩、硬砂岩等陆源碎屑沉积为特征，为陆源碎屑建造，最下部为陆相，往上过渡为海相。

（2）下降后期。海侵范围扩大，陆源碎屑成分减少，生物化学沉积增多，形成成分不纯的碳酸盐岩建造并夹有粘土岩、细碎屑岩和硅质岩，也有泥质页岩建造。

2. 上升阶段

地槽上升阶段以强烈上升、褶皱为特征，在这过程下部为海相沉积、上部为陆相沉积。强烈的上升诱发大规模的岩浆侵入，中期有大、中型花岗岩侵入，后期有碱性岩侵入和火山喷发。上升阶段同样可以进一步细分为初期和后期两个次级阶段：

（1）上升初期。地槽处于升降交替的阶段，地壳运动较活跃，诱发的浊流较发育，先形成复理石沉积组合，随后形成上部陆源碎屑沉积组合。

（2）上升后期。各中央隆起之间形成若干山前坳陷，其中往往有残留海水，四周被山地阻隔而与外海隔绝，因强烈的蒸发作用而形成含膏盐沉积组合；由于中央隆起部分为植物繁生提供了场所，在边缘坳陷中形成含煤沉积组合。地槽上升后，出现高耸山区，剥蚀的碎屑物质快速充填于山间、山前坳陷中形成磨拉石沉积组合。

（三）地台的发育演化过程

1. 早期阶段

这段时期地壳差异升降较明显。地台内部构造有一定程度的分异，形成开阔的大型隆起和坳陷，接受少量沉积，岩相、厚度较稳定；地台边缘差异升降较明显，形成狭长带状的隆起和坳陷，坳陷内沉积厚度较大，岩相、厚度变化也较大，局部有断裂和火山活动。

2. 中期阶段

这段时期地台整体沉降，内部沉降微弱，沉积厚度小且稳定，岩相稳定，以滨、浅海相的碎屑岩、碳酸盐岩和海陆交互相含煤沉积为主，构造变动、岩浆活动和变质作用十分微弱。

3. 晚期阶段

这段时期地台整体上隆，发生海退，内部可出现断块差异升降，形成内陆坳陷或断陷盆地，发育陆相含煤、油与膏盐建造，构造变动较强烈，形成平缓开阔褶皱以及地堑－半地堑构造。

四、地槽和地台内部构造单元

（一）地槽内部构造单元

地槽由成对的优地槽和冒地槽组成（表1-2、图1-3）。优地槽位于靠近大洋的一侧，称内带，包括一个优地向斜和一个以大洋为界的优地背斜脊，基底属于洋壳，构造活动较强，有蛇绿岩套，沉积物以浊流岩和火山碎屑岩为主，夹火山熔岩。冒地槽位于靠近大陆的一侧，称外带，由一个冒地向斜沟和一个冒地背斜脊组成，基底属于陆壳，构造活动较弱，沉积物以陆源碎屑岩和碳酸岩为主，火山物质没有或很少。

在有中间山链或中间山块的情况下（图1-3），也可以出现一个背离的双偶格局。这时两优地背斜脊中间可以有一个中立的后置地，它们也可以联合组成一个单独的优地背斜脊，或者缺乏优地背斜，使相邻的两个优地槽沟融合为一个。

表1-2　地槽内部构造单元划分

演化阶段	一级	二级	三级	四级
造山期前	地槽系	中间地块		
		地槽	优地槽	优地向斜、优地背斜
			冒地槽	冒地向斜、冒地背斜
造山期后	造山带	构造带	复向斜、复背斜	
			边缘坳陷、山间盆地、前陆盆地	

（据巫建华等，2013）

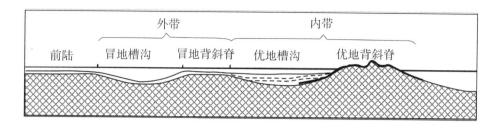

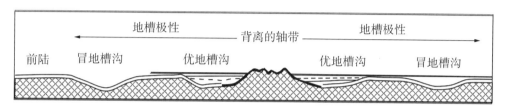

━━ 蛇绿岩 ---- 复理石

图 1 - 3 地槽内部构造单元划分（据 Aubouin，1965，修改）

（二）地台内部构造单元

地台的内部也是不均匀的，根据沉积盖层的有无、厚薄的不同，可将地台划分为地盾、地轴、台坳、台隆和台褶带等二级的构造单元。

地台内的三级构造单元包括隆起区（带）、坳陷区（带）、隆断区（带）、隆褶区（带）、坳断区（带）和坳褶区（带）等。三级构造单元的命名原则是，前一个字往往是用来反映历史发展中的升降情况，后一个字反映构造变动的状态。例如，"隆褶区"表示在地质历史发展中是相对隆起，由于构造运动的影响而形成以褶皱为主的地区（带）。隆起区与坳陷区表示一般构造变动不显著的上升与下降单位。

地台内的四级构造单元凸起、凹陷、穹褶、凹断、凹褶的命名原则与三级构造单元原则相同。

五级构造单元背斜、向斜、穹隆、挠曲、地垒、地堑等名词的含义，与构造地质学所赋含义完全相同。

五、中国三大地台

华北地台、扬子地台和塔里木地台组成了前寒武纪古中国地台的核心（见图1 - 4）。

1. 华北地台

华北地台又称中朝地台，位于我国中部，包括华北、内蒙、东北南部、渤海地区和朝鲜半岛。大致范围北以阴山、燕山山脉北麓为界，西以贺兰山、六盘山为界，南以秦岭、大别山北麓为界，东被郯庐断裂错移，胶东、辽东以东隔黄海延伸到朝鲜半岛的南端。华北地台由 5 个规模较小的陆块（胶东古陆块、晋冀古陆块、豫皖古陆块、鄂尔多斯古陆块以及阿拉善古陆块）组成，是中国最古老的地台。冀东迁西群和辽宁鞍山群有38.4 亿年的同位素年龄数据。其基底形成演化过程如下。

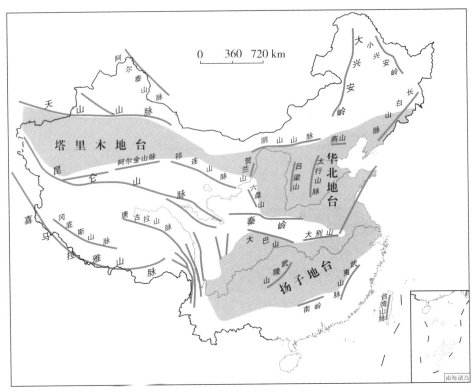

图 1-4　中国三大地台位置

（1）迁西期古陆核形成。经历了 3.2-3.0 Ga 迁西运动、鞍山运动，并伴随大规模钠质花岗岩（奥长花岗岩）侵入，在冀东、辽北形成一些以绿岩-花岗岩地体为核心的古陆核。

（2）阜平期华北地台基底雏形形成。经历了 2.9-2.8 Ga 阜平运动（全球性构造-热事件）大规模钾质花岗岩侵入，把孤立的古陆核联结成一个统一的太古宙克拉通，使冀鲁与鄂尔多斯陆核联成一体，奠定了华北地台的基底的雏形。

（3）五台期克拉通分裂。经历了 2.6-2.5 Ga 的五台运动，引起这些断槽内强烈的线性褶皱与变质并伴随钾质花岗岩侵入，使地壳增厚，稳定区进一步扩大，活动带逐渐缩小。

（4）吕梁期华北地台基底形成。经历了 1.9-1.8 Ga 为主幕的吕梁（中条）运动，引起区域变质与钾质花岗岩侵入，最终形成了华北地台的基底，奠定了中元古宙以后的沉积基础。

华北地台基底的形成并非一蹴而就，而是有一个由活动向稳定逐步转化的过程，即当时北方已进入稳定发展时期，地台南部还受到吕梁运动余波的影响，发生变质作用与岩浆侵入。因此，吕梁运动既是一场造就华北地台基底的重要运动。又是一场不均一的运动。地台基底形成的早晚和不均一性，决定了盖层发育阶段活动与稳定性的差异。基底形成之后，晚前寒武纪（中-新元古代）-三叠纪期间，地台进入稳定发展阶段（Pt_{2-3} 大陆裂陷阶段，Pz 稳定盖层沉积阶段）；中-新生代时期，地台进入陆内构造阶段（"地台活化"阶段/西太平洋构造带活动阶段）。

2. 扬子地台

扬子地台是南岭山脉和秦岭之间、从红河断裂向东到南黄海的巨大构造单元，东西长约 2000 km，南北宽 200～400 km，地台沉积层（寒武系－三叠系）厚度大于 5000m。扬子地台分上、中、下三部分，分别对应长江上、中、下游流域。地台的西部和北部分别为川滇西部造山带和秦岭－大别造山带，东南沿绍兴－萍乡－钦防一线与华南造山带邻接。

扬子地台大致划分为四种基底类型，与相邻基底具有明显不同演化历史、并被断裂所围限的地体。四种基底类型自南而北为：中元古代火山－沉积复理石基底组成的江南地体、晚太古代－中元古代古陆核式基底组成的崆岭－董岭地体、中元古代碳酸盐岩基底组成的神农架地体和中－晚元古代裂陷建造式基底组成的武当－随县－张八岭地体。

距今约 8 亿年发生的晋宁运动形成了扬子地台的统一基底。由早－中元古代形成的不同地体和沟弧盆系（神农架地体视为"疑源地体"）在晚元古代青白口纪向扬子崆岭－董岭古陆核上拼贴，使得扬子地块双向增生。扬子地块基底初步形成，并被上元古界的磨拉石建造不整合覆盖。

基底形成之后，扬子地台进入稳定的盖层演化阶段，早古生代至中三叠世总体上为稳定的海相沉积。印支运动后，扬子地台大部分地区转为陆相沉积。进入中生代以来，受周边龙门山、秦岭和雪峰山造山带演化控制，动力源和运动学过程的差异导致了区域构造变形的不均一性。扬子地台具有多旋回构造演化特点，形成了不同阶段、不同类型盆地间的多种叠加、改造关系（倪新锋等，2009）。

3. 塔里木地台

塔里木盆地位于新疆南部，四周被天山、昆仑山及阿尔金山环绕，面积 56 万 km^2。塔里木盆地在太古界及元古界基底之上沉积了巨厚的古生界、中生界及新生界沉积盖层，盆地内部的二级构造单元包含巴楚隆起、塔中和塔北隆起、塔东隆起和满加尔凹陷、阿瓦提凹陷、塔西南凹陷及麦盖提斜坡、孔雀河斜坡等。塔里木地台与西伯利亚板块之间的中亚构造域，是古生代大陆岩石圈板块碰撞造山形成的古中亚复合巨型缝合带或称古亚洲造山区。其南界为康西瓦缝合带和阿尔金断裂带。它与印度板块之间为特提斯构造域或特提斯造山区，是随原特提斯洋、古特提斯洋及新特提斯洋演化，地块拼贴、增生而形成的拼贴体。

古地磁结果表明，塔里木地台在晚古生代是北方大陆的块体之一。从晚石炭世至早二叠世，塔里木地台已和北方的哈萨克斯坦板块、西伯利亚地台、俄罗斯地台等连成一片，并且从中生代以来它们之间的相对位置没有发生过大规模的变动。

塔里木地台的基底包括两个（或三个）构造层，即上构造层（上元古界青白口系－长城系）和下构造层（下元古界－太古界?）。但前人对其基底的形成时间存在争议。于常青等（2012）认为，塔里木盆地结晶基底为前震旦纪变质岩系，前震旦系褶皱结晶基底经阜平、中条、塔里木三次大的构造运动形成，有塔南型三层结构和阿克苏型单层结构两种不同的基底类型，南塔里木地块（塔南型）基底中最老的长城系，为混合片麻岩、麻粒岩的基底，其上覆为中、上元古界；北塔里木地块（阿克苏型）以中、上元古界的浅变质岩为基底，地层比较新，与库鲁克塔格出露的基底相同。康玉柱、贾承造等认为，塔里木地块最终形成于元古宙青白口纪末，岩石以碎屑沉积岩及大理岩为主，震旦系在库鲁克塔格为砂岩夹砾岩、火山岩，盆地内多为砂泥岩及碳酸盐岩，震旦纪塔里木盆地处在拉张背景下，开始了上地壳裂陷和克拉通原型盆地发育期。

塔里木地台为多次克拉通化的产物。古元古代末，第一次克拉通化，形成塔里木原地台，即形成结晶基底。中元古代，塔南及塔北接受稳定的盖层沉积，而塔西及塔东则扩张形成裂陷槽（可称为塔里木元古裂陷槽）。中元古代末，第二次克拉通化，形成塔里木地台，即形成褶皱基底。新元古代及早古生代，塔里木地台再一次扩张，大体在前次扩张的地区形成塔里木早古裂陷槽（满加尔坳陷是其主体部分，故也可称为满加尔裂陷槽）；在其余的广大地区，则接受浅海相稳定的盖层沉积。石炭纪初的构造运动使早古裂陷槽封闭，第三次克拉通化形成塔里木新地台。石炭纪－二叠纪，部分地区抬升成为陆地，部分地区接受浅海相沉积成为新地台盖层。中－新生代，全区已转化为陆相盆地，个别地段在晚白垩世和早第三纪时曾有过暂短海侵。由于印度板块与欧亚板块的对挤，盆地周边产生数量较多、规模较大的逆冲推覆构造。

塔里木地台的盖层经历了三大构造演化旋回（张光亚等，2007）。

（1）震旦纪－泥盆纪的伸展－聚敛构造旋回。震旦纪－早奥陶世、前震旦纪末形成的新疆古克拉通，由于岩石圈区域伸展作用而裂解，在塔里木克拉通周边形成裂陷槽盆地、大洋盆地。早奥陶世末加里东中期运动以后，在中、晚奥陶世至志留－泥盆纪，塔里木克拉通周围的大洋盆地、裂陷槽盆地开始闭合，发育残留洋盆地、前陆盆地。塔里木克拉通主体处于挤压聚敛构造环境，形成克拉通内挠曲坳陷盆地及其周围的兑拉通边缘隆起。

（2）石炭纪－三叠纪的伸展－聚敛构造旋回。石炭纪－早二叠世，塔里木克拉通盆地进入第二个伸展－聚敛演化旋回。石炭纪，古特提斯洋、北天山洋张开。随后到早二叠世，北天山洋、古特提斯洋分别从南、北向塔里木板块俯冲，导致板块内部伸展、裂陷。早二叠世末晚海西运动期间，古特提斯洋和南天山窄大洋－裂陷槽闭合，天山、昆仑山造山带形成，海水退出塔里木盆地并进入挤压挠曲构造环境。

（3）中－新生代的陆内弱伸展－挤压变形构造旋回。侏罗纪－古近纪，塔里木盆地处在造山带围限之中，受新特提斯洋周期性伸展张裂、大陆板块内部均衡调整以及岩石圈冷却的影响，总体处于陆内弱伸展构造环境，其间由于羌塘、拉萨地块拼贴于亚洲大陆南缘，盆地发生区域性抬升剥蚀。新近纪以来，随印度板块与欧亚大陆板块碰撞及其楔入的远程效应，塔里木盆地周边造山带强烈隆升，盆地则整体强烈下沉，接受巨厚的磨拉石沉积。

六、槽台学说相关概念

1. 地槽褶皱上升的新生性和继承性

有的学者强调大地构造发展中的新生性原则，即强调地槽褶皱回返过程中隆起、坳陷的再分布；有的学者强调大地构造发展中的继承性原则，即强调地槽褶皱回返过程中隆起、坳陷的相互位置基本不变。

2. 地槽的迁移性

早期的地槽经褶皱回返形成褶皱山系，并拼合于大陆边缘成为稳定边缘，而在其旁侧又出现新的地槽，依此顺序发展演化的现象称为地槽的迁移性。

3. 褶皱幕

又称造山幕，它是根据两套地层之间的角度不整合关系建立起来的。一般认为，在地槽发育的晚期阶段，岩层发生褶皱，逆掩断层等构造变形，地槽形成褶皱带；同时褶皱带不断隆起、抬高成山，遭受风化剥蚀，夷为准平原；当地壳沉降时，海水侵入，在侵蚀面之上堆积了一套新的岩层。这样，就在上、下两套地层之间形成了明显的角度不整合。因此，褶皱幕实际上是地壳在相对短期内发生的一次造山运动，在构造上表现为岩层的褶皱和断裂，地层间以角度不整合为标志。

4. 垂直运动和水平运动

垂直运动是指地壳垂直于地表方向，即沿着地球半径方向的位移运动，往往引起海水进退，在剖面表现为岩性、岩相、厚度的变化。水平运动是指地壳平行于地表方向，即沿地球切线方向发生位移的运动，常使岩层发生褶皱、逆冲断层、逆掩断层和平移断层。垂直运动和水平运动可以互相转化，垂直运动总会派生一些与之有密切联系的水平运动，水平运动也会导致次生的垂直运动的出现。

5. 造陆运动和造山运动

造陆运动是指地壳上广阔地区，如平原、高原、浅海盆地，总体垂直升降的运动。这种运动影响范围很广，但幅度不大、速度缓慢、内部相差异分化小，代表地壳上相对稳定的地壳运动类型。造陆运动往往引起大规模的海水进退和海陆变迁，但岩层变形极为微弱，一般可作为垂直运动、升降运动和振荡运动的近义词和同义词。

造山运动是指地壳上狭长的活动地带，由于水平的挤压作用，地壳在短期内急剧压缩，引起岩层的强烈变形，形成复杂的线形褶皱以及大型逆掩断层、冲断层，代表了地壳上相对活跃的地壳运动类型。通常还伴随有深层岩浆活动和变质作用，最后隆起成山。

6. 地槽旋回和构造旋回

地槽旋回是指某一个地槽从开始下陷接受沉积到最后褶皱上升成为褶皱山系的整个发展过程。

构造旋回是指在一定的时期内，全球性相当一批地槽大体上同步经历了各自的地槽旋回的现象。一般来说，从一个平静期开始到一个褶皱期结束称为一个构造旋回。因此，在漫长的地质历史中可以分出好多个构造旋回，每个构造旋回又各有其特点，它们在地壳上的运动范围、活动强度和活动形式并不都相同。对一个地区来说，可能只出现其中一个构造旋回，也会出现两个或更多的构造旋回，但它们的活动强度、活动形式不同，通常可以在深入研究之后区别出主要的构造旋回和次要的构造旋回。

7. 地槽学说的其它论点

槽台说揭示了大陆地壳发展的基本规律，对槽台说的不同看法形成了槽台说的不同学派。其他典型的学说有"泛地槽说""泛地台说"以及"地台活化说"等。

"泛地槽说"又称"地台扩大说"，认为在地壳发展初期全球被地槽占据，称为地槽期，后来地槽区面积日趋缩小，地台区面积逐渐扩大，而目前正处于地槽区转化为地台区的时期，将来终归有一天全球都转为地台区，那时地壳的活动性将十分微弱，进入其最后的发展阶段。

"泛地台说"又称"地台崩溃说",认为在地槽出现之前,全球只有一个连续不断的地台,地台崩溃瓦解后才转化为地槽,地壳的演化规律是古地台－地槽－年轻地台,古地台在逐渐缩小,年轻地台在逐渐扩大。

"地台活化说"认为,中国地台上古生代特别是中生代的地层厚度大、构造复杂,在地台上又有产生了"新地槽"。推而广之认为,世界上任何一个地槽区都是在地台区之上发育起来的。

七、槽台学说的贡献和局限性

槽台学说的出现,标志着大地构造学从萌芽阶段进入历史大地构造阶段。它是基于岩相古地理、沉积建造、厚度分析以及岩浆、变质和变形等地质事实提出来的有关大陆构造及演化的系统而完整的学说,在 19 世纪中叶到 20 世纪 60 年代大地构造学领域占据主导地位,对地质科学以及其它领域产生了深刻的影响。槽台学说主要从地壳组成的观点研究大地构造,强调对组成地壳的沉积岩、岩浆岩、变质岩的性质、分布及其发展历史的研究。槽台学说从对立统一的观点出发,把地壳划分为相对稳定和相对活动的构造单元,并以其转化作为地壳演化的标志,建立了地壳构造发展的阶段性观点。这些理论、观点甚至一些概念对今天的大地构造学仍有很大影响。我们今天用板块构造学说对大陆地质进行解释的基本素材,也主要是过去一个多世纪的槽台理念阶段积累下来的。

但是,受到当时科技水平的制约,槽台学说的取材范围仅限于陆地,未涉及占全球面积 70% 以上的海洋,导致其无法关注岩石圈的大规模水平运动,其基本出发点仍是固定论。槽台学说认为地壳和地幔密切相关,岩石圈地壳相对于地幔不可能发生任何大规模的水平位移。槽台学说没有使地质科学摆脱描述为主的状态,其主要局限性表现在:①对海洋构造解释无能为力;②将地壳划分为地槽、地台两种基本构造单元不足以概括全球地壳的构造类型;③用槽台转化模式解释地壳构造的发展演化不能解释各地质时期动力环境的多样性;④在分析地壳运动时,多数学者只注重垂直运动而忽视了水平运动,学术思想体系基本属于海陆固定论;⑤各级构造名称繁杂,使地槽的概念较为混乱。

第二节　多旋回构造学说

一、多旋回构造学说的提出和主要论点

1945 年,黄汲清在他发表的《中国主要地质构造单位》中正式提出多旋回构造运动学说,简称多旋回说。早在 20 世纪 40 年代,德国地质学家史蒂勒（H. Stille）的单旋回学说在国际上流行甚广。单旋回学说认为一个地槽系只经历一次造山运动,产生一

次变质及变形，出现一套超基性、基性到酸性的岩浆活动以及与岩浆活动相关的一次成矿作用，便转化成褶皱系。换言之，一个地槽系只经历一次造山运动就结束了地槽发展史。黄汲清在分析中国实际资料后发现，一个地槽系从发生、发展到结束，不止经历一个，而是若干个构造旋回，每个旋回都使地槽系的一部分转化成褶皱带，最后一个旋回才使地槽全部转化成褶皱系，不仅如此，在地槽系形成褶皱系后，地壳仍有剧烈活动，产生新的沉积和岩浆活动等。

黄汲清（1945）指出，一个褶皱带（造山带）的形成往往经历了多旋回造山运动。后来发现这是地槽，特别是优地槽带发展的一般规律。在地槽发展的全部过程中，不仅构造运动是多旋回的，而且岩浆活动、沉积建造、变质作用和成矿作用也是多旋回的，此即地槽发展的多旋回观点。一般说来，每一旋回先出现基性、超基性岩，之后地槽部分褶皱有花岗岩侵入，随后碱性或偏碱性岩浆出现，形成一个构造岩浆旋回。这样的旋回可出现若干次，然后地槽系才全部褶皱封闭（图1-5）。世界上许多地槽系都是多旋回发展的，典型实例有中国的秦岭地槽系和天山地槽系，澳大利亚的塔斯曼地槽系等。

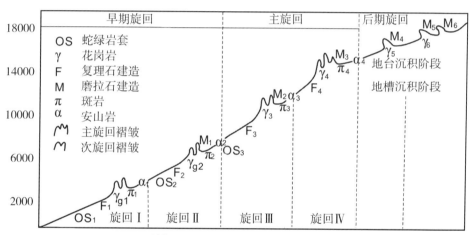

图1-5　地槽褶皱带多旋回发展模型（黄汲清，1979）

1979年，结合板块构造学说，通过对北美科迪勒拉地槽、西南日本地槽、南美安第斯地槽的研究，黄汲清提出了地槽发展的多旋回板块构造模式，认为板块构造运动是长期的、多阶段发展的，也就是多旋回发展的。它包括多旋回板块碰撞、多旋回板块俯冲、多旋回板块消亡带、多旋回深海沟和多旋回优地槽向洋迁移、多旋回大陆向洋增长等。正是板块构造的多旋回运动导致了地槽的多旋回发展。板块说和多旋回说不但不互相排斥，而且可互相补充。

二、多旋回构造学说解释中国大地构造特征

构造活动具有多旋回的特征，特别是优地槽的多旋回造山运动还伴随多旋回的其它各种地质作用，如北祁连加里东褶皱为主的优地槽，前后发生了四次造山运动，伴随四次花岗质岩浆活动和四个海相喷发旋回。地槽的多旋回不是简单的循环、重复，而是有

方向性螺旋式发展，每个旋回有其自身特点。

中国其它地槽系的多旋回发展也非常明显，如天山－兴蒙褶皱系、昆仑－秦岭褶皱系、三江褶皱系、华南褶皱系以及台湾褶皱系等从地槽到造山带都具有多旋回特征。黄汲清在《中国主要地质构造单位》一书中，详细论述了中国主要地质单元的多旋回构造属性，包括叙述基本学术思想和中国造山旋回的划分，分出陆缘地槽和陆间地槽、盖层褶皱和基底褶皱；系统叙述了中国的基本构造单位和各造山旋回的中国大地构造的特色；同时在论述纵贯各地质时期的大地构造、中国大地构造格架和大地构造与岩浆活动及中国南部的金属矿产区域的基础上，提出了太平洋成矿带的概念。

黄汲清（1945）将中国大地构造划分为三个主要构造型式，即古亚洲式、太平洋式和特提斯－喜马拉雅式，也就是对应现在普遍认为的古亚洲构造域、滨太平洋构造域、特提斯－喜马拉雅构造域三大构造体系。黄汲清指出，西伯利亚地台前寒武纪向南推进，于海西时期在蒙古地槽内产生大蒙古弧；与此同时，由于塔里木地块和中朝地块的相互作用及这两个地块与中亚地槽的相互作用，产生了中亚褶皱带，并出现了古亚洲大陆；在中生代，当古亚洲大陆向太平洋推进时，太平洋以强大的推力"回击"，因而产生太平洋褶皱；同一向南推进的古亚洲大陆遭遇向北移动的冈瓦纳大陆的巨大抵抗，由此而产生的强大水平压力，使深厚的特提斯沉积变成特提斯－喜马拉雅式褶皱，构成世界最高最大的褶皱山脉。三大构造域的发生、发展、交切、复合控制了古生代以来中国大地构造的发展，也是形成多旋回造山运动的原因之一（图1－6）。这不仅是地壳表层物质运动的反映，更是深部特别是上地幔物质运动的反映。

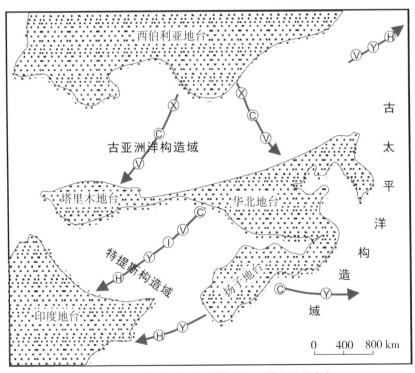

图1－6 中国及其邻区地槽多旋回横向迁移方向

X—兴凯旋回；C—加里东旋回；V—海西旋回；I—印支旋回；Y—燕山旋回；H 喜马拉雅旋回

不仅如此，国外的许多地槽系也具有多旋回特征，如阿巴拉契亚、科迪勒拉、乌拉尔、塔斯曼等。因此，地槽的多旋回构造是一个普遍规律，多旋回包括多旋回沉积建造、多旋回岩浆活动、多旋回褶皱带、多旋回深断裂、多旋回成矿、多旋回发展的生物界、多旋回冰期甚至是多旋回板块活动。

三、多旋回构造的迁移特征

多旋回构造空间分布上是不均一的，每个旋回甚至一个旋回中的某次构造运动都不是同时在广大地区中发育，往往是从一点开始，然后有规律向其他地区迁移。各种构造变动、岩浆活动、沉积中心有规律的迁移的现象称为构造迁移，即在一定的时间与空间范围内构造沿一定轨迹运移。以我国为例，我国东部的迁移规律是从西往东迁移，即向洋迁移。而我国西部构造迁移比较复杂，除横向迁移外，纵向迁移也很明显。横向迁移规律是西伯利亚地台与中朝－塔里木地台以及中朝－塔里木地台与印度地台间发生的偏对称相向迁移，也可称离隆向坳迁移。由于是偏对称的，即主要表现为由北向南的迁移，故在同一迁移场中北宽南窄。构造迁移的规律就是多旋回构造空间分布的内在联系。

四、中国多旋回构造的形成原因

活动带和稳定区是客观存在的实体，它们是不同的壳、幔构造特点的反映，因此，应该从深部构造观点来分析多旋回问题。

黄汲清（1977）指出，根据地球物理和地震资料的初步综合分析，中国境内的岩石圈也和地球其它部分一样，具有明显的成层性和不均一的块状构造。从中国大陆部分莫霍面的构造来看，中国大陆地壳的块状结构十分清楚，各块体之间的分界一般都是长期发育的深断裂带。这不仅是地壳表层物质运动的反映，更是深部、特别是上地幔物质运动的反映。将深部与地表特征进行综合分析，中国境内可划分为三大块体，分别为古亚洲构造域、滨太平洋构造域、特提斯－喜马拉雅构造域。银川－六盘山－龙门山－康滇重力梯度带（昆明－银川深断裂系），就是滨太平洋构造域的西界，也是特提斯－喜马拉雅构造域的东界。大兴安岭－太行山－武陵山重力梯度带（北段大兴安岭－太行山一线也是一个明显的深断裂带）则是滨太平洋构造域的东西两个亚带的分界。西昆仑－阿尔金－北祁连－北秦岭－北淮阳重力梯度带长期以来构成中国南北的分界，其中有很大部分和特提斯－喜马拉雅构造域的北界相重合。三大构造域的发生、发展、交切、复合控制了古生代以来中国大地构造的发展，也是形成多旋回造山运动的原因之一。

古亚洲构造域是古生代形成和发展的，经历了两个发展阶段，加里东期是早期旋回，海西期是其主旋回。此时应力场似乎是，西伯利亚地台陆壳与中亚蒙古地槽洋壳（和次洋壳）以及中朝－塔里木地台陆壳与其两侧地槽洋壳（和次洋壳）之间的相互矛盾运动。

特提斯－喜马拉雅构造域是中－新生代发生、发展的，经历了印支、燕山、喜山三个发展阶段，在昆仑、秦岭等地与古亚洲构造域复合。正由于此，使那里成为我国地槽多旋回发展的典型地区，与三次运动相对应的形成西部褶皱带中的后期旋回。对于此时中国西部的应力场，有的地质工作者把它全部和印度板块活动联系起来。黄汲清认为，中国西南的特提斯－喜马拉雅地槽实际上是分为两大部分：雅鲁藏布江深断裂之南属冈瓦纳大陆的北部边缘，是新生代褶皱带；雅鲁藏布江深断裂之北属中生代褶皱带，它与古亚洲大陆有密不可分的联系。只是在白垩纪以来，由于印度洋的不断扩张，原来远离亚洲大陆位于南半球的印度地台从冈瓦纳分裂出来，并不断向北推移，才与亚洲大陆（这时雅鲁藏布江以北的特提斯地槽已褶皱成为亚洲大陆的一部分）逐步接近以至碰撞，特提斯海最后关闭，北喜马拉雅地槽强烈褶皱，并使印度地台北部边缘强烈卷入，整个甘青滇藏以及帕米尔、天山等地大幅度隆起，形成今日的世界屋脊。因此，雅鲁藏布江以北的特提斯中生代褶皱带的形成，不能用印度板块的碰撞作用来解释，而应该用特提斯海洋壳与亚洲大陆陆壳相互作用的结果加以说明。

滨太平洋构造域也是中生代发生、发展的，也影响古生代褶皱带的后期旋回。同时，其北东－北北东方向的构造与古亚洲构造域的构造相互交切，使中国东部主要表现为对古生代和更老构造的改造，在亚洲大陆东部边缘出现中、新生代地槽、岛弧及边缘海。构造线的总式样、钙碱性火山岩带以及震源机制分析等资料说明，滨太平洋的构造应力场主要是亚洲大陆与太平洋之间的仰冲和俯冲作用。

五、多旋回构造学说相关概念

这些概念包括，多旋回构造学说派生出来的或黄汲清在创立多旋回学说过程中提出来的。它们广泛出现于黄汲清的著作或文章中。

1. 主旋回

主旋回是结束地槽发展阶段的质变旋回。研究和确定地槽发展的主旋回是划分一级大地构造单元的基础。

2. 次旋回

次旋回是地槽发展过程中只是部分质变的其他的各个构造旋回。

3. 前期旋回

前期旋回是地槽转化为地台的主旋回之前，地槽阶段的其他各个构造旋回。

4. 后期旋回

后期旋回是地槽转化为地台之后的各个构造旋回。

5. 阜平旋回

阜平旋回是中国太古宙末的一个构造旋回。以五台群与阜平群之间的角度不整合所代表的阜平运动为其主褶皱幕，同位素年龄为 26 亿～25 亿年，标准地点在山西五台山。它是中国陆壳一个重要的形成时期，也是最重要的铁矿成矿期，鞍山式铁矿即产于这一构造阶段。

6. 五台旋回

五台旋回是我国元古代的第一个构造旋回。以山西五台山区五台群与滹沱群之间的不整合所代表的五台运动为其主褶皱幕，同位素年龄为 24 亿年左右，标准地点在山西五台山。它是形成中国大陆地壳的一个十分重要的阶段，中朝准地台大部分地区经此旋回后而固结。

7. 中条旋回

中条旋回又称吕梁旋回，是中国元古代的第二个构造旋回。以晋南中条山地区中条群（相当于滹沱群）与西阳河群之间的不整合所代表的中条运动为其主褶皱幕，同位素年龄为 19 亿～18 亿年。经过中条旋回，中朝准地台最终形成。

8. 扬子旋回

扬子旋回是元古宙晚期的一个造山旋回，标准地点在云南东部，包括两次重要的造山运动，即晋宁运动和澄江运动。晋宁运动指昆阳群与澄江砂岩之间的角度不整合所代表的构造运动，同位素年龄约为 8.5 亿年。澄江运动指澄江砂岩与南沱冰碛层之间的不整合所代表的构造运动，同位素年龄为 7 亿年左右。晋宁运动使扬子地台大部分固结，澄江运动使扬子地台最终形成。后来查明，澄江运动可能并非造山运动，而是一次伸展运动，因此有人将扬子旋回的上限划为 8.5 亿年左右的晋宁运动，故又称晋宁旋回。塔里木地台也是经扬子旋回才最终形成的。扬子旋回所形成的造山带在中国广泛分布。它已被证明是中国大地构造发展史上一次有划时代意义的构造旋回。

9. 兴凯旋回

时限为震旦纪至中寒武世初，主褶皱幕发生在早、中寒武世之间，以兴凯湖东南为典型地区。那里的震旦纪 - 早寒武世陆源 - 碳酸盐岩冒地槽型沉积被中寒武统的砂砾岩不整合。这次运动发生在萨彦岭，又称萨拉伊尔运动。考虑到扬子旋回后，无论中国还是世界其他地区（主要是北半球），地壳构造进入一个新的发展阶段，震旦系实际上已为显生宙的第一个系，故将其作为古生代的第一个造山旋回。它是中亚 - 蒙古地槽中一次十分重要的构造旋回，佳木斯隆起和额尔古纳褶皱系都是这一构造旋回的产物。

10. 加里东旋回

以英国苏格兰的加里东山命名的早古生代造山旋回。在中国及邻区主要有两期：早加里东运动，发生在中、晚奥陶世之间；晚加里东运动，发生在志留纪末，形成华南和祁连等加里东造山带。

11. 海西旋回

海西旋回又称华力西旋回，指晚古生代的造山运动，时限为泥盆纪至二叠纪。此旋回分为三期：早海西运动，指晚泥盆世至早石炭世早期发生的运动；中海西运动，指早石炭世晚期至晚石炭世发生的运动；晚海西运动，指晚石炭世至中二叠世末发生的运动。在此旋回中，阿巴拉契亚、古亚洲洋封闭，冈瓦纳大陆板块与北美板块、俄罗斯板块、西伯利亚大陆板块碰撞，潘几亚超大陆形成。它是地质历史上又一次具有划时代意义的造山旋回。

12. 印支旋回

印支旋回是从二叠纪晚期到三叠纪末期的地壳构造发展阶段，时限分两期，早期时限为晚二叠世至中三叠世末，晚期时限为中三叠世末至晚三叠世末。印支运动不仅在东南亚，而且在东北亚地区以至环太平洋地区和特提斯构造域都很重要。

13. 燕山旋回

侏罗纪 - 白垩纪期间广泛发育于东亚地区的重要构造运动。主要造山运动发生在中、晚侏罗世 - 早白垩世。此旋回分为早、中、晚三期。早期分两幕和古亚洲与北美的碰撞有关，第一幕发生在中侏罗世九龙山组（或髫髻山组）沉积之前，约 1.65 亿年；第二幕发生在中、晚侏罗世后城组（或土城子组）堆积期间，时限为距今 1.40 亿年之前。中期也分两幕，第一幕发生在中–晚侏罗世后城组（或土城子组）沉积之后，早白垩世张家口组（或东岭台组）火山岩系之前，时限为距今 1.40 亿～1.35 亿年，是中国东部构造由近东西走向彻底转变为东北–北北东走向的转折期；第二幕发生在含热河动物群的火山–沉积岩系之后，松辽、衡阳等裂陷盆地形成之前，距今 1.1 亿年，是中国东部动力状况由挤压剪切为主转换为拉张或拉张剪切为主的转折期。这两幕是西太平洋古陆与亚洲大陆碰撞的结果。晚期发生在晚白垩世，距今 8000 万年。燕山旋回为我国东部构造动力体制大转换、构造格局大改变的时期，也是东部内生金属矿床形成的时期。

14. 喜马拉雅旋回

地质发展史上最新的一个造山旋回，因喜马拉雅山脉而得名。它有三次重要的造山作用：早喜马拉雅运动发生在始新世（约 40 Ma），特提斯海消失，印度板块与欧亚板块碰撞，冈底斯磨拉石形成；中喜马拉雅运动发生于中新世（20 - 14 Ma），是最重要的一幕，有强烈褶皱、断裂、岩浆侵入、变质作用等，形成大规模逆冲断裂和推覆构造，喜马拉雅主中央断裂（MCT）、主边界断裂（MBT）均在这一时期形成；晚喜马拉雅运动从上新世晚期（3 - 4 Ma）延续至今，青藏高原形成。经此旋回最终形成中国现今构造地貌态势，对我国现代气候环境影响最大。

15. 多旋回复合造山带

多旋回、多种造山机制复合的造山带。中国乃至亚洲的大多数造山带并不是某一造山旋回的碰撞造山带，而是多旋回复合造山带。秦岭–大别造山带即为典型实例。早古生代末，秦岭–大别地区随着祁连–北秦岭早古生代洋盆的封闭；志留纪晚期至泥盆纪初，中朝与扬子两个微陆块碰撞，形成北秦岭加里东碰撞造山带；之后再次裂陷，出现泥盆纪海盆。晚泥盆世–早石炭世，随天山–兴安一带古亚洲洋的闭合，西伯利亚与冈瓦纳两个大陆的复杂大陆边缘碰撞，使秦岭–大别地区发生叠覆和走滑–挤压造山，形成中秦岭华力西造山带；再后又是新的裂陷，形成石炭–二叠纪海盆。二叠纪中期，随着古亚洲洋最终封闭和古亚洲构造域的形成，秦岭再次发生叠覆和走滑挤压造山作用。从晚二叠世开始，由于特提斯洋的打开，秦岭–大别地区从古亚洲洋动力体系转入特提斯动力学体系的控制，沉积巨厚的晚二叠世–三叠纪沉积。晚三叠世–侏罗纪，随着特提斯向北俯冲和北美与亚洲剧烈碰撞，中朝与扬子两个陆块间经受强烈陆–陆叠覆造山作用，即印支和燕山造山作用，才使中朝与扬子两个陆块最终焊合为一个整体，具有统一动力学系统。

16. 多旋回叠合盆地

是指不同构造旋回、不同构造类型的盆地先后叠合在一起的沉积盆地。与多旋回复合造山带相对应，中国及邻区的沉积盆地大多也是经多旋回演化而形成，如准噶尔盆地、塔里木盆地、吐鲁番–哈密盆地等都是海西旋回以来的多旋回叠合盆地，其中塔里木盆地的后海西沉积，又叠合在震旦纪–古生代沉积盖层之上。它们一般都经历了印支、燕山和喜马拉雅三个旋回，喜马拉雅造山作用造就了最新的构造面貌。

17. 古中国地台

前寒武晚期在中国形成的一个古大陆块。从 20 世纪 30 年代开始，地质学家就认识到东亚曾有过一个前寒武纪克拉通，包括中朝、扬子、塔里木等陆块，当时都是连成一体的，称为中国地盾（谢音曼，1936）或中国地台（张文佑，1959；谢家荣，1962）。在 20 世纪 60 年代及其以前，一般都认为它是经中条（吕梁）运动形成的。到 20 世纪 70 年代初，黄汲清等（1974）发现在东亚元古代晚期还有一次重要的造山过程，即扬子造山旋回。只有经过扬子旋回，中朝地块、扬子地块以及塔里木地块才连为一体，称为古中国地台，它可能为格林威尔造山后形成的罗迪尼亚超级大陆的一部分。

18. 中国复合大陆

中国（或东亚）大陆是由几个小克拉通（准地台）、众多微陆块和不同时期造山带组合而成的复合大陆。按构造属性，这些微陆块可分为亲西伯利亚、亲冈瓦纳和古中华三个陆块群，造山带分属于古亚洲、特提斯和环（滨）太平洋三个造山区。与世界其他大陆相比，中国乃至亚洲大陆是在显生宙才最终形成一个大陆，而世界其他大陆的主体在前寒武纪就已基本形成。在中国大陆形成过程中，依次受古亚洲洋（晚前寒武纪 - 早、中二叠世）、特提斯 - 古太平洋（晚二叠世 - 侏罗纪）和印度洋 - 太平洋（白垩纪至今）三大动力体系控制，而且正是三大动力体系的发生、发展、交切、复合，造成中国大陆极为复杂的构造面貌，使其地壳 - 上地幔呈现复杂的镶嵌式和立交桥式结构；使中国大陆具有清晰的多旋回、分阶段演化过程，并形成古亚洲、特提斯和环太平洋三大构造域。

19. 亲西伯利亚陆块（劳亚）群

与西伯利亚大陆具有亲缘关系的陆块群。位于古亚洲洋的萨彦 - 额尔古纳洋盆之北，属西伯利亚结构复杂的南部边缘，包括巴尔古津地块、图瓦 - 蒙古地块、中蒙古 - 额尔古纳地块、雅布洛诺夫地块等。它们具有太古宙 - 古元古代结晶基底、新元古代褶皱基底和震旦纪 - 早寒武世沉积盖层，古亚洲洋闭合期间均已强烈卷入兴凯造山作用、加里东造山作用、海西造山作用，成为环绕西伯利亚克拉通南侧的萨彦 - 额尔古纳造山系的组成部分。

20. 古中华陆块群（也称华夏陆块群）

位于冈瓦纳大陆与西伯利亚大陆之间。它包括古中国地台解体后残留的约 40 个大小不等的陆块。除中朝地台、扬子地台、塔里木地台等几个克拉通外，其余微陆块均已卷入显生宙造山带。古中华陆块群属于冈瓦纳与西伯利亚两个大陆之间的转换构造域。古生代阶段，其主体位于古亚洲洋之南，属冈瓦纳结构复杂的北部边缘；中生代阶段，位于特提斯洋之北，属西伯利亚大陆结构复杂的南部边缘。若从全球范围来看，中朝地台、扬子地台、塔里木地台等克拉通，也可视为全球性巨型造山区内的几个较大的中间地块。

21. 亲冈瓦纳陆块群

与冈瓦纳大陆有亲缘关系的陆块群，包括羌塘地块、拉萨地块、掸泰地块等。它们原是冈瓦纳大陆的一部分，已被发现具有古元古代甚至太古宙结晶基底和广泛存在的 500 Ma 左右的泛非构造 - 热事件。特提斯洋打开后，中、新生代阶段从冈瓦纳大陆裂解的陆块群，被印支、燕山和喜马拉雅造山作用卷入，并成为特提斯造山区的一部分。

22. 手风琴式运动

由黄汲清（1983）命名，指地壳或岩石圈时开时合、此开彼合的构造运动。其运动形式与演奏手风琴时的一张一合的形式相似，因此而命名。但这并不是在原地开开合合，而是开裂与拼合都有时空的变化。

第三节　地质力学学说

一、地质力学学说的创立

地质力学是由著名地质学家李四光创立的。李四光（1889—1971），字仲拱，原名李仲揆，湖北黄冈人，蒙古族，地质学家、教育家、音乐家和社会活动家，中国地质力学的创立者，中国现代地球科学和地质工作的主要领导人和奠基人之一。1928年，任中央研究院地质研究所所长；1948年，当选为中央研究院院士；1950年，任中国科学院副院长；1951年，当选为世界科学工作者协会执行委员会副主席；1952年，任中华人民共和国地质部部长；1955年，被选聘为中国科学院学部委员（院士）。

李四光为新中国的地质事业做出了杰出的贡献。他的突出贡献可以主要归纳为四点：①为中国石油工业的发展作出了重要贡献；②早年对蜓科化石及其地层分层意义有精湛的研究，并提出了中国东部第四纪冰川的存在；③建立了"构造体系"的概念，创建了地质力学学派；④提出新华夏构造体系三个沉降带有广阔找油远景的认识，开创了活动构造研究与地应力观测相结合的预报地震途径。

20世纪20年代，关于大陆运动起源的问题有许多学派，但主要的争论为活动论和固定论、垂直运动与水平运动之争。地质力学便是在此背景下开始诞生。1921年，李四光是从研究中国北部石炭纪–二叠纪含煤地层开始的。1924年以后，李四光对比了中国南部和北部石炭–二叠纪及地球其它地区同一时期，特别是古生代以后海进、海退现象，认为大陆上海水的进退，不仅是海面的升降，可能还存在由赤道向两极，反过来由两极向赤道方向性的运动。据此，他推断大陆运动也可能有这种方向。

1926年，李四光发表了《地球表面形象变迁的主因》，提出"大陆车阀说"。20年代末，李四光肯定了山字型构造的存在。1929年，李四光发表《东亚一些典型构造型式及其对大陆运动问题的意义》一文，概括了不同类型构造的特殊本质，建立了构造体系的概念，为地质力学奠定了基础。30年代，确定了阴山、秦岭、南岭3个巨型纬向构造带，以及东亚地区华夏和新华夏构造体系、淮阳山字型构造等。40年代初，李四光正式提出地质力学这个名词。1947年，李四光在《地质力学之基础与方法》一书中，从应力、应变和岩石物性着眼，研究了构造形迹性质，划分了构造系统，厘定了构造型式，分析了构造系统的联合，最后提出解决地质力学问题的途径。1962年，李四光出版了《地质力学概论》一书，扼要阐述了有关地质构造的若干传统概念、地质力学的方法、地质力学中存在的问题和地壳运动起源问题，把构造体系明确地归结为 3 大类型，即纬向构造体系、经向构造体系和各种型式的扭动构造体系。60 年代以后，地质力学的理论和方法在中国的地质工作和研究中得到较广泛的推广和应用。

二、地质力学学说基本概念

1. 构造要素

构造要素也称结构要素，指存在于各种地质体中的基本构造形迹。主要有构造面理（结构面）和构造线条两类，是标志地质构造存在或划分构造地块的基本单位。可分为原生结构要素和次生结构要素，前者指成岩过程中形成的结构面和构造线条，如层理和流层、流线等；后者指岩石在机械运动中发生形变产生的结构面和构造线条，如褶皱轴面、各种破裂面、一部分节理、片理等。不同结构要素往往具有不同力学属性，根据力学属性的不同可分为压性、张性、扭性、压扭性和张扭性等。构造线条是指岩石中朝一定方向伸延的线状构造形象和痕迹，包括原生线条（如岩浆岩中的流线）和次生线条（如砾石被压扁所形成的定向构造）。构造线条的形成原因有：①岩石或矿物颗粒的定向排列或拉伸线理；②两种结构面的互相交切；③不同类型的结构面与地表的交线，又称构造线。有多少种结构面，就有多少种构造线。

2. 构造地块

构造地块是指具有一定综合结构形态、属于一定构造体系的地质块体，常由地壳物质组成或地壳结构构造的均一性以及具有明确地界线反映出来。其规模大小、影响深度、结构形态、活动强度都有差别。相对活动的狭长带状地块，称褶皱地带；相对稳定的不规则地块，称为块垒地。在长期复杂的地壳运动中，褶皱地带和块垒地可相互转化。任何地块的发生和发展都受构造体系、运动性质和岩石性质所制约；反之，不同形态和不同类型地块的存在构成了一定的边界条件，也影响构造体系的形成和特征，从而决定地块边缘及其内部的形变特点。

3. 构造体系

构造体系又称大地构造体系，是指具有成因联系的各项不同形态、不同性质、不同等级和不同序次的结构要素所组成的构造带以及构造带之间所夹的岩块或地块组合而成的总体。发生在地壳各种岩层和岩体中的构造形迹，都不是孤立存在的，每项构造形迹都有和它相伴而生的一群构造形迹，它们互相间有联系，分布有规律。例如，同一走向的挤压褶皱带、冲断带，总有与其走向相垂直的张断裂，和与其走向斜交的两组扭断裂等一系列构造形迹伴生。它们在形成和发展过程中，有内在联系，即成生联系。这些具有成生联系的构造形迹群往往集聚成构造带，在构造带之间往往又夹有一些构造形迹相对微弱的地块或岩块。如果它们大体上是同一时期，经过一次运动、或者按同一方式经过几次运动产生的，就可把它们当做一个统一的整体，称构造体系。地质力学就是通过对构造形迹的研究，用序次把它们联系起来，反映出共同本质的构造体系。对构造体系的鉴定有 3 个步骤，即野外工作、数理计算和模拟实验。构造体系的类型可划分为 3 类：①巨型纬向构造体系，在中国境内主要有阴山－天山构造带、秦岭－昆仑构造带和南岭构造带；②经向构造体系，有川滇南北向构造带（即横断山脉）；③扭动构造体系，根据作用力方式的不同，还分为直线扭动构造（多字型构造、山字型构造、棋盘格式构造、人字型构造），曲线扭动构造（帚状构造、涡轮状构造、莲花状构造或环状构造、S 型和反 S 型构造、歹字型构造）。此外，构造体系还有复合与联合的现象。其中，复合可归纳为归并、交接（有重接、斜接、反接、截接）、包容和重叠 4 类；联合构造体系常出现在不同方向构造带的联结部位，以边缘弧形构造出现。

三、地质力学学说的主要论点

1. 研究内容

简而言之，地质力学就是运用力学原理研究地壳运动及其相关地质构造现象的一门学科。其研究内容包括：

（1）构造体系的深入调查研究。包括：构造体系类型的划分；构造形迹的力学性质的鉴定及其空间排列规律；岩石力学性质及构造应力场的分析；构造运动时期和构造体系形成时期的鉴定；现代地壳运动和活动的地应力观测；岩石内流体运动和构造型式对油、气的动态与油气集中的控制作用；各级构造体系对矿产分布规律的控制作用；构造应力场与地球化学场及地球物理场的联系。

（2）全球大地构造体系的特点和分布规律，以及与各种构造体系同时发生的沉积建造、岩浆岩建造、变质岩建造和矿产资源的成生联系。

（3）古生代以来全球大陆运动和海洋运动问题。首先着眼于中国及邻区石炭－二叠纪大陆运动与海水进退规程。

（4）地壳运动问题。包括：区域性升降运动与水平运动的联系；地球角速度的变化和潮汐作用对大陆运动和海洋运动的影响；太阳辐射的变化、地壳运动和地球运动对古气候变化的作用等。

2. 立论依据

地质力学以综合的地质构造为研究对象，依据力学原则，严格按照一定的程序、一定的逻辑步骤，逐步进行分析和研究。换言之，地质力学从研究地质构造现象的力学本质出发，寻找它们的内在联系，从而建立起不同的构造体系。根据构造体系所反映的地应力场，追索地壳运动的方式、方向和发生的时期，从而进一步探讨地壳运动的起源和动力的来源问题。运用力学原理研究地壳构造和地壳运动规律及其起因。地质力学以以下三点作为其立论依据：

（1）地质构造是探索地壳构造运动的主要研究客体，任何一种地壳构造运动的正确假说，都必须能够完整地说明客观地质现象，必须接受客观地质构造实际（和水圈变化）的严格检验；

（2）各种地质构造大都是力作用的直接结果，它们都有一定的力学属性和力学本质，查明地质构造的力学性质是地质力学首要的基础性工作；

（3）任何地质构造现象都不是孤立存在的，在它的发生和发展过程中，必有其不可分割的伴侣，成群成带相伴出现的地质构造现象的总体构成统一的构造体系。每一类型的构造体系，均可当作一幅形迹图像来看待，它反映一定方式的地壳运动。

以上三点不仅是地质力学的立论依据，也是地质力学的三个基本特征，它们分别反映了地质力学实践的观点、本质的观点和联系的观点。现已认识的构造体系，可划分为纬向构造体系、经向构造体系和扭动构造体系三大主要类型。这些构造体系主要是地壳的水平运动造成的，而地球自转速率的变化是地壳水平运动的主因，李四光把地球自动调节自转速度变化的作用称为"大陆车阀作用"。

3. 研究方法和步骤

概括起来，地质力学的研究方法一般分为七个工作步骤：

（1）鉴定每一种构造形迹（结构面）的力学性质，把它们划分成张性、压性、扭性、张扭性、压扭性五类；

（2）辨别构造形迹的等级与序次，按照序次查明同一断裂面力学性质可能转变的过程；

（3）把有成生联系的构造形迹，包括褶皱、断裂等组成的构造带，以及和这些构造带有关的地块和岩块组成的统一体划归一个构造体系；

（4）根据相似组合特征构造体系的迭次出现及它们的分布规律划分巨型构造带，鉴定构造型式；

（5）通过对占有同一空间的部分或全部构造体系的相互影响，分析它们之间的复合或联合关系；

（6）探讨岩石力学性质和各种类型构造体系反映的应力活动方式；

（7）构造模拟实验。

地质力学的研究内容和方法表明，地质力学把地质构造作为探讨地壳运动的主要途径，并侧重于研究地壳岩石的形变（改造），强调地质构造的形成（建造）与变形的主要矛盾方面是形变。形变是指宏观到微观的岩石形变、变位和变相，如褶皱、断裂、变质作用及矿物相变等；建造是指沉积作用和活动的产物。两者互相影响、互相制约，没有建造无从构成改造，没有改造也无从构成建造，但是两者必有一方面起主导作用。地质力学认为，解决这个问题不能脱离地壳运动，不能脱离地壳运动的实质，即不能离开力的作用。有力作用于地壳，就会发生相应的形变，改造地球表面形象，只有这种不断改造，才可能使岩层形成。由此可见，改造支配建造，而不是建造支配改造。

四、地质力学学说解释中国大地构造格局

从地质力学的研究内容和方法可以看出，前五项工作步骤是地质力学中地质工作的基础，后两项是分析应力活动方式，探讨地壳运动的起因。其中，核心是构造体系和构造型式的鉴定。前人通过大量工作，对我国主要构造体系的类型作了划分和讨论，并将其概括为巨型纬向构造体系、经向构造体系和扭动构造体系三大类型。三大构造体系是在不同方式和方向的地应力下产生的。因此，从构造体系出发，结合有关地区的岩石力学性质，可以研究力的作用方式和方向，进而推测地壳运动的方式和方向。按照这一逻辑步骤进行分析，可以发现我国大陆的主要构造场的特点如下。

（1）巨型纬向构造体系发育在一定的纬度上，沿一定纬度作环球展布，以一定间距持续或出现，它们的长期发育，反映了沿南北向反复作用的巨大应力的存在。受这一巨大纬向构造体系制约的山字型构造，弧顶朝南，反映了自北向南的压力。

（2）经向构造体系也具有一定的全球规模，受经向构造体系制约的山字型构造弧顶向西，反映了自东向西的挤压。

（3）一些规模宏伟的多字型构造（新华夏构造体系），连同山字型构造和歹字型构造，皆反映地壳运动的不平衡性。如河西系的发育显示东面相对向南、西面相对向北扭动；出现在中国西部的巨型歹字型构造，也同样表明青藏高原以东地区，相对于西部向南扭动；而东部新华夏系的发育，却显示西面相对向南，东面太平洋相对向北扭动。这些现象表明，我国中部有自北而南的滑动。我国最大的祁吕－贺兰山字型构造和南部的云南山字型构造，恰好位于这一带，同样是这种滑动的佐证。这种滑动还正好解释了阴山－天山纬向构造带和秦岭－昆仑纬向构造带中段略向南弯曲的现象。

（4）一些较大的扭动体系往往与平错断裂有关，有些平错断裂规模可以很大；一些巨型和大型扭动构造体系的旋扭轴都是垂直的。这些都表明地壳上层水平运动的重要性。

上述中国应力场虽有区域性的特点，但归根到底，它与地壳总的方向是一致的。从构造体系分布、排列规律来看，地壳区域性运动和地壳整体运动具有两个主要运动方向：一是经向水平运动，是从高纬度向低纬度的运动，或者说从两极向赤道运动，形成全球性的纬向构造带；另一种是纬向水平运动，是从东向西的运动，由于运动的不均匀，使陆块或地块彼此靠拢或分离，形成东西向的挤压或引张，产生沿东西方向的平错。当南北向或东西向的运动不平衡时，就产生扭动，形成各种扭动构造。所以，扭动构造体系可以看作是纬向或经向构造的变种（图1－7）。

中国东部北东向的多字型构造体系，主要是形成于印支运动的，称为华夏系构造体系；而北北东向的多字型构造体系，主要是形成于燕山运动的，称为新华夏构造体系。新华夏系构造与东西构造带构成我国东部和东亚地貌的地质基础，从东向西可分成三个隆起带和三个沉降带，且呈相间排列。第一隆起带为东亚岛弧，包括千岛群岛－日本群岛－琉球群岛－台湾岛－菲律宾群岛到加里曼丹岛；第一沉降带为海盆，包括鄂霍次克海－日本海－东海－南海等；第二隆起带为山脉，包括朱格朱尔山－锡霍特山－张广才岭－长白山－狼林山（朝）－辽、鲁半岛山地－武夷山－戴云山等；第二沉降带为平原和盆地，包括东北平原－华北平原－江汉平原等构造盆地；第三隆起带为山脉，包括大兴安岭－太行山－雪峰山－湘黔边境诸山；第三沉降带为盆地，包括呼伦贝尔－巴音和硕盆地－鄂尔多斯盆地－四川盆地等（图1－8）。

在地质力学理论中，新华夏系的成因主要是由于东亚大陆硅铝壳与太平洋硅镁壳相邻，当地球旋转速度加快时，大陆壳受到自北向南的挤压力，同时遇到大洋壳的阻力，产生自南向北的反作用力，构成力偶，结果形成扭动构造。新华夏系构造主要形成于中生代末到第三纪末，在隆起带内，花岗岩等火成岩特别发育，形成丰富的金属矿床；而在沉降带内，中生代以来接受大量沉积，基本控制了大小盆地的形成和分布，并成为重要的生油盆地（大庆、大港、胜利、江汉等油田）。地质力学学说认为，研究中国东部地貌、地震，新华夏系构造是不可忽视的重要构造因素。

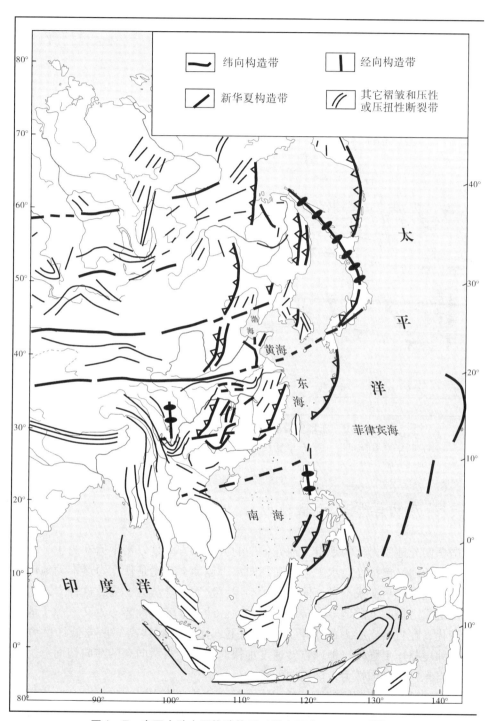

图1-7　东亚大陆主要构造体系（据李四光，1973，简化）

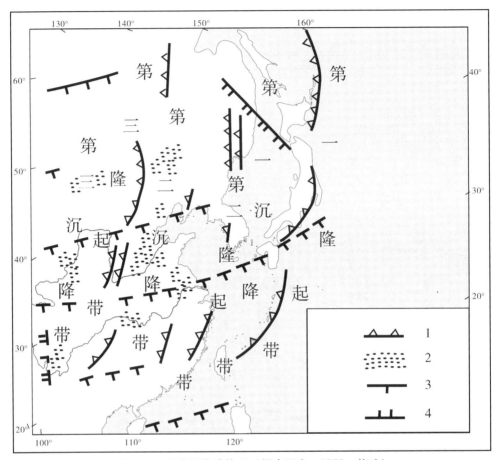

图 1-8 新华夏构造体系（据李四光，1973，修改）
1. 新华夏系隆起带；2. 新华夏系沉降带；3. 纬向构造带；4. 经向构造带

五、地质力学学说的驱动力

根据李四光地质力学的观点，地壳运动的方式和方向是以水平运动为主、垂直运动为辅，水平运动又包括经向水平运动和纬向水平运动。究竟是什么力量推动地球表层物质向纬向和经向作平衡或不平衡的水平运动呢？地质力学认为，导致这种方式的地壳运动的起源是重力控制下的地球自转惯性离心力。地球自转惯性离心力又来源于地球自转速度的变化，在自转离心力的水平分力作用下，使之受到从高纬度向低纬度方向的挤压，在中纬度挤压更强烈。地球自转速度加快时，产生自西向东的纬向切向分力，地壳物质受到自东向西的惯性力，因而向西运动。

每一次地球自转速度比较明显的加快，都会致使地壳表层产生一次全球规模的强烈地壳运动。地壳运动的发生，产生各种构造形变，并伴随地壳下部的酸性和基性岩浆，甚至地幔上部的超基性岩浆侵入地壳上部，甚至冒出地表形成火山爆发。这样就使深部密度大的物质向地球表面扩散，地壳物质的再分配和地壳表层对地壳深部摩擦的影响结合起来，形成自动"刹车"，即大陆车阀说，这样又有可能发生运动方向相反的地壳运动。这种自动控制作用不断进行，形成地壳运动的全球性、周期性的运动规律，推动着地壳构造的发生与发展。

六、地质力学学说的贡献

地质力学学说的贡献主要体现在以下三个方面：

（1）在认识论上，地质力学把各种看似孤立的、零碎的、偶然的、互不相关的地质现象、构造形迹联系起来进行归纳、分析，从而认识它们之间内在的、本质的、规律性的联系，揭示地壳运动所产生的各种构造形迹的客观的空间展布规律。

（2）用力学观点分析、阐述地壳运动和各种构造体系、构造形迹产生的原因和规律。

（3）地质力学的理论对于普查找矿、水文地质、寻找地下热水、地震地质等方面也做出了很大的贡献，如新华夏系的一级隆起带通常是多金属矿带，而一级沉降带又是石油的成矿带；两个构造带的复合部位，常形成重要矿床。

第四节　断块构造学说

一、断块构造学说的提出

张文佑（1909—1985），中国著名大地构造学家，断裂体系与断块大地构造学说的奠基者和创始人。1930年，以优异成绩同时被唐山交大（唐山铁道学院的前身）、北大和清华三所大学录取，他选择了北大地质系。因为北大当时有李四光、葛利普等名师，还因当时许多青年人都希望学地质采矿，走实业救国之路。1955年，被选聘为中国科学院学部委员（院士）。

20世纪40年代初，张文佑先生在跟随李四光研究中国华南大地构造时，把岩石中的节理分为X型和Y型两大组合，前者具剪切性质，后者具拉张性质，这成为其后创立地球表面四种断裂体系的雏形。20世纪50年代后，在他的主持下以断裂体系为主导思想编绘了第一张中国大地构造图及其说明书《中国大地构造纲要》，并创用了断块、断坳、断褶带、断块带、台块等术语，为后来成为一种新的大地构造学派建立了坚实的理论基础。1958年，他正式创立断块构造学说，该学说成为研究地球岩石圈断块结构及其运动的假说。20世纪70年代，他开始运用地质力学分析与历史分析相结合的原则，把野外观察与室内模拟试验及理论分析三者结合起来，初步完善了断块大地构造学说思想。80年代初完成的"中国及邻区海陆大地构造图"和专著《断块构造导论》，对断块构造的理论、中国断块构造的演化及断块在国民经济建设中的应用均有深刻阐述，这表明断块学说已趋成熟。

二、断块构造学说的主要论点

断块构造学说是一种阐述地球岩石圈块断结构及其运动规律的假说，由张文佑于20世纪50年代提出。采用地质力学与地质历史分析相结合的方法，研究形成与形变、建造与改造以及断裂的力学机制及其与伴生关系等，并侧重研究地球上部岩石圈的块断结构。断块构造学说认为，岩石圈被断裂分割成大小不等、深浅不一、厚薄不同和发展历史各异的断块，由此构成岩石圈的多层、多级和多期发展的断块构造格局。在断块构造学说中，力学分析是基础，历史分析是综合串联。一般来说，地质建造是地质历史研究的主要对象，地质形变是地质力学研究的主要对象。前者是从时间方面着重发展过程，后者则从空间方面强调组合分布。但从理论上讲，空间的概念和时间的概念不可分割，因此，应该是在地质力学分析的基础上进行地质历史分析。形成建造是基础，改造形变是后期的一种作用，同期的形变决定于形成，同期的改造决定于建造，第二期的形成或建造受第一期的形变和改造控制，例如基底断裂控制盖层发育。

断块构造观点认为，变形一般先褶皱后断裂，但一经产生断裂，便对以后的变形起决定性的控制作用，所以要侧重研究断裂的形成和发展。断裂体系形成以后，由于区域构造应力场的演变，断裂的活动方式和应力的状态均可发生变化，活动方式可分为挤压、拉张、剪切、挤压－剪切和拉张－剪切。

断裂按其深度以及它们的地质、地球物理标志可以分成四类（见图1－9）：①岩石圈断裂：切穿整个岩石圈达到软流圈；②地壳断裂：达到上地幔顶部；③基底断裂：切穿整个花岗岩质层，达到玄武岩质层；④盖层断裂：切穿沉积盖层，达到结晶基底顶面。

此外，还有一种层间滑动断裂，深浅不一，是由沿构造层之间的层间滑动所致。

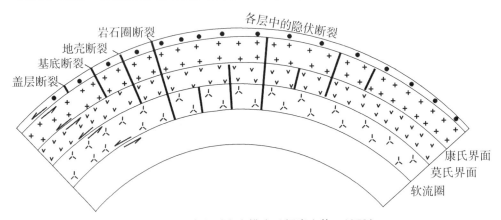

图1－9　四类断裂发育模式（据张文佑，1978）

这些断裂将地壳和岩石圈切割成为不同的形成和形变的块体。根据现今地壳结构、岩石组成、构造活动性及地球物理场特征，可以分出三类大的块体－构造域：大陆型地壳构造域、过渡型地壳构造域和大洋型地壳构造域。按照它们的历史发展和构造活动性的差异，大陆型地壳构造域又可进一步分为相对稳定的断块区和相对活动的断褶区，以及介于它们之间的具有过渡类型特征的块褶区。

简而言之，断块学说认为，不同级别的断裂把地壳和岩石圈分成不同级别、不同规模的块体，即断块。

三、断块构造学说的重要概念

1. 断裂体系

由于受力方式、边界条件以及变形体物理力学性质的不同，断裂常构成不同型式的组合，称之为断裂体系。断裂体系可分为 X 型、Y 型、V 型、Z 型以及 I 型五种，其中 X 型剪切断裂体系、Y 型剪切 – 拉张断裂体系和 I 型张性断裂体系为最基本的断裂体系。

（1）X 型断裂体系。是指在平面上两组走向呈 X 型相交的断裂体系。霍布斯（Hobbs，1911）提出地壳上存在 X 断裂，詹德尔（Sander，1938）将地壳上存在的 X 型断裂划分为三套六组，即北北西与北北东、北东与北西、北东东与北西西。中国西部地区（六盘 – 贺兰山至龙门山、横断山以西）主要发育北西西与北东东一对 X 型断裂，东部地区主要发育北北西与北北东一对 X 型断裂。X 型断裂是由于断块两端受压后不易滑动而形成的。

（2）Y 型断裂体系。是由平面上呈 Y 型的三组断裂所组成的断裂体系。Y 型断裂体系上部两组断裂多具有剪切性质，下部一组断裂多具有拉张性质，共同构成剪切拉张的断裂组合。其形成条件是一端不易滑动，即上部边界条件不如下部自由。中国横断山区的龙门山断裂（北东向）、甘孜 – 康定断裂（北西向）和西昌断裂（南北向）共同组成了典型的 Y 型断裂体系。

（3）V 型断裂体系。是指平面上两组断裂走向呈 V 型的断裂体系，其形成条件与 Y 型断裂体系的形成条件相同。

（4）Z 型断裂体系。是指平面上两组平行断裂之间夹有一组斜向断裂组成的断裂体系。上、下两组断裂可同受挤压应力或拉张应力作用，分别产生平移断层、逆断层或正断层，而中间则产生一组剪切拉张或剪切挤压的断层。挤压应力下产生的 Z 型（或反 Z 型）断裂组合的形体较长，拉张应力下产生的形体较短。在侧向挤压和拉张应力下，也可产生成因相同的 N 型断裂体系、反 N 型断裂体系。Z 型多发生在纬向隆起带和凹陷带，N 型多发生在经向隆起带和凹陷带。

（5）I 型断裂体系。在平面上组成 I 型的断裂体系型式，多为张性的锯齿状断裂，地质历史上的大洋地壳的地槽断谷或现代大陆的中、新生代裂谷（地堑）多属之，是受平行于断裂方向的挤压与垂直方向的拉张联合作用的结果。它是由于在断块两端存在与之近正交的平错断裂，易产生侧向滑动而形成的，相当于岩块在实验中受压而两端易自由滑动的情况。冀中地堑即典型者，其北为阴山断裂，南为黄河断裂。

2. 断块

断块是指岩石圈内被断裂构造所围限的构造块体，由张文佑 1958 年提出，一般按断裂的深度，可分为岩石圈断块、地壳断块、基底断块、盖层断块四个等级。

（1）岩石圈断块。即板块，是被岩石圈断裂所围限的块体，面积达几百万至上亿平方千米。

（2）地壳断块。岩石圈断块内部被各种地壳断裂切割而成的块体，即地壳断块，面积一般为几万、十几万平方千米至几十万、上百万平方千米。

（3）基底断块。在地壳断块内部，由基底断裂切割和形成规模较小的断块。

（4）盖层断块。在地壳断块内部，由盖层断裂切割和形成规模较小的断块。

此外，在平面上由 X 型交叉剪切断裂切割，围限呈菱形的块体称为菱形断块。由于岩石受力破裂首先形成 X 型剪切断裂网格，菱形断块是地球乃至不同星球普遍存在的构造类型。

又由于地球表面的曲率影响以及岩石圈中具有层状结构，各种断块在空间中均呈具有一定弯度的层状块体。在构造应力的作用下，各断块除了沿相互间的边界断裂产生错动和离合外，还可沿各近于水平的构造面（如莫霍面、康氏面、基底面等）发生层间滑动。

四、断块构造学说的驱动力

断块作为一个块体发生的运动及其与相邻断块的相互运动和相互影响，是断块的运动学问题。断块主要有三种活动方式：①拉张与挤压、分裂与拼合，大多表现为拉张 – 剪切和挤压 – 剪切。某一区域或某一地史发展过程中的具体活动方式复杂多变，拉张使原存的断块发生破碎、分裂，各新生断块间发生相背运动并经历不同地质发展历程；而挤压却使断块间互相靠拢、汇聚，若干具有不同发展历程的断块拼合成新断块并开始统一的地质发展阶段。②断隆与断陷、抬斜与掀斜，即断块内的次级断块相对抬升和沉降，往往形成次级断块隆起和断块凹陷，并产生抬斜和掀斜，为常见活动方式。③层间滑动、水平错动。顺层滑动断裂不仅把岩石圈切割成不同厚度的块层，而且使厚薄不等的块层间作层间剪切滑动，可沿不同深度的各种界面（如沉积盖层和结晶基底间、康拉德面、莫霍面、软流圈顶面等）上发生，也可在各圈层内发生，可形成不同规模的推覆体和远程运移，据滑动过程中构成的撕脱岩片的岩石性质和组合，可判断滑动深度。它具有圈层构造的独立性、多层构造间的不和谐性等基本特征，并导致地震震中的层状分布。

张文佑认为，断块形成的驱动力主要是地球内部物质在重力作用下发生收缩作用及重力分异作用，在热作用下发生体积膨胀或某种方式的热对流。在角动量基本守衡的前提下，地球内部物质向地心运动将使地球转动惯量变小，因而使自转角速度加快；反之，若地球内部物质向外运动，则将使地球转动惯量变大，而导致自转角速度变慢。在这种质量再分配过程中，地球自转轴也可能发生一定程度的偏转。地球自转速度与自转轴的摆动又将导致离心力、科里奥利力、旋转速度不均一效应的变化与极移应力的产生，以及地球内部各圈层间相对扁率的变化和滑动。

五、断块与板块

张文佑（1978）认为，断块学说主要是从大陆地质构造的地质力学分析与地质历史分析相结合的研究中发展起来的，它在很多方面可以弥补板块学说的不足。反过来说，板块学说的成果，也进一步加深了我们对断块的认识。断块学说与板块学说的结合，可以使陆地的资料与海洋的资料结合起来，地质学与地球物理学结合起来，动力学的研究与运动学的研究结合起来。这对我们全面认识大地构造和地球动力学问题是十分有益的。

从"断块"学说的观点看，"板块"是断块的一种特殊类型，它是被巨大的深切整个岩石圈的断裂带所围限的断块，是最大一级的断块，又被称做"岩石圈断块"。

板块学说主要是在对海洋的研究与地球物理研究的基础上发展起来的，它提出了一些有价值的新论点。但大多数研究板块的人对大陆地区的地质情况还缺乏深入研究，不能充分利用 20 世纪以来在大陆地质构造研究方面所获得的科学结论与思想方法，这就使板块学说的进一步发展受到了阻碍。

板块边界的力学机制主要是受基底锯齿状断裂的活动方式控制的，板块内部的应力分布也主要与板块内部次一级强度不同的断块的复杂活动有关。关于板块运动的驱动力，不仅应考虑地球内部的热运动，而且应考虑到重力作用和地球作为一个旋转天体所具有的各种动力学行为。

第五节　地洼构造学说

一、地洼构造学说的提出

陈国达（1912—2004），广东省新会县人，地质学家，活化构造学说和递进成矿理论的创立者，被国际地质界称为"地洼学说之父"。其主要成就是于 1956 年发现大陆地壳的新构造单元——地洼区，并在此基础上创建了壳体大地构造学，发展成为地洼（活化）构造理论体系，在国内外广泛运用于找矿且取得显著成效。地洼学说的诞生亦被列入世界科学技术史年表。

地洼构造学说，也称活化构造学说，是在批判地继承槽台学说的基础上，按照对地台活化的深入理解逐步引申发展而成的一门学说。1956 年，陈国达根据自己长期野外科考及专题研究的成果，结合前人大量资料，发表了《中国地台活化区的实例并着重讨论华夏古陆问题》一文，第一次提出第三构造单元——活化区概念的雏形，这标志着地洼学说的诞生。随后陈国达相继发表的《地壳的第 3 构造单元地洼区》（1959）及《地洼区后地台阶段的一种新型活动区》（1965）等著作，对这个新构造单元的特征、鉴别标志、类型划分、在地壳演化史上的出现时间和在地理上的分布规律等做出了详细论证。

在地洼构造学说提出前的 100 多年，在鉴别一个地区的大地构造属性时，不是看作地槽区就是看作地台区，因此在地壳中人类最先了解这两个构造单元、它们的性质区别和历史成因关系。这代表了漫长的地壳演化史中两个最先认识的阶段及其代表的一段历程和部分规律，推动了当时地质学的发展并在指导找矿等生产实践中做出了许多贡献。然而，当运用它来解决世界上一些像中国东部那样的地壳发展史更为复杂的地区时，却遇到了困难。陈国达先生对槽台学说有过经典的论述："从现代的大地构造学水平看来，地槽－地台说对于地壳发展过程及其规律的反映是不够全面的。它的缺点在于，忽略了这样一个重要事实：地球上有不少地区，在其发展过程中，经历了一定时期的'稳定'的地台阶段之后，又曾经重新活动过；而且有些地区重新活动后至今一直还未止息。这事实的存在说明，所谓地壳发展只是从地槽区转化为地台区，以及所谓现阶段是属于缺乏造山运动的'泛地台阶段'等说法，显然是与实际情况不相符合的。所以，'地槽－地台说'固然对于阐明地台区的形成过程以及地壳发展中某些阶段的特点等，有其正确的一面，因而在大地构造学的发展上，确有其不可否定的历史意义。但若以之作为反映地壳发展规律的见解是有所不足的。"

二、地洼构造学说的主要论点

地洼构造学说最初以阐明大陆地壳演化过程中继地槽区、地台区之后形成的第三构造单元这样的理论出现，其后形成从洋壳到陆壳（包括岩石圈的演化和运动及其规律和力源机制在内的）具有全球性的一个新型综合大地构造及成矿学理论体系。该学说的主要内容如下。

1. 阐明一种新的大地构造单元（第三构造类型－活化区，即地洼区）

地洼构造学说认为，槽台学说把地壳构造划分为地槽区（活动区）和地台区（稳定区），地台区由地槽区转化而来的看法符合中国东部中生代以前的情况，但从印支或燕山运动开始，"中国地台"已大部分先后衰亡，地台经活化转化为新型活动区即后地台阶段的新构造单元，而不再是地台区，也不是"准地槽"，而是活化区或地洼区（图1－10）。中国境内以印支或燕山期为开端所表现出的一系列大地构造特点，无论是在构造－地貌反差强度、沉积建造、岩石地球化学、构造型相等方面，还是其它方面都使得中国的中、新生代明显地区别于以前的地台阶段和地槽阶段，可命名为地洼阶段。相应地，划分出地洼区作为地壳已知的第三个基本构造单元。地台不是固定不变的，可以重新活化形成地洼。

地洼区是地洼构造学说的核心组成部分，又称活化区，是指地台活化并经受强烈构造岩浆活动的地区，是与地台区性质对立、与地槽区性质有别的一种新型的活动区，是与地槽区、地台区并列的一级构造单元，通称第三构造类型。它的特征是，在形成过程中主要在激烈期，地壳水平运动占主导地位。由于拱曲、褶皱、断裂作用强烈而出现反差强度大的构造起伏，形成波距小、差异升降速度及幅度大的短带状隆起，称为地穹；其间介于相对下陷的短带状盆地，称为地洼。其最明显的识别标志是，强烈造山作用而形成盆山相间的构造地貌，其中充填有地洼沉积。由地洼沉积层组成的代表构造层，叫地洼构造层（见图1－11）。其他识别标志为：①若构造层发育齐全，可有三层结构，地洼构造层一般在地台及（或）地槽构造层（褶皱基底）之上，但有时直接在前地槽构造层（结晶基底）之上；②沉积建造的特点为岩性、岩相、厚度变化大，物质粒度

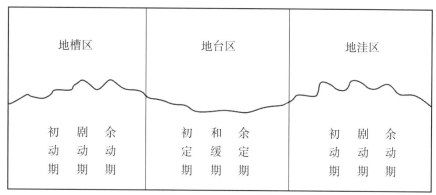

图 1-10 槽台区、地台区和地洼区对比

分选性差、圆球度低，山麓相、山间河流相、湖相等陆相为主（偶夹海相层），间断性韵律强，具有假磨拉石建造；③大多岩浆活动强，在华夏型地洼区以中酸性占优势，活动总顺序一般地由中酸性到基性；④具有局部接触变质及动力变质（尤其断裂变质）作用；⑤断裂发育，褶皱主要为宽展型、短线状，早、中期多压性断裂及其断陷盆地，晚期多转变为张性；⑥地貌反差大，有高原（山）深盆（谷），新构造运动强，可发生强震，偶有近期火山活动。一般，可从不同角度将地洼区划分为多种类型，如地槽构造层、地台构造层以及地洼构造层等。

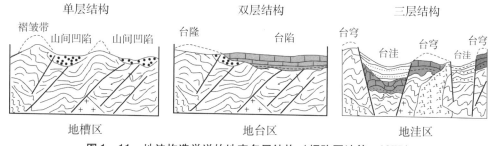

图 1-11 地洼构造学说的地壳多层结构（据陈国达等，1975）

2. 提出地壳动"定"转化递进说

地洼构造学说认为，地槽说把地壳演化史划为地槽、地台阶段，符合中国东部中生代以前历史，但自印支或燕山运动以来已进入新的阶段即地洼阶段；地壳是通过活动区与"稳定"区互相转化螺旋式发展的，即递进律。递进说的主要论点为：①地洼区作为一个新型活动区的出现，不是已有地槽阶段的历史重演，而是地壳发展史进入一个新的阶段的标志。地壳发展是多阶段的（包括前地槽、地槽、地台、地洼、后地洼等阶段），又是不平衡的（同一地质时期在不同地区存在不同性质和不同类型的构造区），且中国东部中生代自印支运动或燕山运动以来已进入新的阶段即地洼阶段。②地壳演化过程是活动区和"稳定"区互相转化、交替更迭的过程，叫动"定"转化，且这种转化和更替并非构造单元的简单重复及循环，而是组成物质由简单结构到复杂结构、由低级阶段到高级阶段，循着螺旋式方向向上向前发展的，叫"递进"，总称为动"定"转化递进律。③地壳演化通过动定转化、递进发展的根本原因，即动力来源于地幔软流层

物质因所含放射性元素发生变化，引起温度、密度的不均一而发生蠕动，导致岩石圈中热能聚集与消散交替的结果。

3. 提出地洼递进成矿理论

地洼构造学说认为，不同大地构造单元各有成矿专属性，地洼阶段是一重要成矿阶段，有色金属、稀散、放射性元素及其他金属等矿床特多，后成构造单元继承先成构造单元的现象普遍，矿种、矿床类型丰富多彩。先成矿床可受后阶段成矿作用的叠加、改造或再造，导致富化或富集，形成以五多（多成矿大地构造演化阶段、多物质来源、多成矿作用、多矿床类型、多控矿因素）为特色的多因复成矿床，在地洼区尤为多见，是寻找大型富矿的有利地区。

4. 提出"地幔蠕动、热能聚散交替"假说

提出该假说用以解释地壳发展过程中的动"定"转化更替、递迭上升前进，以及岩石圈块体在空间上的迁移和构造定向性的根本原因和力源机制，其主要论点如下。

（1）地壳构造通过动"定"转化以及递进发展的动力来源，在于地幔软流层物质因所含放射性元素发生变化，引起温度、密度的不均一而发生蠕动，导致岩石圈中热能聚集与消散交替的结果。上地幔软流层下部的物质由于温度增高、密度减小，从深处向浅处运移，形成上升流，并在岩石圈底面转变为横向地幔流，结果使软流层下部因失热而逐渐收缩，相应部位的地壳则因受热膨胀，同时热流量增高，从而引起强烈的地壳运动，并以水平运动占优势；上地幔软流层上部的物质（特别是重的）由于重力分异，自浅处向深处凝集，致使能量内聚，结果使软流层下部因积热而逐渐膨胀，相应部位的地壳则因热能消散而相对收缩或膨胀不明显，同时热流减低，从而导致地壳运动转弱，水平运动退居劣势，垂直运动（起因有多种）占明显优势。

（2）当一个地区地壳演化处于此活跃时期，其岩石圈由于地幔流带来的热能聚积而致使热流增高及体积膨胀、内部挤压强烈，加之地幔流拖引而导致的水平运动增强，从而引起强烈地壳运动且水平运动占优势，则发生强烈褶皱及断裂、岩浆喷出或侵入、岩石变质、地震频繁，形成活动区。当地幔蠕动转入滞缓时期，岩石圈便因热能消散、补给减少而热流降低，从而导致地壳运动转弱且水平运动退居次要，垂直运动显出优势，褶皱、断裂、岩浆活动及地震均相对减弱，转化为"稳定"区。

（3）同一时代中，由于不同地区地幔蠕动程度相异，地壳运动的强烈程度也不相同，于是形成大地构造性质在空间上的分异，以及地壳发展的多样性和不平衡性。地壳的动"定"转化递进发展、块体移动，以及构造定向性等，可能正是由于这种地球内部原因所推动的。如中国东部中生代中期以来，由于进入地幔蠕动活跃期，便由地台区转化为地洼区；当初动－激烈期，岩石圈热流增高，再加地幔应力场为左旋剪切，产生北西－南东向次生压力，遂形成雁行式北东向压性构造（褶皱、逆掩）；到余动期时，地幔应力场转为右旋剪切，产生北西－南东向次生张力，遂形成雁列式北东向张性断裂及张性盆地。

第六节 波浪状镶嵌构造学说

一、波浪状镶嵌构造学说的提出

张伯声（1903—1994），又名通骏，河南荥阳人，构造地质学家、大地构造学家、地质教育家，中国科学院院士，中国地质学界五大构造学派之一——"地壳波浪状镶嵌构造学说"的创始人。1926 年，张伯声清华学校毕业后被保养赴美留学，1928 年美国芝加哥大学化学系毕业获得学士学位，1942 年加入"九三学社"1980 年当选为中国科学院院士。张伯声多次对黄河流域进行地质考察，提出了"黄土线"及黄河河道发育和秦岭水系成因等新观点，在国内外第四纪地质界有重要影响。1959 年，张伯声通过对中国华北和华南地质发展异同的分析，提出了"天平式运动"的概念，认为相邻二地壳块体在各地史时期内都以它们之间的活动带为支点带做天平式的摆动，同时支点带本身也做激烈的波状运动，并认为这种"天平式运动"（后改称"天平式摆动"）具有普遍性。1962 年，张伯声提出了"镶嵌的地壳"的观点，认为整个地壳是由大小不同级别的活动带将其分割为大小不同级别的地壳块体，然后再把它们焊接（或镶嵌）起来的构造，并称之为地壳的镶嵌构造。1964 年，张伯声建立了"地壳波浪运动"的概念，并指出全球地壳有四大波浪系统，即北冰洋－南极洲波系、太平洋－欧非波系、印度洋－北美波系和南大西洋－西伯利亚波系。这一概念建立在地球脉动说的基础之上，是地球四面体理论（见四面体说）的发展和更新，因而被称为"新四面体理论"。20 世纪 70 年代中期，张伯声将镶嵌构造学说发展为地壳波浪状镶嵌构造学说。这一学说被誉为中国五大地质构造学派之一。1983 年，张伯声和王战指出了地球演化所表现出的 10 亿年的阶段性及 20 亿年的大周期，以及 2 亿年的基本构造周期和一级套一级的更小、更更小的周期性，由此而形成了地球（壳）的波浪式演化与地壳的波浪状构造相统一的时空观。

二、波浪状镶嵌构造学说的主要论点

张伯声于 1962 年提出的波浪状镶嵌构造学说，是阐明地壳的统一构造格局及地壳运动规律的理论假说。该学说认为，整个地壳的构造是由大小不同的地壳块体和大小不同的活动带镶嵌而成的复杂构造图案，这就是地壳的镶嵌构造；同一级别的活动带与地块带相间分布，在构造地貌上显示峰谷起伏及疏密相间，并具有近等间距性，这样的构造就是波浪状构造；全球地壳表现为几个系统的一级套一级的活动带与地块带的定向排列，因而在几个方向上表现出一级套一级的波浪状构造，地壳几个系统的、从宏观到微观级级相套的地壳波浪状构造的交织与叠加，形成十分复杂但却有一定规律的镶嵌构造图案，这就是地壳的波浪状镶嵌构造。

通过地质历史分析发现，地质建造与地质改造在时间上随地变动的连续性和空间上随时消长的周期性，呈波浪运动的形式，其结果形成波浪状镶嵌构造，勾画出了地壳波浪状发展历史，即地壳是由不同方向和不同规模的构造带分割成的一级套一级的大大小小的地块，再由这些构造带、断裂带以及断层、节理结合起来的不同等级的波浪状镶嵌构造。

三、波浪状镶嵌构造的形成原因

地球在其演化过程中，进行着周期性的收缩与膨胀相结合、而以收缩为其主要趋势的脉动，这种脉动是大周期中套有次级、更次级小周期的驻波运动，因而地球的演化呈现出"准球体－负准四面体－准球体－正准四面体"的反复变换。在地球收缩时，收缩到最小体积的面积应是四面体，因此地球有 4 个收缩中心，分别对应于太平洋中部、北冰洋、印度洋和南大西洋（明显的凹陷区），其对极则是 4 个隆起区非洲地台、南极地台、加拿大地台和西伯利亚地台。从而周期性地激发全球四大地壳波浪系统的活动，使全球造山带的分布具有规律性，造山运动具有旋回（周期）性，脉动又导致自转速率的周期性变更，从而产生全球表面的 X 型共扼构造网络，这种斜向交织的构造网叠加于四大地壳波系之上，使全球地壳形成以斜向为主的波浪状镶嵌构造格局。由于地壳波浪的级级相套，从而导致它们相互交织，叠加后形成的镶嵌构造也级级相套，即高一级的地壳块体可分为次一级的活动带和次一级的块体，高一级的活动带内也包含着许多次一级的活动带及许多小型地壳块体。全球第一级的镶嵌构造是环太平洋、特提斯两个环球性活动带与劳亚、冈瓦纳、太平洋三个壳块的镶嵌。而那些最低级别的镶嵌构造则见于显微镜下或高倍的电子显微镜下。构造活动带、地震带、岩浆带、沉积带、变质带以及各类成矿带等不同地史时期的地质构造现象，在空间分布上的近等间距性及其级级相套性，以及它们相互间的交织、叠加和干涉等特征，都是石化了的地壳波浪遗迹。

波浪状镶嵌学说还认为地球的多级驱波式脉动，是大陆起源和演化的根本驱动机制，因而也是多数全球性重大地质事件的共同起因。如全球早期陆核的分布特征，恰恰反映了第一代和第二代准四面体（分别为负、正准四面体）的顶点所在位置；北大陆地壳成熟度普遍高于南大陆，恰是它们属于不同世的有力证明；南极洲和北冰洋的对距性，表明地壳演化进程中的先在性对后期地表形态的影响；全球性海侵事件多与冷事件近乎同时，是准球体阶段的产物，此时洋－陆地貌差异减小，地球因膨胀而吸热；全球性海退事件、热事件以及造山运动、推覆构造等近于同时，是准四面体（无论正、负）阶段的产物，此时洋－陆地貌差异扩大，水平挤压力增大，地球因收缩而放热，正、负准四面体的变换又导致了全球裂谷系作半球规模的周期性转换以及次一级的海水进退的半球性变更；地磁极性呈"多变－不变（正向）－多变－不变（反向）"的阶段性反复，恰是地球演化的驻波运动模式"准球体－负准四面体－准球体－正准四面体"形态转换对外核液态电离层形态的制约而导致的磁效应；磁极在准球体阶段的多变，是次级驻波运动所造成的次级正、负准四面体的反复变更的结果，因为磁极反复多变阶段的磁场强度一般均小于磁极持续长期不变阶段的磁场强度。

四、中国波浪状镶嵌构造特征

波浪状镶嵌学说强调中国地壳的活动性（非地台性），认为中国恰恰处在环球两大构造活动带（环太平洋与特提斯）在东亚的 T 字形接头地区，北东向的环太平洋构造活动带各分带同北西向的特提斯构造活动带各分带的交织，其结果是编织成斜方网格状的中国，该构造网上的任何部位，均兼具环太平洋和特提斯构造的双重特征。

构造活动带的相对活动程度分成构造带和地块带，二者相间排列，近等间距分布，可以认为是一种沿水平方向传播的地壳纵波（疏密波）。构造带与构造带的交织形成构造结，是构造活动强烈部位；地块带与地块带的交织形成构造网眼，称为地块，是构造活动性相对和缓的部位，具有山间地块性质；构造带与地块带的交织，则显示出构造带的单一优势构造方向，形成构造网线，称为构造段，其构造活动性一般介于地块和构造结之间。中国构造网上不同部位的上述构造特征，也就决定了不同部位的成矿特征：内生矿产多分布于构造结；外生矿产多分布于地块和构造段，其中油气资源又多分布于地块之中，煤炭及沉积成因的铁、铝、锰、磷等多分布于构造段以及地块边缘；同内生、外生作用均有成因联系的夕卡岩矿床等则多分布于构造段，并受其内潜在的同构造段优势构造呈互补构造关系的次级构造的叠加作用的控制。按照波浪状镶嵌构造学说的划分（1986），中国地壳在中国构造网中共占有 159 个基本镶嵌构造单元，其中构造结 43 个，地块 38 个，环太平洋构造段 40 个，特提斯构造段 38 个。该构造学说还认为，由于从东南向西北传播的环太平洋构造波浪和从西南向东北传播的特提斯构造波浪在亚洲大陆中东部相遇后相互间所产生的干涉作用，形成了一条北起西伯利亚中部，南至印支半岛，蜿蜒曲折纵贯亚洲大陆的构造活动性相当强烈的地带，称为"东亚镜象反映中轴带"。该构造带同地震活动及矿产分布均有较密切的关系，是中国大陆地壳内不容忽视的一条活动带。张伯声认为，我国镶嵌构造的空间特征十分清楚，分布也极有规律性，属地中海构造带的阿尔泰 - 阴山带、天山 - 秦岭带和西昆仑 - 南岭带间隔 8°～9°；属环太平洋构造带的长白 - 雪峰带、大兴安岭 - 龙门山带和贺兰山 - 珠穆朗玛带间距也是 8°～9°，次级构造中也存在着这种等距性（图 1 - 12）。

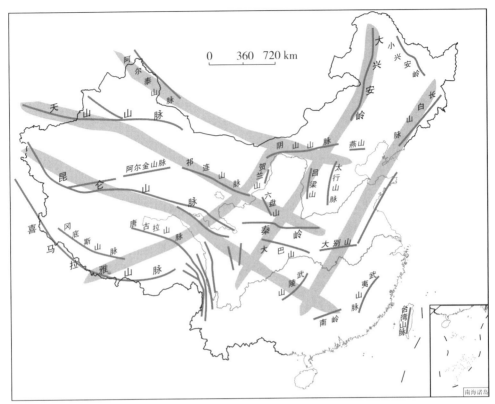

图1-12 波浪状镶嵌构造学说下的中国构造特征

（注：阴影部分显示波浪状镶嵌构造相间排列的特征）

第七节 大陆漂移学说与海底扩张学说

大陆漂移学说和海底扩张学说作为板块构造学说的前身，为板块构造学说的产生和发展奠定了基础。

一、大陆漂移学说

（一）大陆漂移学说的提出

1620年，英国人弗兰西斯·培根提出了西半球曾经与欧洲和非洲连接的可能性。1668年，法国R. P. F. 普拉赛认为在大洪水以前，美洲与地球的其他部分不是分开的。到19世纪末，奥地利地质学家修斯（E. Suess）注意到南半球各大陆上的岩层非常一致，因而将它们拟合成一个单一大陆，称之为冈瓦纳古陆。1910年，德国气象学家魏格纳（A. L. Wegener）偶然发现大西洋两岸的轮廓极为相似，此后经研究、推断，1912年魏格纳正式提出了大陆漂移学说，并在 1915 年发表的《海陆的起源》一书中作了论证。由于当时不能更好地解释大陆漂移的机制问题，曾受到地球物理学家的反对。20世纪 50 年代中期至 60 年代，随着古地磁与地震学、宇航观测的发展，一度沉寂的大陆漂移说获得了新生，并为板块构造学的发展奠定了基础。

（二）大陆漂移学说的主要论点

大陆漂移学说是一种活动论。它的提出是对固定论的挑战，并为板块构造学的建立和发展奠定了基础，对地球科学的发展起了很大的推动作用。其主要论点为：①石炭纪以前，全球只有一个大陆和一个大洋，前者称为泛大陆或盘古（pangaea）联合古陆，后者称为泛大洋；②大陆由较轻的刚性硅铝层组成，它漂浮在较重的粘性硅镁层之上；③从中生代开始，在潮汐力和离心力的作用下，联合古陆逐渐破裂、分离，产生离极漂移和向西漂移，造成现在的海陆分布；④大西洋、印度洋是在大陆分裂漂移的过程中形成的，太平洋是泛大洋的残余；⑤大陆在向赤道和向西漂移的过程中，前缘受到挤压褶皱形成山脉，后缘由于硅镁层的粘结、拖曳而脱落形成岛弧、岛屿。

大陆漂移学说的提出成功解释了许多地理现象，如大西洋两岸的轮廓问题，非洲与南美洲发现相同的古生物化石及现代生物的亲缘问题，南极洲、非洲、澳大利亚发现相同的冰碛物，南极洲发现温暖条件下形成的煤层等等。但该学说有一个致命弱点，驱动力问题。根据魏格纳的说法，当时的物理学家立刻开始计算，利用大陆的体积、密度计算陆地的质量，再根据硅铝质岩石（花岗岩层）与硅镁质岩石（玄武岩层）摩擦力的状况，算出要让大陆运动，需要多大的力量。物理学家发现，日月引力和潮汐力很小，根本无法推动广袤的大陆漂移。因此，由于无法解释漂移的机制问题，大陆漂移学说在兴盛了十几年后就逐渐销声匿迹，直到 20 世纪 50 年代又重新复活。引起大陆漂移学说复活的主要原因：①20 世纪 50 年代，古地磁学进一步证实了大陆确实发生过大规模的漂移；②地球物理学的进展揭示了岩石圈下部的软流圈，使得大陆漂移有了物质基础；③海底地质学的进展。

（三）大陆漂移学说的主要证据

1. 大陆拼接证据

支持大陆漂移学说的最初证据是大西洋两岸地形的拟合，魏格纳首先提出应该运用海底等深线进行大陆复原。古地磁研究使大陆漂移学说复苏以后，大陆严格拼接问题又引起了人们的兴趣。1965 年，英国剑桥大学地球物理学家布拉德等成功地完成了大西洋两岸大陆轮廓的电子计算机拼合，拼合结果表明，以大西洋两岸大陆坡水深 951m 的等深线作为拼接线，空隙和重叠部分都很小，平均误差不超过 1%（见图 1 - 13）。其中，重叠明显的区域在巴哈马和尼日尔三角洲地区，误差 270 km，前者是年轻的生物建造，后者近期在向海推展。因此，这两处的重叠是由后期外动力改造造成的，如此完美的大陆拼合，为大陆漂移学说提供了最形象的证据（图 1 - 13）。

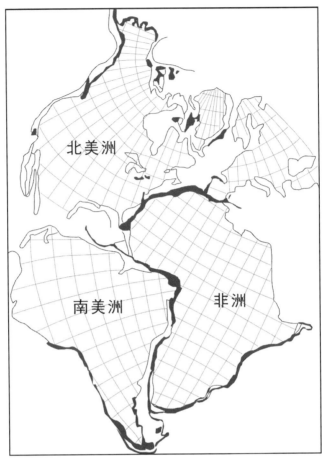

图 1-13   大西洋两侧拼合图（据 Bullard 等，1965）

（注：阴影部分表示重叠区）

2．古气候和古生物证据

魏格纳最初是想用大陆漂移来解释大陆古气候变化的原因，后来大陆上这些古气候带展布的变动反而成为大陆漂移的重要证据。石炭纪－二叠纪，在南美洲、非洲、印度、澳大利亚和南极洲都发生过广泛的冰川作用，其中一些位于现代赤道地区或附近，冰川遗迹和冰川流动方向的恢复可将南半球诸大陆拼合起来；许多古代蒸发岩和红层出现于现代潮湿或者寒冷的中高纬度地区；现代珊瑚都限于纬度30°内的暖水环境里，但古生代的礁体却在较高纬度的格陵兰、加拿大的斯匹茨卑根发现。魏格纳还认为，大陆漂移为现代由深洋分隔的各大陆上的动物群和植物群的显著相似提供了最好的解释。例如，大西洋东、西两侧的早古生代海相无脊椎动物化石非常相似；相距万里的澳大利亚、印度、南美、非洲和印度的水龙兽类和迷齿类动物群，也具有惊人的相似性；南美和非洲都能见到具有类似蝾螈骨骼构造的淡水爬行动物中龙；南极洲三叠系中有许多陆生爬行动物的化石在其他大陆上同样存在。在地层特征上，魏格纳注意到，在印度大陆上发育的石炭纪－三叠纪的冈瓦纳群在南美洲、非洲、澳大利亚等大陆同样发育并可对比。

3. 地质证据

200Ma 的联合古陆被向东开口的特提斯洋分开，北面为劳亚古陆，包括北美、欧洲和亚洲（不含阿拉伯半岛、印度半岛和西藏高原）；南面为冈瓦纳古陆，包括南半球各大陆和阿拉伯半岛、印度半岛和西藏高原。这两大古陆中生代以来的岩石、地层发育和生物群彼此不同，但两个古陆内部的各大陆却彼此相似。按地质构造，可将印度洋周围的南极洲、澳大利亚和印度完全拼合。在魏格纳提出大陆漂移学说时，还没有南极洲的地质资料，仅从其位置推测它应隶属于冈瓦纳古陆。20 世纪 60 年代，这一推断才完全被证实。南极洲、非洲、澳洲和南美洲的相应褶皱山系，具有类似的结晶基底结构。只要把南半球各大陆拼合起来，就可以看出，这个穿越四大洲的连续造山带衔接得很好，在大西洋东岸欧洲的加里东山脉通过爱尔兰以后似乎淹没在大西洋下，在北美的阿巴拉契亚山脉又仿佛是从大西洋里爬上来，加里东山脉和阿巴拉契亚山脉有许多相同之处。魏格纳认为，北美的阿巴拉契亚山脉曾一度和欧洲的加里东山脉相连，如果把大陆拼合在一起就形成了一条连续的山系。另外，可以利用地质、古生物和古地磁资料推断的联合古陆裂解过程及各大陆漂移的历史，这些都成为大陆漂移学说有力的地质证据。

4. 古地磁学证据

古地磁学是测定岩石磁性，进而研究地质历史时期地磁场特征和变化历史的地球物理学分支。古地磁学的兴起，对 20 世纪 50 年代晚期大陆漂移学说的复活起到了关键作用。

从地球深部喷到地表的岩浆，在其冷凝形成火成岩的过程中，当其经过居里温度时，就会被当时的地磁场磁化而具有磁性，这种磁性叫热剩磁。一些含铁磁性的碎屑在沉积固结成岩的过程中，铁磁性颗粒也会按当时的地磁场方向排列而使沉积岩获得磁性，这种磁性叫沉积剩磁。岩石的剩余磁性具有较高的稳定性，只要不重复增温到居里温度以上，或者是没有很强的交变磁场作用，岩石剩磁便可一直保留。测定岩石的剩余磁性，就可确定岩石形成时的古地磁场的磁极位置和岩石标本产地在当时的古地磁纬度。研究相差几千年的岩石标本的平均剩余磁性发现，同一陆块同一地质时期不同地点的岩石标本所确定的地磁位置是一致的，说明古地磁场也是一个偶极场；数千年内地磁极的平均位置几乎与地理极重合，因而可以假定，古地磁场在数千年的平均值，相当于一个磁轴与地球自转轴平行的位于地球中心的偶极子所产生的磁场。于是，古地磁纬度就可以看作是古地理纬度。

如果把古地磁纬度与现今的地理纬度相比较，就会发现许多大陆都曾经发生过移动。英国学者布莱克特（1952）通过大量的古地磁研究发现，世界不同陆块古地磁与现今纬度有很大差别。例如，测定英国一种三叠纪红色砂岩的剩余磁性，得出的磁倾角为 30°，远小于测点目前的 65°，这表明三叠纪以来英国向北漂移了相当距离；印度孟买目前在北纬 19°，而新生代初远在南半球的南纬 32°，这表明印度 6000 万年来向北漂移了 6000 km。

如果把同一大陆不同地质时代的古磁极按时间顺序相排，就可以得出反映古地磁极位置变化的地磁极游移轨迹。如果把全球各大陆古生代末的古地磁极位置都移到现代地理附近，就要移动各大陆的位置，结果是各大陆均向南移，重现统一的联合古陆。根据剩余磁性测得的各大陆当时的古地磁纬度，与魏格纳根据气候资料推出的联合古陆的古纬度基本一致。根据各大陆的地磁极游移轨迹，还可得出联合古大陆裂解分离的过程，它与魏格纳推断的大陆漂移过程也惊人的吻合。因此，古地磁资料为大陆漂移学说提供了有力的定量证据。

二、海底扩张学说

（一）海底扩张学说的提出

海底扩张学说是关于海底地壳生长和运动扩张的一种学说，是对大陆漂移说的进一步发展。20世纪60年代，它由美国海洋地质学家 H. H. 赫斯和 R. S. 迪茨分别提出的。H. H. 赫斯于1960年首先提出洋盆的形成模式，随后 R. S. 迪茨于1961年用海底扩张作用讨论了大陆和洋盆的演化。赫斯于1962年对洋盆形成作了系统的分析和解释，并阐述了洋盆形成、洋底运移更新与大陆消长的关系。他明确强调，地幔内存在热对流，洋中脊下的高温上升流使中脊保持隆起并有地幔物质不断侵入、遇水作用成蛇纹石化而形成新洋壳，先存洋壳因此不断向外推移，至海沟、岛弧一线受阻于大陆而俯冲下沉、融熔于地幔，达到新生和消亡的消长平衡，从而使洋底地壳在2亿～3亿年间更新一次。这一理论为板块构造学的兴起奠定了基础。

海底扩张学说的主要内容包括：①大洋中脊是地幔物质上升的出口，上升的地幔物质冷凝形成新的洋壳，并推动先形成的洋底逐渐向两侧对称扩张；②海底在洋中脊处的扩张导致新大洋两侧的大陆逐渐彼此远离，也可能使老的洋壳在大陆边缘的海沟处沿贝尼奥夫带（俯冲带）向下俯冲潜没，重新回到地幔中去，从而完成对老洋壳的更新；③海底扩张是刚性岩石圈块体驮在软流圈上运动的结果，运动的驱动力是地幔物质的热对流；④如果地幔对流的上升流发生在大陆下面，就将导致大陆的分裂与大洋的开启（图1-14）。

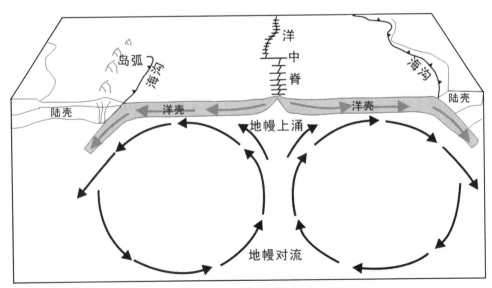

图1-14 地幔对流模式

（二）海底扩张学说的证据

1. 海底地形、结构特征

第二次世界大战以来，美、英等国对大洋底进行了大量的仔细探测和制图工作，从而对洋底地壳及上地幔结构有了更明确的认识，并根据探测结果将大洋地壳分为上部沉积层、中间火山岩层以及下部大洋层。赫斯（1962）认为，大洋层底部代表现代的和过去的 500℃ 等温面，在洋中脊处，随地幔对流涌出的橄榄岩和水通过这个等温面时发生作用产生蛇纹岩，形成新洋壳；而在远离洋中脊的地方，500° 等温面已下降到较深位置，已有的蛇纹岩不会转变成橄榄岩，由于缺水，橄榄岩也不会转变为蛇纹岩。所以，洋壳才会保持它们在洋中脊处形成时的厚度。尽管这样，海底地形仍十分不平坦，大致分为大陆边缘、大洋盆地和洋脊三个区域，洋脊轴部最高，向两侧逐渐变低，海沟及大陆坡底部最低，其原因被认为是新洋壳从洋脊向两侧扩张变冷，岩石圈密度变大下沉的结果。海底地形、地貌及结构的认识对海底扩张学说的提出和证实具有重大意义。

2. 磁异常条带

1906 年，法国科学家布容在法国马西夫中央山脉的熔岩中，发现其剩余磁性方向和现代地磁场方向正好相反，这就是反向磁化现象。此后，几乎世界各地都陆续发现了这种现象，从而说明反向磁化和正向磁化岩石都同样普遍。大量的岩石剩磁资料表明，同一地区的磁化方向随时间而交替发生周期性变化，而不同地区同一时代的不同类型磁化方向彼此相同。磁化方向的改变在全球是同时发生的，与磁化物理 – 化学条件无关，而是由对所有物质的磁化起控制作用的地磁场极性造成的。

20 世纪 50 年代后半期，随着核子旋进磁力仪的出现，海上磁测快速发展。美国先锋号海岸和大地测量船从美国西海岸出发进行了详细的海上磁测，他们在编制海底磁异常图中，将正磁极性用黑色表示，负磁极性用白色表示，磁异常图呈现黑白相间的"斑马条带"，并平行洋中脊延展，其顺序与地磁反向年表一致。后来发现，三大洋海底磁异常都表现出这种共同特征，正负磁异常条带与洋脊平行、相间排列并以洋脊为轴两边对称。两个相邻地磁场正、反时间之比与正、反向条带宽度之比与沉积物正、反向磁异常厚度之比都是一致的。1963 年，F. J. 瓦因和 D. H. 马修斯从地磁场极性的周期性倒转解释了海底磁异常现象。他们认为，由于海底扩张过程中，海洋地壳由深部软流圈上升物质从洋中脊处涌出，并向两边扩张，而地磁场南、北极发生周期性反转导致了磁异常图呈现黑白相间的"斑马条带"（见图 1 – 15）。

3. 海底沉积物及岩浆岩年龄

深海钻探表明，深海沉积物由洋脊向两侧从无到有、从薄到厚，沉积层序由少到多，最底部沉积物的年龄越来越老，并且与海底磁异常条带所预测的年龄十分吻合。另外，人们利用放射性同位素测定海底岩石的年龄都很轻，一般不超过 2 亿年，而且岩石离海岭（也叫大洋中脊）越近，年龄越轻，离海岭越远，年龄越老，并且在海岭两侧呈对称分布的规律。岩石年龄以洋中脊为轴两边对称，其成因是老的岩石和沉积物随着海底扩张被带走，在海沟处下沉到地幔中或被焊接到大陆边缘上。全球大洋地壳的年龄不老于侏罗纪，相对于大陆地壳 40 多亿年的年龄而言十分年轻，这说明洋壳处于不断更新之中。

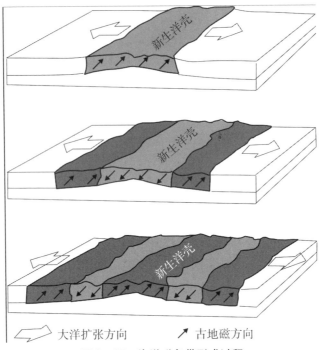

图 1 – 15　海洋磁条带形成过程

4. 转换断层

1965 年，加拿大地质学家威尔逊提出了转换断层的概念，是指横向错断大洋中脊、断层的运动方向和性质在断层的两端突然发生改变的断层（图 1 – 16）。转换断层分布于洋脊 – 洋脊间、沟弧 – 沟弧间和沟弧 – 洋脊间。洋脊 – 洋脊型转换断层是海底扩张的主要运动型式。转换断层具有平移剪切断层性质，但与平移断层不同，后者在全断层线上均有相对运动。而转换断层只在错开的两个洋中脊之间有相对运动；在洋中脊外侧因运动的方向和速度均相同，断层线并无活动特征。由于洋底岩石圈背离洋中脊向两侧推移，转换断层另一端最终与边界或消亡边界相遇而中止。转换断层的形成与沿洋中脊脊轴的扩张和新洋壳的形成相伴而生，即以脊轴为海底扩张轴，两侧洋壳分离，并以断裂为剪切错动面同步地相对运动。通常认为，这一过程的动力来源于地幔对流。地幔物质不断从洋中脊涌出，经冷却固结形成新的大洋地壳，后面涌出的熔融岩浆又把原先形成的大洋地壳向外推移。断层两侧海底推移的方向就是海底扩张的方向。转换断层证明岩石圈板块的水平位移是可能的，并阐明了洋中脊的新生洋壳和海沟带的洋壳消减之间的消长平衡关系，即扩张速率与消减速率相等。

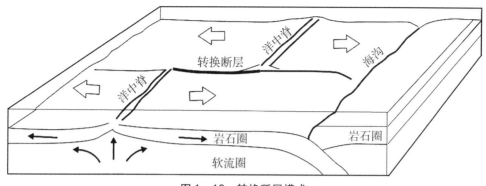

图 1 - 16 转换断层模式

第八节 板块构造学说

一、板块构造学说的提出

20 世纪 60 年代中期，板块构造学说由威尔逊（1965）、麦肯齐（1967）、摩根（1968）、勒皮雄（1968）等提出，它是大陆漂移学说和海底扩张学说的自然引伸，还包括了岩石圈、软流圈、转换断层、板块俯冲、大陆碰撞和地幔对流等一系列与板块相关的概念。

"板块"这一术语是威尔逊（1965）在论述转换断层时提出的。它表示地球表层（岩石圈）被活动带分割而成的大小不一的球面盖板，它的面积很大、厚度很小，并按地球表面轮廓弯曲。依据构成板块的岩石圈类型划分，板块可分为大洋板块和大陆板块。构成板块的岩石圈顶层为大洋地壳的板块称为大洋板块，如太平洋、菲律宾海等板块；岩石圈顶层的一部分为大陆地壳的板块称为大陆板块，如欧亚、北美、南美、非洲等板块（图 1 - 17）。板块构造学说是关于这些岩石圈板块之间的相互作用，且这种相互作用是大地构造活动的基本原因的学说，其主要内容包括：① 刚性岩石圈被分裂成多个巨大的块体——板块；② 板块驮在软流圈上做大规模的水平运动；③ 板块的边缘由于板块的相互作用而成为地壳活动性强烈的地带；④ 板块的相互作用从根本上控制了各种内动力地质作用及沉积作用的进程。

板块构造学说开创了地学研究的新纪元。在板块构造学说之前，槽台学说主张固定论和垂直运动论，认为大陆、大洋在地质历史中只发生小规模的扩大与缩小，海洋不会消亡；地壳运动主要表现为整体的抬升与沉降，并不发生大规模的水平运动。板块构造学说则强调活动论，认为在地质历史中，大洋、大陆是不断消亡与新生的，绝无永久固定的位置；地壳运动以水平运动为主，表现为大洋板块从洋中脊新生、在俯冲带消亡，大陆板块彼此碰撞拼合以及大陆内部变形等。因此，板块构造学说是地球科学发展史上

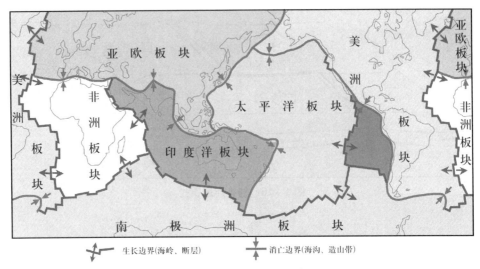

生长边界(海岭、断层)　　　消亡边界(海沟、造山带)

图 1-17　全球板块分布

的一次重大革命，涉及地球物理、地质构造、沉积作用、岩浆作用、变质作用、成矿规律等，在解决大洋及其洋陆过渡带的构造、火山、地震、变质和成矿规律等重大问题上取得了极大的成功。

二、板块边界的基本类型

根据板块边界的性质、特征和板块间的相互运动方式，可将板块边界划分为离散型边界、汇聚型边界以及走滑型边界（图 1-18）。

1. 离散型边界

又称拉张型边界，主要以大洋中脊（或中隆、海岭）为代表（图 1-18a）。它是岩石圈板块的生长场所，也是海底扩张的中心地带，其主要特征是岩石圈张裂，基性、超基性岩浆涌出，并伴随有高热流值及浅震，如大西洋中脊、东太平洋中隆等都属于此种类型。在洋脊两侧或分布有直线排列的火山或平顶山，它们的年龄与离开洋脊的距离成正比。原先在洋脊形成的火山锥，被海浪侵蚀作用把顶截去，形成平顶山，并逐渐向两侧推移，顶部海水深度也随着离洋脊的距离增加而加深，有时上面被数千米厚的珊瑚礁所覆盖。在西太平洋和南太平洋分布着许多平顶山。大陆裂谷也属于拉张性边界，绝大多数裂谷为复式地堑构造，中间下陷最深，两侧为一系列阶梯状断层，主要为高角度正断层。典型的裂谷位于隆起带的顶部，如东非大裂谷、贝加尔裂谷等，垂直断距可达数千米。在裂谷中，火山活动比较频繁，浅源地震比较活跃，其明显的高地热流异常，可以达 2HFU 以上，有一部分大陆裂谷被认为是胚胎时期的洋脊，可发展形成新的海洋。

2. 汇聚型边界

又称挤压型边界或者贝尼奥夫带，主要以岛弧-海沟为代表（图 1-18b）。在西太平洋这种型式最为典型，如日本岛弧-海沟、千岛岛弧-海沟、汤加岛弧-海沟等。该类型边界是两个板块相向移动、挤压、对冲的地带。板块汇聚向下俯冲的弯曲部分的表层处于拉伸状态，形成一系列正断层，所以在海沟附近是浅震很多的地方。板块继续向下俯冲，另一侧板块向上仰冲，正断层到深处转变为逆断层，板块间受到强烈的挤压、摩擦，积累了大量应变能，这种能量常以地震形式突然释放出来。由于俯冲带一般向大陆方向倾斜，因此由海到陆形成从浅震到深震有规律的分布。当板块俯冲到深处完全被地幔熔融，不再发生摩擦作用，也就不会再有地震发生。当前已知最大震源深度为 720 km，据此可以认为这是板块俯冲的最大深度，在此深度以下，板块已经全部熔化、消亡。大洋岩石圈板块沿着消亡带俯冲到 150～200 km 深度，板块摩擦所产生的热和随深度而增加的热，使洋壳局部熔融形成岩浆，高温熔融物质密度相应减低，再加上强大的挥发成分所产生的内压力，促使岩浆在不同深度上升，形成火山，火山相连形成岛弧。若消亡带的倾角为 45°左右，则火山岛弧带距离海沟应为 150～200 km，并在岛弧与海沟之间形成 50～100 km 宽的无火山带。除此之外，还有另一种型式，如在南美，一侧为海沟，一侧为安第斯山，叫做山弧－海沟型。如果是两个大陆板块汇合相撞，则又出现一种型式，一侧是高山，一侧是地缝合线，叫做山弧－地缝合线型。阿尔卑斯－喜马拉雅褶皱带，特别是它的东段喜马拉雅山脉北面的雅鲁藏布江一带，是山弧－地缝合线型典型的代表。两个大陆板块相向移动，它们的前缘因碰撞而强烈变形，形成褶皱山脉，使原来分离的两个板块愈合起来，其出露地表的接触线，就称为地缝合线。这种边界的特点之一是，从地形上看，以没有海沟为标志，而是表现为高峻的山脉。这种边界的两侧，都是又厚又轻的陆壳，有人认为二者相遇，只能在碰撞带压缩增厚；也有人认为同样有俯冲和仰冲现象；或者两种情况兼而有之。以喜马拉雅山为例，大家普遍认为是印巴次大陆板块和欧亚板块互相碰撞的结果，但由于这一带山脉都有比较发育的中、新生代海相地层，也可据此断定在碰撞成山之前，在二个板块之间存在一片海洋，这就是古地中海（又称特提斯海）。基于这种情况，有人认为地缝合线是海沟发展末期的产物，即洋壳全部俯冲消亡，海洋封闭消失，跟在后面的陆壳继续移动，于是出现陆壳与陆壳相撞的现象。对于地缝合线的位置也有不同看法，有人认为喜马拉雅山就是地缝合线，但当前大多数人认为应该在山脉北侧的雅鲁藏布江一带或者更北的地方。

3. 走滑型边界

又称平错型边界、剪切型边界或者转换断层边界（见图 1－18c）。在这种边界上，既没有板块的新生，也没有板块的消亡，只是表现为板块的平移和错断。这种边界以转换断层为特征。

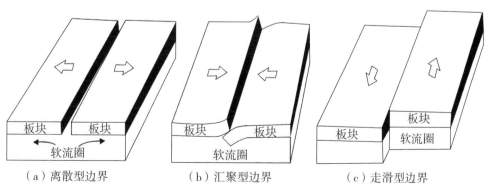

| （a）离散型边界 | （b）汇聚型边界 | （c）走滑型边界 |

图 1－18　板块的三种边界类型

三、威尔逊旋回

威尔逊（Wilson，1968）提出了大洋开闭的发展旋回，简称为威尔逊旋回。这一旋回主宰了地球表层活动和演化的全局。在某种程度上可以说，大洋发展旋回是板块构造学说的一个总纲，它体现了板块构造学说的精髓。因为我们的地球表面就是由漂移着的大陆和变动着的大洋（张开和关闭）组成的，这是岩石圈板块生长、漂移和俯冲活动的必然结果。

威尔逊旋回起始于大陆内的裂谷，由它生长成为大洋，然后大洋缩小，并最终闭合。旋回中的每一个阶段代表一个有一定特征的构造环境，并伴有一定特色的火成活动、变形、变质作用和沉积作用。威尔逊旋回具体包括以下六个阶段（见表1-3，图1-19）。①胚胎期：地幔的活化，引起大陆壳（岩石圈）的破裂，形成大陆裂谷，如东非大裂谷。②幼年期：地幔物质上涌、溢出，岩石圈进一步破裂并开始出现洋中脊和狭窄的洋壳盆地，以红海、亚丁湾为代表。③成年期：洋中脊进一步延长，扩张作用进一步加强，洋盆扩大，两侧大陆相向分离，出现了成熟的大洋盆地，洋盆两侧并未发生俯冲作用，与相邻大陆间不存在海沟和火山弧，而称为被动大陆边缘，大西洋是其典型代表。④衰退期：随着海底扩张的进行，洋盆一侧或者两侧开始出现海沟，俯冲消减作用开始进行，主动大陆边缘开始出现，洋盆面积开始缩小，两侧大陆相互靠近，太平洋即处于这个阶段。⑤残余期：也称终了期，随着俯冲消减作用的进行，两侧大陆相互靠近，其间仅残留一个狭窄的海盆，地中海即处于这个阶段。⑥消亡期：也称遗痕期，最后两侧大陆直接碰撞拼合，海域完全消失，转化为高峻山系。横亘欧亚大陆的阿尔卑斯-喜马拉雅山脉就是最好的代表，它是欧亚板块与印度板块碰撞接触的地带，是一条很长的地缝合线。

表1-3 威尔逊旋回的各阶段特征

阶段	实例	主导作用	特征形态	典型火山岩	典型沉积	变质作用
Ⅰ胚胎期	东非裂谷	扩张并抬升	裂谷	拉斑玄武岩溢流，碱性玄武岩中心	少量沉积作用	可忽略
Ⅱ幼年期	红海、亚丁湾	扩张	陆间海	拉斑玄武岩溢流，碱性玄武岩中心	陆架与海盆沉积，有蒸发岩	可忽略
Ⅲ成年期	大西洋	扩张	有活动中脊的洋盆	拉斑玄武岩溢流，碱性玄武岩中心，但活动集中于大洋中心	有丰富的陆架沉积	少量
Ⅳ衰退期	太平洋	收缩	有俯冲边缘的洋盆	边缘的安山岩及花岗岩、闪长岩	大量源于岛弧的沉积物	局部广泛
Ⅴ终了期	地中海	收缩并抬升	年轻山系	边缘的火成岩及花岗闪长岩	大量源于岛弧的沉积物，但可能有蒸发岩	局部广泛
Ⅵ遗痕期	雅鲁藏布江	收缩并抬升	年轻山系	少量	红层	广泛

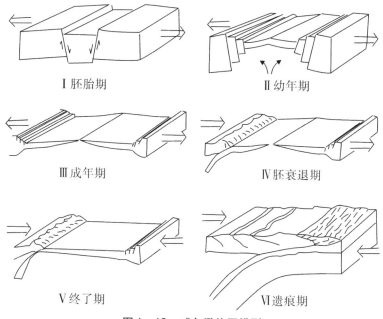

Ⅰ 胚胎期　　　　　　Ⅱ 幼年期

Ⅲ 成年期　　　　　　Ⅳ 胚衰退期

Ⅴ 终了期　　　　　　Ⅵ 遗痕期

图 1-19　威尔逊旋回模型

四、板块构造学说对槽台学说的解释

板块构造学说对地槽、地台的生成、发展等理论问题能进行合理的解释。槽台学说中的地台，在板块构造学说看来是巨大的大陆型地壳，构成大陆板块的核心。槽台学说中的地槽，在板块构造学说中看来是板块间的结合带，可与大洋盆地相联系。因为在地槽褶皱山系中保留有古大洋的残骸，其中冒地槽相当于陆缘浅海至半深海，优地槽相当于岛弧、深海沟及深海盆地，地槽折返形成造山带是板块间的碰撞造山作用。

地槽的发展过程中，地台是板块的核心，地槽是无论大陆边缘的、大陆内部的坳陷或断陷带，都离不开大陆块体即板块，因此其水平运动始终占主导地位。

地槽的发展史就是大洋盆地的发展史。地槽从大陆边缘或深海沉积开始，到回返成造山带，再到形成地台，其过程与板块构造学说的威尔逊旋回相当。

五、板块构造学说的局限性

1. 大陆软流圈不具有全球性问题

大陆软流圈可能不具有全球性质，使大陆岩石圈的概念和大陆漂移的界面受到了挑战。利用地球物理方法得出的克拉通速度结构的全球层析和区域模型都表明，一些大陆的古老地块下面往往缺失软流圈或发育不好。在全球克拉通下面，高地震波速可一直向下持续到超过 200 km 的深度，这表明，在很多大陆地区，地壳之下的地幔贴在上覆地壳上，构成一个深深的大陆根。这一发现意味着，岩石圈的概念不能不加修改地直接应用到大陆上。软流圈的非全球性使大陆漂移失去了深部物质运动的依据，现在许多人把软流圈叫做软流层。

2. 非威尔逊旋回演化问题

大陆裂解和碰撞的威尔逊旋回，解释不了造山作用的全过程和复杂性。在大陆造山带中，非威尔逊旋回造山作用可能起着更重要的作用。

经典的板块构造学说认为，造山带是板块之间相互作用和汇聚作用的产物，碰撞之后基本上就没有大的构造作用，只能被风化剥蚀了。然而，一系列新发现正在改变这一传统认识：①在全球造山带中，都发现了发生在碰撞之后的造山作用；②大量深部地震资料表明，碰撞造山以后，深部地质作用仍在继续，而且非常强烈，特别是壳、幔相互作用非常强，莫霍面重新发生调整，使得在古老造山带下面几乎不存在山根，而年轻造山带之下却有；③在一些造山带核部发现由形成深度可能大于 100 km 的地方折返地表的高压 – 超高压变质岩；④大陆对伸展作用可表现出不同的反响，一些裂谷演化成年轻的大洋，然后再演化成熟的被动大陆边缘，而另一些裂谷在初始阶段就夭折了。

3. 大陆增生和消减问题

大陆增生是丹纳（J. D. Dana）19 世纪提出的一种有关地壳演化的假说，认为大陆是通过新生大陆物质向原始陆核周缘添加而逐渐增长的。新生大陆物质积聚于陆核边缘的地槽内，后经造山运动而固化，成为大陆的一部分；发育于其外侧的更新的地槽固结，使大陆面积进一步扩大，即形成所谓的"地槽迁移"。

板块构造学说认为，在主动大陆边缘，由岩浆活动引起酸性物质的不断增加，以及岛弧与大陆、大陆与大陆的碰撞拼合作用等导致的陆壳不断增长扩大的现象，叫大陆增生。增长到相当大的大陆地块又可以由于地幔对流作用，在岩石圈发生离散的地方被裂解，而破裂的陆块漂移离开时便产生新的洋盆，于是每一个大陆碎块都将成为进一步增生的独立陆核。

4. 大陆结构的多层性及耦合与非耦合性问题

大陆内部结构的多层性、层间活动及非耦合性对岩石圈的刚性及其整体运动方式产生了影响。大陆岩石圈在垂向结构上，存在着明显的流变分层性，特别是在中下地壳普遍具有一层或几层软弱层；异常的热体制，如上升的地幔柱、逆掩断层造成的地壳双重加厚或来自地幔的岩浆贯入，都会大大增强地壳的整体韧性。这些都会导致大陆岩石圈脆性和韧性行为不同于大洋岩石圈。除层圈相互作用以外，大陆演化的不同阶段，地壳和地幔之间的耦合关系也会发生调整，形成非耦合关系。

5. 大陆构造变形力源的多元、多源性问题

大陆板块的变形可以一直延伸到大陆内部，具有多样性和复杂性。这种变形特征不能仅用板块边界的相互作用来解释，这说明大陆板块变形的力源具有多元、多源性。大陆板块变形的力源主要包括以下三种：①地幔柱上侵力，地幔柱因热膨胀，其密度比周围地幔小而具有很强的上浮力，在其上侵过程中使其上部物质发生变形；②大陆岩石圈根形成和消失引发的动力作用，在后造山过程中，岩石圈根或壳渐渐消失，导致软流圈或地幔物质的上侵，并控制地表地质的演化；③岩石圈内部非均质性引起的动力及其效应，地壳根或岩石圈根与周围地壳或地幔的密度差产生的应力或重力对大陆的变形起着极其重要的作用。

6. 时间的局限性问题

板块构造学说是在海底扩张学说基础上发展起来，目前发现的最老洋壳约 2 亿年，这意味着海底扩张学说可能只能解释 2 亿年以来的全球的海洋构造演化。板块构造学说包括海底扩张过程，也包括板块俯冲、碰撞的大洋消亡过程，其中蛇绿岩和蓝片石是洋壳残留的证据。但现今最古老的蛇绿岩年龄在 10 亿年，最古老的蓝片石年龄在 8 亿年，相对地球演化 46 亿年的历史还太短，那么 10 亿年之前的地球演化是否仍适用板块构造学说，目前还存在争议。

7. 无法解决板块内部的构造问题

板块构造学说起源于海底扩张学说，对大洋的形成演化过程可以圆满地解释。但现有的板块构造模式不能有效地解释板块内部的地震、火山和构造活动，包括水平变形、隆起和陷落等构造问题。

六、板块运动驱动机制的新模型

板块构造学说是当前国际主流的大地构造学说，在解释海洋的形成演化方面具有明显优势，但在解释陆内造山等方面却受到了质疑。在板块构造学说中，板块运动的驱动力是地幔对流，但这种驱动机制也同样受到了挑战。

孙卫东（2019）提出了"岩浆引擎"模型，认为在洋中脊不断形成新洋壳，新洋壳轻而薄，老洋壳厚而重，致使整个板片斜置于软流圈上，产生下滑力，导致洋中脊不断扩张，形成新洋壳并推动俯冲带老洋壳的消亡，从而驱动板块运动（图 1 - 20）。地幔柱岩浆活动是"岩浆引擎"的另一种表现形式，大的地幔柱头会引起上覆岩石圈受热，与大量上涌的岩浆共同作用，在其中心部位产生千米级的隆升，从而导致地壳局部大幅度的倾斜，产生向外的下滑力，当下滑力足够大时，岩石圈拉张破裂，向两边推挤扩张，同时远端洋壳在薄弱地带挤压破裂，产生板块俯冲，这是板块运动最初起始和"岩浆引擎"的点火器。在板块构造体制下，板块俯冲起始有两种主要形式，自发俯冲和诱导俯冲。自发俯冲起始往往发生在老洋盆，通常产生双向俯冲；诱导俯冲起始则往往发生于年轻洋盆，通常产生单向俯冲，新特提斯洋的多次单向俯冲闭合是诱导俯冲起始所致。"岩浆引擎"主要作用于与洋中脊和地幔柱相关的板块，其他板块构造运动的能量主要来源于板块相互作用。

梁光河（2013）提出了板块驱动的另一新模型，认为大陆板块可以在热力驱动下自己发生漂移，这个推动力来自一个个连续的伸展构造形成过程。当地幔上涌，在地壳下部的莫霍面造斜，因重力不均衡使得两侧地块向两边发生重力滑脱而移动，处于中心的上涌地幔因上升最高首先凝固，而已经移动的地块必然会在后面腾出空间，产生低压诱发下面地幔进一步上涌，上涌的地幔再进一步造斜从而推动地块进一步移动，这是一个连锁的自发造斜和重力滑脱过程。造成的结果是大陆板块仰冲在大洋板块之上发生漂移（图 1 - 21）。在该模型中，大陆板块前端的俯冲沉积物中含大约 7% 结合水，俯冲输入物质随着俯冲深度的增加将发生强烈的脱水脱气、变形与变质作用。脱水脱气作用形成的水、挥发分组分可促使俯冲物质及其上覆地幔楔发生部分熔融。新生熔体组分可通过侵入作用、火山作用进入上部地壳，从而对地球浅部的物质组成与循环产生重要影响。与此同时，密度更大、更亏损的俯冲残余物质通过变质作用成为密度更大的榴辉岩等岩性物质，它们进入深部地幔。随着俯冲深度的增加，首先使洋壳玄武岩发生部分熔融，同时也有少量水进入上地幔使得洋壳区域上地幔强度显著降低，变成软岩。部分熔融的洋壳会随着大陆板块的持续前进而逐渐增多，增多的部分熔融体逐渐在大陆板块前部堆积扩展。同时在俯冲带深部发生脱水反应，在大陆板块陆壳前部中形成上涌的流体，成矿和地震与此密切相关。脱水后的洋壳和上地幔物质固相线显著增加，在大陆板块底部和后部的上地幔物质因缺水强度显著增大，成为固态。而随着大陆板块的前移，其后部下面逐渐降压，诱发深部地幔物质降压熔融上涌，进一步在大陆板块后面造斜。

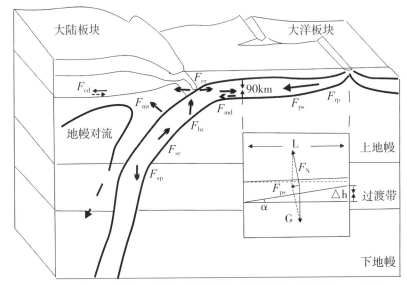

图 1-20 "岩浆引擎"模型下的俯冲板片受力模型（据孙卫东，2019）

驱动力：F_{ps}，板块滑移力；F_{sp}，俯冲板片拖曳力；F_{rp}，洋中脊推挤力。阻力：F_{cr}，碰撞力；F_{ms}，地幔吸力；F_{sr}，俯冲阻力；F_{md}，地幔对大洋板块拖曳力；F_{cd}，地幔对大陆板块拖拽力；F_{br}，弯曲阻力；F_N，软流圈对俯冲板片的支持力（侧向压力）；G，重力。

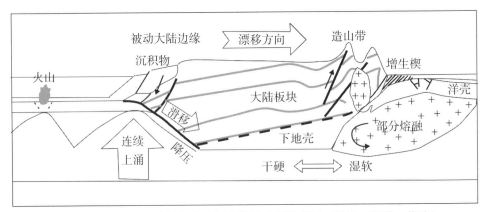

图 1-21 梁光河提出的新大陆漂移模型（据梁光河，2018，2020，修改）

还有一种板块运动的驱动模型是陨石撞击模型。早在 1955 年，法国人狄摩契尔最先提出，太平洋可能是由前阿尔卑斯期的流星撞击而成的。前人的研究已经表明，在澳大利亚和南非等地都发现有地质证据表明地球在 32 亿年前经历了强撞击事件，这与最早板块运动的岩石记录几乎同时。正是这种偶然性，使得来自澳大利亚麦格理大学行星研究中心的 C. O'Neill 教授及其团队开始关注陨石撞击与板块构造的相互关系。研究结果（C. O'Neill et al.，2017）表明，在地质历史时期，巨大的陨石撞击可能导致地球的固体外层（地壳）沿着海沟进入更深的地幔，这一过程被称为俯冲。俯冲使得大面积的地壳进入地幔，导致地球表面地形、地貌发生重大变化。陨石的撞击会使寒冷的地壳向地核方向相对移动。这一过程将改变核心内部对流的强度，从而影响"地球极性"围绕着地核的液态铁的导电层，进而产生磁场。

继发现陨石撞击导致全球板块形成和运动之后，C. O'Neill 他们开发了一套撞击作用影响下全球构造的数值模拟，用以考察地外撞击会对地幔热效应的影响，并在给定的撞击通量条件下，模拟了整个古生代这些模型的演变。结果（C. O'Neill et al.，2019）表明，中等程度的撞击（直径约 70 km）就能够引发短暂的俯冲，而更大的撞击（直径大于 300 km）将会在地幔中产生明显的热异常，且这极有可能直接驱动了板块运动。该模型还表明，全球构造系统对地外星体撞击的响应主要与撞击程度、距离和岩石圈厚度梯度等因素有关。万天丰（2018）也认为，传统的海底扩张传送带模式很难解释大陆板块漂移速度远远大于地幔对流速度这个问题。于是他提出了陨击说，陨石撞击诱发地幔底劈推动大陆板块运动这个新的驱动模式。

第九节　地幔柱构造学说

一、地幔柱构造学说的提出

威尔逊（Wilson，1963）为解释火山岛链年龄的递变现象而提出了热点的概念，这是地幔柱的前身。Morgan（1971）提出了地幔柱的概念，因为他发现洋底有一系列海山，即呈链状分布的死火山脉，它一端连接着现代活火山，沿此链距离活火山越远，其年龄越老。Morgan 认为这是当岩石圈板块运动时，固定不动的地幔柱在板块表面留下的热点迁移的轨迹，也可以说是由一系列死火山组成的无震海岭，如夏威夷活火山热点。Larson（1991）提出了超级地幔柱的概念。Campbell 等（1992）提出了冷地幔柱问题。Hill 等（1992）对地幔柱与板块构造的关系做了初步分析。Maruyama（1994）提出了地幔柱构造说的初步概念，以及全球构造概念的热地幔柱上升与板块俯冲的冷地幔柱下降的模式。他认为地幔柱构造概括了地球表层的岩石圈板块构造、深部主体的地幔柱构造、地核的生长构造，把板块构造和地幔柱构造作为地幔热对流的两个端元。

二、地幔柱的基本特征

1. 地幔柱的形成特征

从软流圈或深部地幔涌起并穿透岩石圈的一股固体物质热塑性流，呈圆柱状者称地幔柱（热柱），呈羽缕状者称地幔羽（热羽）。地幔柱（热羽柱）在洋底或地表出露时即为热点，热点（hot spots）是地幔柱（mantle plume）的一种表现（图 1 - 22）。

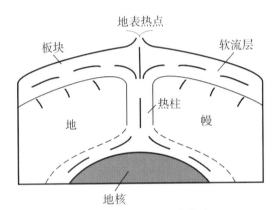

图 1 - 22　地幔柱形成模式

地幔柱是地幔深处，甚至核 - 幔边界上产生的圆柱状上升的热物质流。它携带地幔物质和热能直至地幔上层，并在岩石圈和软流圈分界处四散外流，激起软流圈中的水平运动，从而可将地幔柱当作板块运动的驱动机制。地震波研究表明，在地幔中只有两个位置能够产生地幔柱：一个是 670 km 处上、下地幔之间的不连续面，另一个是 2900 km 处的核 - 幔附近的 D″层。Morgan（1972）最初设想，地幔柱是地幔对流上拱的一种表现，即地幔柱起到了将下地幔中的热带到地表的作用。热点处的火山活动是地幔柱物质喷出地表的反映。由于炽热的地幔物质向上涌流，导致密度较高的物质盈余，形成正重力异常，因而重力特高的地方，也往往是火山分布的地方。Morgan 还强调，热点大体上固定于地幔中，因此，板块相对于热点的运动，便是相对于地幔固定部分的运动，也就是相对地理极或地球自转轴的绝对运动。Morgan（1972）用夏威夷 - 天皇海岭、莱恩 - 土阿莫土海岭和马绍尔海岭这三列热点轨迹资料，计算了 8000 万年以来太平洋板块相对于热点的运动。所得结果与后来的板块绝对运动模型 AM - 1 和 AM - 2 型求得的相对于热点系的运动大体相同。

2. 地幔柱的形貌特征

地幔柱是起源于地幔深部热边界层或者产生于地核地幔边界，就是说，在核 - 幔边界过渡层产生的热物质呈狭窄的柱状经过地幔上升到地壳（或岩石圈底部），呈盆状向上张开形成巨大的球状顶冠（头部），地幔柱顶冠在向上接近地表处，则扩展成一个热物质的顶盘，直径 1500～2500 km，厚 100～200 km，因此，地幔柱是由一个巨大直径的头部（即地幔柱顶冠）和一个比顶冠直径小得多的尾柱（直径约几百千米）组成（图 1 - 23）。地幔柱顶冠上升时会引起地壳上隆，形成大量迅速溢出的熔岩，所以，大陆溢流玄武岩区是与地幔顶冠有关的火山作用。地幔柱顶冠在上升过程中能吸收大量地幔柱以外的物质，因此它代表着一个地球化学复杂的岩浆源。而由地幔柱的尾柱所代表的柱状体是一个长期生存活动部分，这是一种使热的上浮物质赖以从深部边界层排放到地幔甚至近地表面地区的通道。尾柱的长期活动则将会导致大洋热点火山链的形成。洋岛和板内大陆裂谷玄武岩火山作用通常被看作地幔热柱或热点在地表的表现，来自地球深部的地幔柱头部的热使岩石圈弱化，然后裂开。

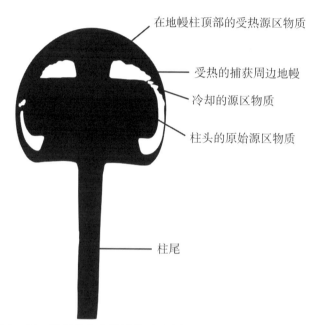

在地幔柱顶部的受热源区物质

受热的捕获周边地幔

冷却的源区物质

柱头的原始源区物质

柱尾

图 1-23　地幔柱实验模拟的形貌特征（据 Campbell 等，1990）

地幔柱在地表主要表现为高地形隆起，当其上升至近地表时，变成"蘑菇"状，头部粗大而颈干细小。目前，人们对地幔柱的直径大小观点不一，从十几千米至几千千米都有。板块构造主要研究的是地球的表层构造，只能对 200 km 深度的地表给予解释，对于深部地质现象则无能为力，虽然引入底侵作用和拆沉作用扩大了板块在纵向上的作用范围，但对于深部地质现象还是无能为力。而地幔柱构造理论所涉及的深度和范围显然要大得多。地质学家们认为地幔柱主要起源于地幔的 D″ 层，D″ 层从地核吸收热量，使其具有较高的温度和较低的载度，因此地幔柱具有高热流、低速带的特征。

地幔柱是以火山作用、高热流和上隆为标志的，其主要特征为上隆并伴随着火山作用，产生碱性玄武岩、流纹岩及深海拉斑玄武岩，它们具有独特的地球化学特征，高重力、高热。地幔柱可出露于大洋或大陆，呈一维有时是二维无震级由热点处向外延伸。

2. 地幔柱的演化特征

研究表明，地幔柱从核-幔边界的 D″ 层上升并颈缩变细，到达地幔的中部后向上地幔底界逐渐扩展；在上地幔底界附近，巨型地幔柱停滞并分裂或分支形成有一定间隔的二级地幔柱，它们的位置、间隔和位移与上地幔内先存的区域条件密切相关；二级地幔柱向上喷涌并再次变细，到达岩石圈底界再次扩展；由于岩石圈对地幔柱上行起着一种附加的热力学障壁作用，二级地幔柱沿板块的断裂或薄弱地带再分裂成三级地幔柱，或随着在岩石圈内浮力和热能的耗尽而平息。这种地幔柱从下到上、从大到小、分级逐次发展演化，就构成了地幔柱构造的多级演化（图 1 - 24）。

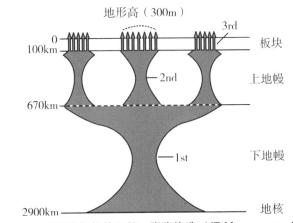

图 1 - 24　超级地幔柱的颈缩 - 膨胀构造（据 Maruyama，1994）

三、地幔柱的基本类型

地幔柱构造是地幔中受几个大的、垂直的地幔柱流控制的动力学区域。这几个地幔柱流就是南太平洋和非洲的两个上涌的热地幔柱和中亚、东亚的一个下降的冷地幔柱，它们占地幔体积的 3/4，在地幔主要部分起支配作用，控制着地幔之上的热作用和构造再造等动力学过程。南太平洋和非洲地区存在的两个巨大低波速异常带，对应着两个热地幔柱（图 1 - 25）；在中亚和东亚地区下部的外核上面存在的高波速异常，是由大洋板片聚集、滞留并最终塌落到外核上形成的，对应着一个冷地幔柱（图 1 - 25）。热地幔柱、冷地幔柱的对流，是地球内部热传导的主要形式，并且可能贯穿于地球的整个演化过程。热地幔柱的上升，导致岩石圈减薄、超级大陆解体以及大陆岩石圈构造体制向大洋岩石圈构造体制转化，对应着热点、裂解的超级大陆、大陆裂谷、大洋扩张、伸展盆地、变质核杂岩、剥离断层等各种张性 - 引张 - 伸展 - 离散环境；冷地幔柱的下降，引起超级大陆聚合、大陆裂谷夭折造山和洋壳俯冲消减碰撞造山，以及大洋岩石圈构造体制向大陆岩石圈构造体制转变，对应着大陆聚合、俯冲、逆冲推覆、碰撞造山等各种汇聚 - 碰撞 - 挤压环境。

1. 热地幔柱

热地幔柱是由地幔热物质构成的上升地幔柱。P 波层析成像显示，地幔柱有 D″层和 400 km 深度的上地幔两个来源。来源于 D″层的地幔柱又有两种类型，一种是直径约为 5000 km 的超地幔柱，另一种是底面直径小于 500 km 的小地幔柱。起源于 D″层、直径 5000 km 的热地幔柱，目前全球有两个，分别位于南太平洋和非洲下面（图 1 - 25）。一般认为，太平洋是罗迪尼亚超级大陆在 600 Ma 前由西伯利亚、北美和澳大利亚之间通过的板块三联点扩张而成。这个板块三联点当时的古纬度为 20°S ～ 30°S，与目前南太

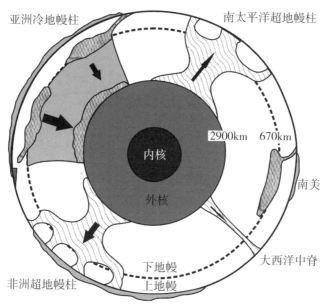

图 1-25　全球超级地幔柱分布（据 Maruyama，1994）

平洋热地幔柱的纬度类似。南太平洋热地幔柱，呈蘑菇状坐落在下地幔的 D″ 层上；在 2000 km 深度处呈圆柱状，最小横直径 1500 km；到 670 km 的深度变为 SN 向延伸的椭圆形伞面状，并在上地幔中分成几个二级地幔柱；这些二级地幔柱在刚性板块中分成几个三级地幔柱，把玄武岩熔体搬运至地表。其中一个三级地幔柱向北延伸，并与夏威夷热点相连；向南延伸的分支通过路易斯维尔海岭与南极洲埃里伯斯海山的热点相连。

　　非洲热地幔柱是导致 200 Ma 前非洲大陆从冈瓦纳大陆裂解出来的热地幔柱，它与其它几个也源于核 - 幔边界的热地幔柱共同组成中央泛大陆热地幔柱链。大西洋的形成和这个热地幔柱链有关，大西洋中脊可能由其中的某个热地幔柱产生。在地球的早期演化历史中，热地幔柱的活动起着主导作用。随着地球演化，热地幔柱活动有所减缓。热地幔柱经过地幔上升到冷的岩石圈底部时，呈蘑菇状或伞状向外拆离，形成巨大的球形顶冠，其直径可从几百千米至几千千米，可引起地壳的上隆、减薄、伸展、大陆解体、洋壳增生等，甚至大规模的溢流玄武岩喷发。同时，还可能伴有区域变质、地壳重熔、构造变形等，甚至引起全球气候变化、大地水准面升降和生物灭绝等。

2. 冷地幔柱

　　冷地幔柱是由滞留在上、下地幔界面附近的板片构成的下降地幔柱，是以巨石状下落的物质移动，滞留的板块随时间生长，并在其超过临界体积时开始塌陷，最终塌落在地核表面上，形成冷地幔柱（见图 1-26）。根据板片滞留深度的不同，可以分为东北日本型、巽他型、特提斯型以及南极型。板块在大洋中脊产生，在海沟处插入地幔深部，俯冲板块插到 670 km 的深度时，由于受到下地幔粘度增加和相变吸热等因素的影响会产生强大的阻力，使板块近似水平地暂时滞留在 670 km 深的不连续面上，以东亚冷地幔柱形成过程为例，俯冲板块从地表连续至 670 km 间断面，并因厚度增加部分板块已插入到 670 km 间断面的下面（见图 1-26a）。如果板块从地表连续插入下地幔，达到 1200 km 深度，则形成巽他型（图 1-26b）。特提斯型则是板块与上面不连续，一个大的块体正在下沉至 1000～1500 km 深处，大致与从阿尔卑斯经中东到喜马拉雅地区的板块边界平行（图 1-26c）。南极型是现代无活动的俯冲板块，在 670 km 处滞留的板块是 100 Ma 前板块俯冲造成的（图 1-26d）。

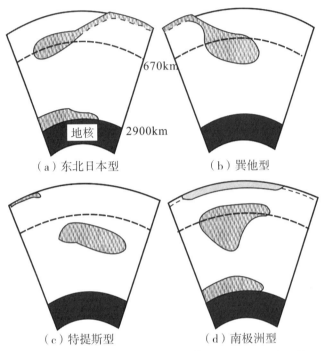

（a）东北日本型　　　　　　　　　　（b）巽他型

（c）特提斯型　　　　　　　　　　（d）南极洲型

图 1-26　滞留板块的四种形态（据 Maruyama，1994）

滞留板片下落到下地幔时，为了补偿其下落部分，必然会从下地幔向上地幔产生上升的地幔柱。这意味着从全局来看，冷的滞留板片的下落和热地幔柱的上升必然是成对的现象。这样，两个超上涌流和一个超下降流就构成了现代地球中主要物质和热对流的方式。

四、地幔柱构造体系

地幔柱构造体系是指地幔柱构造地质作用过程及其地质产物所构成的地质整体，包括热地幔柱和冷地幔柱两个构造体系，分别构成引张构造体系和挤压构造体系。热地幔柱和冷地幔柱直接制约和决定了地球演化各阶段引张和挤压两大构造动力体制，从而制约和影响着地球浅部的各个圈层。热地幔柱和冷地幔柱之间的相互制约与转化，又决定了引张和挤压两大构造动力体制的相互制约与转化，并呈现出热点、大陆裂谷、大洋扩张等引张构造与俯冲、碰撞、造山等挤压构造的演化和复合叠加。

1. 热地幔柱构造体系

热地幔柱构造体系，包括热点、大陆裂谷、大洋扩张三个构造系统。三者既可呈现出早、中、晚三个阶段的演化关系，又可相互独立自成体系。如热点、大陆裂谷各自独立发育于地球演化的各阶段，大洋扩张构造系统则可能主要发育于显生宙。

（1）热点构造系统。是指热点构造作用过程及其产物所构成的有机整体，发育于地球演化各地质时期。热点构造系统包括大陆内部非造山热点环状或放射状构造岩浆活动区（碱性花岗岩、层状镁铁质杂岩、碳酸岩、碱性岩、超基性岩、斜长岩等）、大陆内部热点轨迹、大陆内部热点头尾构造物质时空演化等构造系列和大洋洋岛－岛链热点轨迹构造系列。

（2）大陆裂谷构造系统。是指大陆裂谷构造作用过程及其产物所构成的有机整体，广泛发育于地球演化各地质时期，特别是元古宙，与超大陆旋回大陆解体构造作用及产物相对应。大陆裂谷构造系统包括三联点、夭折、坳拉谷等各种陆内、陆间裂谷构造系列。

（3）大洋扩张构造系统。是指大洋扩张构造作用过程及其产物所构成的有机整体，发育于显生宙，主要表现为大洋扩张的离散板块边界构造作用及其时空演化的产物。

2. 冷地幔柱构造体系

冷地幔柱构造体系主要包括显生宙硅铝壳－洋壳造山构造系统和前寒武纪硅铝壳造山构造系统，前者又包括硅铝壳－洋壳碰撞造山构造亚系统和洋壳俯冲岛弧构造亚系统。

五、地幔柱与板块构造

地幔柱构造理论，在诸多方面与板块构造理论存在根本性的不同，但在一定层面上二者具有成因联系，同时也体现出互补统一性，主要表现在以下几个方面。

（1）驱动力和对流模式的不同。虽然板块构造是由于地幔的热损耗导致上、下地幔各自形成对流层的双层地幔对流模式，却局限于整个威尔逊旋回模式之中，而地幔柱构造则是由地核热损失导致深部热能量梯度差引起的全地幔对流模式。二者共同驱动地球不同圈层的整体运动，使得各个圈层之间的物质和能量能进行相互交流与转换。

（2）组合结构特点不同。板块构造是以固体运动为主，存在转换断层、洋中脊、海沟及沿板块边缘发生岩浆作用。地幔柱构造则以流体运动为主，缺乏转换断层，具有地幔上隆、地幔下沉等特点。二者在形式特点上相互补充，共同构成了地球多样化的演化形式。

（3）物质来源与成矿模式的不同。板块构造理论的成矿模式和现象较为单一。而地幔柱构造理论的成矿模式和现象却复杂多样。二者共同丰富了成矿物质来源及成矿模式理论，为成矿理论的研究开启了别样的途径。

（4）周期性的不同。板块构造理论认为地质作用的周期性是由地幔对流系统控制的，地幔柱构造理论则认为这种周期性是地幔脉动所引起的。

尽管地幔柱构造理论和板块构造理论存在诸多方面的对立性，但是，随着各自理论的不断更新和发展完善，二者将会成为彼此发展最有力的补充和完善（图1-27）。

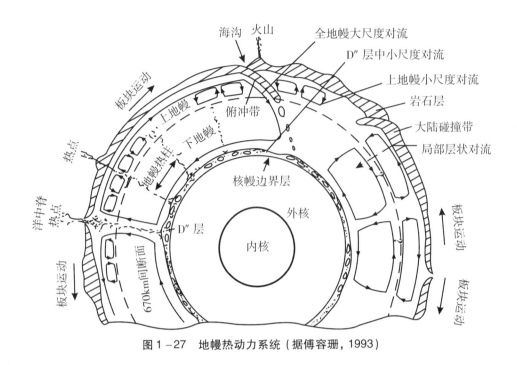

图 1-27　地幔热动力系统（据傅容珊，1993）

第十节　层块构造学说

一、层块构造的定义

层块构造（layer-block tectonics）是地质学家们对地球物质系统、运动系统、动力系统不断深入研究进程中新近建立起来的一个反映岩石圈层滑结构的构造新说（刘海龄等，1999）。该学说认为，岩石圈板块特别是大陆岩石圈板块，是横向上块块相接、纵向上层层相叠而成的整体。"层"即强调岩石圈的流变学层化特征和不同深度的力学上相对软弱的层带对岩石圈构造变形过程中层滑运动的主导控制作用；"块"则强调岩石圈横向上因倾滑、走滑断裂作用分割出各类地质块体而呈现的不连续性（刘海龄等，2002）。

层块构造学说与板块构造理论是一脉相承的。层块构造学说是以研究地球物质运动变化为主要使命的构造地质学，尤其是大地构造学。在广泛吸取其他各种相关现代科学的精髓后，于 20 世纪的后半叶，特别是 21 世纪近一二十年里得到了惊人的发展。其中，因其诞生而成为现代地球科学革命标志的板块构造学，在经历了地体理论、块片理论的发展以实现其"登陆"飞跃后，又因汲取了近期大陆地质研究中诸如层滑构造、碰撞造山带、构造运动学、大陆动力学、走滑构造、逆冲推覆、伸展滑覆、陆壳拆离、厚皮构造、薄皮构造等活动论的新的思想精华，在现代地球物理学关于地球深部探测成果（特别是地震层析技术成果）的基础上建立起来的地球多圈层差速转动结构模型以及根据现代力学建立的岩石圈不同深度多层流变结构模型等现代科学新成果，而正在兴起一个以多元动力成因观、多层滑动构造观为核心的层块构造研究新热点，以期真正建立起全新的由地球动力系统（而非单一动力）控制下的三维立体（而非二维平面）的全球构造系统图象及其四维时空上的演化"画廊"。

二、层块构造学说的形成过程

层块构造学说强调层滑作用（layer-sliding）是造成岩石圈层块构造的主导作用。此即所谓的层滑思想（孙岩，1986）。它的形成过程可直溯到 2 个世纪前的近代地质学发展时期。早在 1796 年，H. B. Saussure 便提出了岩层滑动（gliding of layers）的概念。渐变论的创始人 C. Lyell 则在他的名著《地质学原理》中系统地论述了"层序论"思想，揭示了地壳表层沉积建造的层序构造特性。这一时期可认为是层滑论的萌芽阶段。

板块构造说的诞生则使层滑论思想得到了快速地发展。随着海底扩张、海底磁异常条带、转换断层、板块边界类型、板块旋转、地体构造、块片构造（flake tectonics）（E. R. Oxburgh，1972）、层控矿床等概念的产生，人们对岩石圈的层块性特征的认识得到了加深。

20 世纪 80 年代以来，随着国际岩石圈研究计划，特别是大陆岩石圈研究计划的实施、地球物理测深技术的迅速发展、科学（超）深钻的完成和深部地质研究，以及现代力学强度理论如脆性破裂理论、塑性剪切理论（H. Ode，1960）、应力蚀裂理论、屈服效应理论与现代连续统计物理学（理论力学）在地学中的推广应用，大陆地质研究中的盆 - 山系构造、拆离构造、韧性剪切带、伸展滑覆构造、变质核杂岩、逆冲推覆构造、走滑转换构造、双重构造等最新研究成果的取得，岩石圈的流变学特性和纵向分层、横向分块的基本结构特征得到了空前的揭示（孙岩等，1992；王绳祖，1992，1993；王绳祖等，1997；杨晚松等，1998；Wang Xiaofeng et al.，1996）。S. V. Rushentsev 等（1985）提出了岩石圈构造分层作用（tectonic layering of the lithosphere）概念，奠定了层滑论的雏形。同时，涌现了许多类似的概念，如：断块构造说、层控构造说（李扬鉴等，1996）、堆叠构造、"三明治"构造（万天丰，1993）、多层（圈）构造（李建国等，1997；张国伟等，1995）、板舌构造、板条构造（叶灿华，1997）、颤动构造（吴有林等，1996）等学术思想，从各自的观点反映了层块构造的不同方面的特点。

层块构造的系统研究还体现在南京大学地球科学系对中下扬子地区地质构造、能源地质的调查研究成果（Sun Yan et al.，1997a，1997b）和中国科学院南海海洋研究所对南沙微板块地质构造的调查研究成果（刘海龄，1999；刘海龄等，2004a，2004b，2002a，2002b，2001；Liu Hailing et al.，2011）之中，这为进一步深入研究层块构造打下了重要的基础。

三、层块构造学说的主要论点

层块构造研究工作极大地丰富、发展和完善了板块构造学说，充分揭示了岩石圈乃至整个地球的可分性。板块不再被认为是不可分割的刚性岩块，而是横向上块块相接、纵向上层层相叠而成的整体。岩石圈不同深度层次的物质分层、能量分层、构造分层、流变分层和化学分层是互相关联互相统一的。层块构造作为其表现形式，是岩石圈地质体在构造动力（水平的或垂直的）作用下，发生顺层层间滑动－切层倾向滑动（包括正向的和逆向的）－切层走向滑动（包括斜向的、左旋的、右旋的）的结果；其构造部位、形成时期和力学机制等有一定的区域性特点，并与岩浆活动、变质作用以及成矿机理的发育有着内在的联系。不同级别的层块构造（大到全球性的岩石圈板块构造，小到可沿晶面滑动的矿物晶体，以至微到位错）虽然有着不同的级次和序列的划分，但从分层构造、分层滑移考察，其滑动的力学机理存在着共性（孙岩等，1991），有着共同的滑移力学机理，围限它们的边界断裂具有"四维联动性"（刘海龄等，2002），即动力上同源于同一层块的三维空间边界断裂所组成的"倾滑－层滑－走滑"断裂系统在活动时间上具有的联合同步作用的性质（三维空间＋一维时间），缺少任何一维，层块都是不能运动的（刘海龄等，2002）。由此而得到，层块构造的划分原则是：以层滑面为基础，以四维联动断裂系统为边界，划分出不同级次的层块，继而按照"立交传输"运动形式和多元地球动力系统的作用规律，进行层块间的有机叠合与拼接，从而勾绘出地壳－上地幔构造的演变历程（Liu Hailing et al.，2011）。根据层块赖以运移的层滑面及与之联动的倾滑－走滑边界断裂所切割的深度，可将宏观上的层块构造分为 4 类：超壳层块（transcrustal layering-block，切割深度超过岩石圈底面）、壳体层块（crustal layering-block，切割深度达到莫霍面）、基底层块（basemental layering-block，切割深度达到中地壳）和盖层层块（cover layering-block，切割深度不超过结晶基底顶面）。因而，在断裂构造研究基础上深入研究岩石圈的层滑性结构，是进行岩石圈层块构造分析的根本基础。

四、层块构造的形成机制

层滑运动是地球内部的基本运动，是形成层块构造的主要原因。层滑作用以各种不同尺度活跃于地球内部。近年来，因大陆地质的深入研究，大陆岩石圈的分层结构特征得到了空前的揭示（表 1－4）（刘海龄等，2002）。层滑面的发育层位明显受岩层的物理、化学性质的控制。地球的旋转运动以及物理的、化学的、能量的、重力的分异作用形成了地球的原始圈层结构。相邻圈层的物理性质、化学性质、力学强度、能量大小等方面均存在差异。在构造动力作用下，相邻岩层顺着易于滑动的层面分层滑动，即发生所谓的动力分异－能量分异－流变分异－构造分异－物质分异－化学分异－变质分异等过程（孙岩等，1993）。这种易于滑动的层面即成了层滑断层。研究表明，作为层滑断层产出的层位，相对于其上、下层位常表现出高泊松比值（ν）、高地热流值、高水活度、高应变速率、高扩散蠕变、高电导、高渗透性、高变质和低单轴抗压强度（Rp）、低杨氏模量（E）、低弹性波速（Vp，Vs）、低电阻、低密度等特征。对于构造动力来讲，层滑断层为相对软弱层，与之上下相叠的相对滑动层为能干层。

层滑作用的变形特征（破坏行为和机制等）受围压、温度及应变速率等因素的制约，垂向上表现出明显的差异。就岩石圈而言，从浅层到深层，一般地可分出三层性质不同的变性构造层（孙岩等，1992a，1992b；C. Y. Wang et al.，1990）：较浅部（约

10 km 以上）的脆性变形层，以剪切或张剪破裂为主要机制，稍深处伴有塑性流动；韧性变形层，在 10～20 km 深度段内，塑性流动中伴有破裂；粘性变形层，深度大于 20 km 的深部，岩层粘性流动（延性，粘滞流动和蠕滑）是其主要变形机制。

表 1-4　岩石圈结构基本特征简表（刘海龄等，2002）

	物质组成	厚度/km	埋深/km	纵波 V_P（面波 V_S）/km·s⁻¹	密度	温度/℃	围压/MPa	构造变形
盖层	沉积岩系、浅变质岩系	0～10		2.0～5.5				褶皱、逆冲推覆构造、重力滑动构造等薄皮构造
上地壳结晶基底（刚硬层）	花岗类侵入岩、深变质花岗片麻岩、结晶片岩	3～7		5.7～6.3	2.69（?）	低于绿片岩相		脆性变形、盆-山系、冲叠造山等厚皮构造
中地壳（塑性层）	花岗闪长岩	8～20	10～15	5.6～6.0	2.66（?）	300～450，绿片岩相	270～405，绿片岩相	塑性变形、选择性重熔，盆-山系、冲叠造山、壳内俯冲等厚皮构造，流变强烈
下地壳（软、硬复合层）	辉长岩类（玄武质岩类）	10～15		6.5～6.7，7.3～7.6	2.84（?）	角闪岩相-麻粒岩相，高温高压		上部偏脆性变形；下部偏塑性，与莫霍面过渡带一并起拆离、调节作用
莫霍面（过渡带）	镁铁质麻粒岩和超铁镁质岩互层（软硬相间）	1～5	30～38	7.6～8.1 异常地幔 7.0～7.8				对盆-山系地区因地表的张裂、分离、下滑而形成的过渡壳构造起控制作用
岩石圈地幔（硬层）	橄榄岩、辉岩、榴辉岩	30～150		8.1～8.5	3.31			驮着整个大陆岩石圈沿软流层顶面斜坡滑动、漂移
软流层	顶部闪橄岩	100～350		7.7～7.8（4.7）	3.21			造成上覆岩石圈下滑、扩张、漂移、潜没，产生大洋岩石圈和板块构造

对岩石圈层滑作用贡献最大的当为部分熔融低速层。部分熔融作用所形成的低速层，对深部地质过程的发源和汇聚以及对地球物理场特征的制约都是至关重要的。只要有少量的部分熔融体便能依倒数衰减规律灵敏地降低地震波的传播速度（N. I. Christensen et al.，1995）。上地幔低速层对应于上地幔的部分熔融带（软流圈）已是地学界的共识，是认识超壳层块（岩石圈板块）运动、地震作用、岩浆活动的一把钥匙。地壳－上地幔内部（尤其是大陆岩石圈）一定深度范围内，地热温度接近或达到岩石的固相线时亦会发生部分熔融作用而形成多层低速层（黄立言等，1996；J. D. Clemens et al.，1987；M. Schmitz et al.，1997）。含水矿物受热作用在缺水条件下脱水熔融，形成含水熔体。熔体一经形成，便以熔体管和薄膜的形式相互连通（Z. M. Jim et al.，1994；D. Mckenzie，1985），并以百万年计的时间存在于地壳深部，且因较重的未熔结晶体的不断下沉而被挤压向上流动。这样，不仅可以降低周围岩石中长英质矿物的熔点、提高其熔融程度，形成"S"型花岗岩、混合花岗岩、条带状片麻岩，还能有效地降低岩石强度和应变所需的差异应力，增加扩散蠕变的速率，加速固态流变的进程，积累应变形成应变带（C. Davidson et al.，1992）。同时，熔融过程产生的高的流体压力可以减少相对滑动岩层间重力滑动作用点上的法向应力，起到润滑减阻的作用，即所谓的"气垫效应"（罗国煜等，1991；孙岩等，1992），从而促进层滑作用。反过来，伴随层滑过程中岩层的逆冲推覆抬升或伸展滑覆拉薄而产生的绝热减压作用，则进一步引起剪切带上盘的岩石进一步熔融，形成岩浆，成为大量原地重熔花岗岩的成因之一。

层滑的构造动力成因是多元化的，既有岩石圈板块运动的主动力——地幔对流动力，又有地壳－上地幔内部非地幔对流的动力因素。重力是公认的主要构造动力，几乎所有的构造过程都伴有重力的作用。物体一旦出现重力失稳，重力的作用便开始了。重力作用可产生厚达几十公里的构造运动圈层。板块便是其产物之一。重力在其作用过程中，可诱发其它多种性质不同的动力的产生。例如，热幔柱或部分熔融体的上升造成对上覆岩层的热力的传递，实际上就是在重力作用下产生的。易熔物质的部分熔融使得未熔的难熔物质出现重力失稳，在重力作用下下沉；而高温的熔融体则被不断向上排挤，继续热蚀更上层的岩层。另一方面，俯冲板块更是直接在重力作用下向地球深部运移，成为冷幔柱，因摩擦而减速，动能转化为摩擦热力，作用于下沉板块及其围岩。热、冷幔柱的运动形成地幔对流，带动岩石圈块体运移，进而派生出块体边界力，诱发次一级的局域动力过程，甚至诱发仅次于重力能的第二大能量。地球自转产生的旋转能的形成很大程度上亦应归因于重力的作用。刚进入"中年"的地球，其内部仍处于多重矛盾并存的矛盾体系之中。热的、化学的、密度的不平衡，造成物质和能量分布的不平衡，从而引起地球内部自身产生的相对于地心的转动力矩必不平衡，因而促使地球自旋并不断改变旋转速度以求趋向平衡。由旋转速度改变而产生的则是地质体在经向、纬向、离心、向心等惯性力作用下的移动。

地壳－上地幔内部的重力作用，则主要是通过类似于材料力学中"弹性基础悬臂梁"（别辽耶夫 H. M.，1956；N. J. Kusznir et al.，1992）机制而实现软硬岩层间的相对滑动，形成众多的板内盆－岭构造、断隆造山带、变质核杂岩穹隆、冲叠造山带等厚皮构造和重熔型（I 型）花岗岩、变质交代型（S 型）花岗岩。热力是居于第三位的重要动力。构造运动产生的机械能、化学过程的化学能、地球旋转能、重力能等都可转化为热能。因而，地球内部某些圈层（大陆地壳－上地幔内花岗质岩石放射性元素相对富集层）会因热能而不断升温，降低其岩石的有效粘度，诱发部分熔融，为多层塑性层（特别是中地壳层）的形成起到了关键作用，还会造成多层上硬下软的密度倒转结构，其中相对塑软的层块为相对刚硬的层块提供了应力集中释放和应变的有利空间。

由于上述诸多有利因素，层块活动才成为地球中易于而普遍发生的构造活动。

第十一节　（微）块体构造学说

块体（blocks）或地体（terranes）的概念最早是在研究大陆的大地构造时所提出（Irwin，1972）。朱夏（1983）和刘光鼎（1993）在对中国海陆及邻区的大地构造分区中，给块体赋予新的定义，用以表示在地壳发展历史中，在一个较长的地史时期内处于较为稳定的状态，且有相近演化历史的大地构造单元；而与之对应的是结合带或活动带，将其定义为分布在块体之间，发生过多次构造运动的大地构造单元。经过后来地质学家的逐渐完善，形成了块体构造理论（张训华等，2009，2010；张训华和郭兴伟，2014；郭兴伟等，2014；温珍河等，2014；高志清等，2014）。块体构造理论是在以活动论为内涵的全球构造思想指导下对板块构造学说的发展和补充。在板块内部，相对稳定的构造单元为块体，而相对活跃的构造单元为块体之间的结合带；大小形状各异、厚度结构不同、发展历史不一的块体与块体间的结合带构成了地球岩石圈不同的板块。块体构造理论充分考虑了壳体构造属性、构造活动强弱、构造演化史及演化规律。李三忠等（2018，2022）提出的微板块构造理论，认为微块体或微板块是大板块的前身，其产生、生长、夭折、消亡或残留对板块构造或前板块构造的研究具有重要意义，系统归纳了其成因类型、边界类型、形成条件以及动力学机制。微板块构造理论与块体构造理论相类似，但后者更强调块体的稳定性和块体周缘结合带的活动性。

在实际研究中，块体和结合带的构造单元划分是块体构造理论在实践应用中的集中体现。其划分原则主要以全球构造活动论（朱夏等，1979，1982，1983，1987，1991；刘光鼎等，1990，1997，2007，2010）与块体构造学说（张训华等，2009）为指导，寻找块体之间结合带的地质、地球物理和地球化学的证据。根据板块构造理论，现代板块边界包括洋中脊、沟－弧－盆体系（俯冲带）或增生带、转换断层、缝合线四种类型。古板块或块体边界划分主要根据以下10个标志：①结合带、造山带；②蛇绿岩；③混杂岩；④岩石圈断裂；⑤双变质带、高压－超高压变质带；⑥活动大陆边缘火山岩；⑦沉积组合类型；⑧生物地理分区；⑨古地磁标志；⑩古气候标志。

以南海及邻区的块体构造单元划分为例，依据块体构造理论中稳定与活动的区别，在南海与印支半岛、加里曼丹岛以及菲律宾群岛的边界划分以及其他构造单元边界划分时，把蛇绿岩带作为古洋壳消亡的重要边界依据之一。蛇绿岩套可分为两大类：一类形成于大洋中脊；另一类形成于大陆边缘的弧间或弧后盆地，它们在建造和化学成分上有一定差异。蛇绿岩是判断洋-陆碰撞或弧-陆碰撞的可靠依据，可作为一级或二级构造单元界线。南海及邻区出露的蛇绿岩多数发源于板块汇聚边缘，特别是弧后和岛弧背景中，其形成演化或沿巽他（属欧亚板块）和澳大利亚板块发育，或发育于菲律宾板块。古生代、中生代蛇绿岩发育于东南亚西部印支块体（属欧亚板块）、印度-澳大利亚板块边缘，与古、中特提斯洋形成演化密切相关；中、新生代蛇绿岩主要发育于东南亚东部菲律宾岛弧、加里曼丹岛和东南部，与中、新特提斯洋形成演化密切相关。

南海及邻区跨越特提斯构造域和太平洋构造域，又是欧亚板块、太平洋板块和印度-澳大利亚板块交汇区，其中发育许多大小不一的块体，地质构造复杂。因此，块体之间的边界也就是结合带，最重要的判别标志是由蛇绿岩或蛇绿混杂岩形成的缝合线，如中南半岛块体的划分；而在太平洋构造域中，俯冲带或碰撞造山带是块体间边界的主要标志，如马尼拉海沟。这些边界的识别主要依靠地球物理资料。

根据以上板块和块体划分的原则和依据，参考前人的编图成果（He et al.，1987，1988；刘光鼎等，1992），把南海及邻区划分为三个一级构造单元，即印度-澳大利亚板块、太平洋（菲律宾海）板块以及欧亚板块；而二级构造单元则可划分为九个块体、两个结合带、一个俯冲-碰撞带和一个对冲带、一个增生带而以及六个海盆（表1-5、图1-28）。海盆区作为二级构造单元单独划出。

表1-5　南海及邻区块体构造单元划分

一级构造单元	二级构造单元	
印度-澳大利亚板块		
太平洋（菲律宾海）板块		
欧亚板块	块体	西缅块体
		保山-掸泰块体
		兰坪-思茅块体
		印支块体
		扬子块体
		华南块体
		琼南块体
		南沙块体
		西北苏禄块体
	俯冲-碰撞带	若开-爪哇-帝汶俯冲-碰撞带
	结合带	三江结合带
		扬子东南缘结合带
	增生带	沙捞越-苏禄增生带
	对冲带	菲律宾群岛对冲带
	海盆	安达曼海盆
		南海海盆
		苏禄海盆
		苏拉威西海盆
		班达海盆
		望加锡海盆

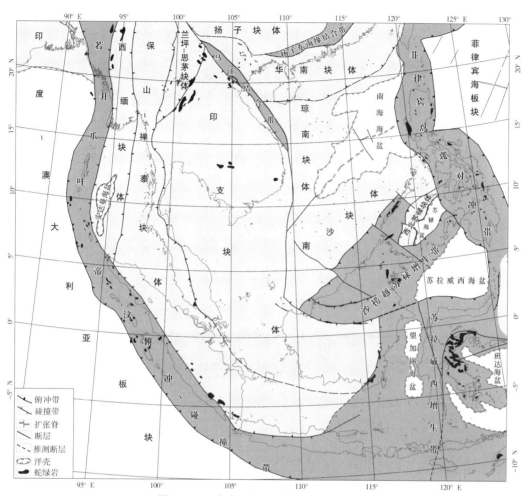

图 1-28 南海及邻区块体构造单元划分

第二章　古海洋演化与造山带

古海洋是地质历史时期存在的大洋，现在已全部消亡或仅部分残留，其痕迹部分保留于造山带中。因此，古海洋是造山带（陆内造山带除外）的前身，其演化过程与造山带的形成演化有密切关系。在威尔逊旋回中，古大洋和造山带都是其中的一个演化阶段，大陆裂谷扩张成洋，最后通过洋-陆俯冲或陆-陆碰撞形成造山带。虽然现代大洋的洋壳年龄一般不超过 2 亿年，但威尔逊旋回的各阶段均可在现今海洋中找到相应的实例。大陆裂谷、大洋扩张、俯冲、碰撞等构造演化事件不断发生，所以历史-构造分析法、将今论古法以及构造类比法等大地构造研究方法同样适用。从古海洋演化成造山带，主要构造作用发生在板块边缘。由于各区域构造背景、板块运动以及深部壳幔作用等存在差异，各地区从古海洋到造山带的演化路径也不同，不同的大地构造学说在解释各区域从古海洋到造山带演化过程也各具优势。全球造山带可分为环太平洋带、特提斯带、乌拉尔-蒙古带、北大西洋带和北冰洋带五个带。我国造山带可归纳为天山-兴蒙造山系、秦祁昆造山系、青藏-三江造山系、西太平洋造山系四大体系，这些造山带曾经都属于古海洋构造域，分别对应古亚洲洋、秦祁昆洋、特提斯洋以及太平洋构造域。本章主要从大洋的两种大陆边缘类型以及板块边缘造山带的两种类型阐明古海洋与造山带的演化过程。

第一节　大洋的两种大陆边缘类型

一、被动大陆边缘

被动大陆边缘，又称稳定大陆边缘，是构造上长期处于相对稳定状态的大陆边缘，最典型的实例是大西洋型大陆边缘，即从大陆向大洋过渡的一个相当广阔地带。它平行于大陆边缘的轮廓，包括大陆边缘、大陆架、大陆坡和陆基。这种大陆陆缘主要的动力作用是沉积，沉积建造属冒地槽型沉积（图 2-1）。

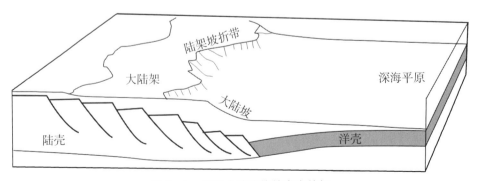

图 2-1　被动大陆边缘的发育特征

（1）地貌特征。被动大陆边缘由宽阔的大陆架、较缓的大陆坡以及缓坦的大陆陆基组成。通常年轻的稳定大陆边缘陆架较窄，发育成熟的稳定大陆边缘具有广阔的陆架区。陆坡的坡度相对陆架显著增加。陆坡地形十分崎岖，常被海底峡谷切割。陆基是大陆坡与深海平原之间的过渡区，坡度十分平缓，由巨厚的浊流、等深流和滑塌沉积物组成，可形成许多海底复合扇。

（2）构造特征。被动大陆边缘的地壳是洋壳到陆壳的过渡，大陆和海洋位于同一刚性岩石圈板块内的过渡带。它没有海沟俯冲带，早期裂开阶段位于板块内部，随后被动地随着裂开的板块而移动，故无强烈地震、火山和造山运动。被动大陆边缘是伸展作用体制下大陆岩石圈减薄和大幅度沉陷形成的活动微弱的大陆边缘。

（3）沉积特征。因其具有生成巨厚的浅海相沉积、岩浆活动微弱和地层基本上未遭变形等特征，而与活动大陆边缘形成鲜明对照。在剖面上，一个被动大陆边缘的沉积记录由上、下两部分组成，中间由不整合分开。下部发育裂谷系沉积物，是岩石圈尚未断裂阶段的产物，主要有湖相沉积、砂岩为主的粗碎屑岩沉积或红层，还有玄武岩、火山岩夹层，代表大陆裂谷环境。上部为移离系沉积物，代表新的大洋壳出现，岩石圈侧向移离过程中沉积的产物，可出现黑色页岩、蒸发岩等闭塞海湾相沉积，代表大洋扩张环境；再向上过渡为陆架－陆坡－陆基沉积相组合，包括陆源碎屑岩、碳酸盐岩和成熟型浊流沉积等。

（4）形成机理。被动陆缘的生成源于岩石圈拉伸所导致的上地幔物质上涌（被动上涌），减薄的地壳通过铲状正断作用在地表形成复杂的地堑系；来自上地幔的熔岩沿裂隙上升，铺满新出现的海底，最终建造起正常厚度的大洋壳。破裂不整合标志着陆壳断开的时间。随着洋盆扩大，它外侧的陆壳逐渐远离以中脊为代表的热流中心，它的冷却沉陷造就了其上巨厚的被动陆缘沉积岩系（图2－2）。

二、主动大陆边缘

主动大陆边缘，又称活动大陆边缘，是指太平洋型大陆边缘，即大陆边缘以一条深海沟与大洋板块分界，是具有沟－弧－盆体系的大陆边缘，大洋板块以较高的角度向这条深海沟区俯冲。这种陆缘活动性较强，有强烈的地震和火山活动（图2－3）。

（1）地貌特征。典型的活动大陆边缘从大洋到陆地具有如下结构：大洋－海沟－消减杂岩－弧前盆地－弧内盆地－褶皱冲断带－弧后盆地，不同部位的主导作用不一样，其陆架狭窄，一般宽仅几十公里，陆坡较陡，陆隆被深邃的海沟所取代。地形复杂，高差悬殊，与被动大陆边缘位于漂移着的大陆后缘相反，活动大陆边缘是漂移大陆的前缘，属于板块俯冲边界，地震、火山活动频繁，构造运动强烈，主要分布在太平洋周缘、印度洋东北缘等地。它在太平洋周围表现最为显著，海沟的两坡很陡，坡度达5°～10°，其中堆积着浊积物、硅质沉积、火山碎屑和滑塌堆积。由于大洋板块在海底处的俯冲作用，海沟及其附近的沉积物受到"铲刮"而强烈变形，形成叠瓦状逆掩断层和混杂堆积。海沟和与其伴生的岛弧或山弧所构成的沟弧系也是大洋板块向大陆板块俯冲的产物。主动大陆边缘集中了地球上最主要的地震活动。地震震源带勾画出了板块俯冲的三维空间产状（贝尼奥夫带），与相邻陆地上的构造带相平行。

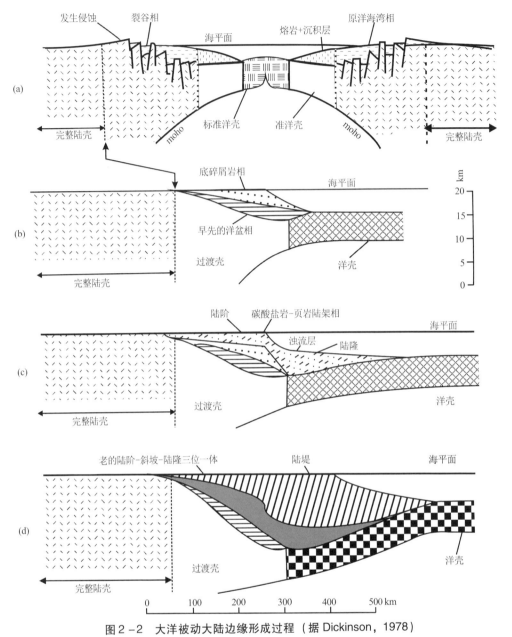

图 2-2 大洋被动大陆边缘形成过程（据 Dickinson，1978）

（a）新生洋盆开始阶段；（b）窄大洋阶段，热沉降已经基本完成；（c）开阔洋盆阶段，出现陆阶-斜坡-陆隆大陆边缘；（d）陆堤阶段，沉积物向洋推进形成陆堤

（2）沉积特征。一个完整的活动大陆边缘（岛弧型大陆边缘）从大洋向大陆方向依次为海沟、弧-沟间隙、岩浆弧、弧后盆地，各单元沉积特征存在较大区别。在海沟中，沉积物主要包括两部分，一是来自于板块俯冲带来的深海平原沉积物；二是来自于在海沟形成的深海沉积物，包括远洋钙质沉积、硅质沉积、深海红粘土、火山灰沉积以及在海沟形成的浊流沉积物等。受俯冲作用的影响，海沟沉积物保存不完整并发生强烈变形。弧-沟间隙是由于板块俯冲作用引起，由已变形的深海平原沉积物、海沟沉积物

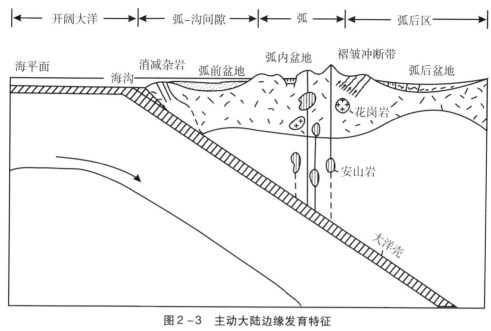

图 2-3　主动大陆边缘发育特征

及洋壳碎块等组成的构造岩带。其原始层序完全被破坏，由外来岩块、原地岩块、基质三部分组成且广泛遭受剪切变形。在岩浆弧中，沉积以火山成因为主，在喷发中心及附近主要以熔岩、火山碎屑岩为主，也发育一些沉积岩成互层；在弧边部则发育海盆相沉积，主要发生在弧边部海盆和因强断裂而形成的弧内盆地中，以断裂为界的张裂盆地，基底为过渡壳或陆壳，其形成与深部岩浆上升使弧地壳隆起产生的拉张构造有关，也与火山和构造作用产生的局部沉降有关。弧后盆地是由弧后扩张作用引起，其基底为大洋型地壳，盆中浊流沉积非常发育，沉积物来自两侧，大陆提供比较成熟的碎屑物质，岩浆弧则提供大量火山碎屑特别是凝灰质物质，因而两侧复理石沉积特征不同。在其它的陆源弧型活动大陆边缘的沉积，弧后盆地位于陆源火山弧后侧紧邻的大陆板块周围地带，基底全部为陆壳，相对于岩浆弧是弧后盆地，相对于大陆板块内部是前陆盆地。弧后盆地沉降作用，部分是大陆板块边缘沿陆内俯冲带进入到岩浆弧下引起岩石圈绕折的反应，部分是褶皱冲断岩片的构造负载引起的均衡沉降的结果。

（3）构造特征。活动大陆边缘具有较为复杂的构造特征，洋壳俯冲到大陆之下形成海沟。海沟是俯冲洋壳开始下插的地方，从它上面刮削下来的深海沉积和洋壳碎片组成混杂堆积，聚集在上盘板块并形成外弧。下插洋壳随着深度增加发生部分熔融形成岩浆，并上升到浅部而形成火山弧。冷的较高密度的大洋岩石圈俯冲到热的低密度的大陆岩石圈之下的地方，随着俯冲进行和温度升高，俯冲板片会脱水甚至部分熔融，产生的流体交代上覆地幔，甚至引起地幔楔的部分熔融。这种岩浆作用就形成了火山弧中的钙碱性玄武岩－安山岩－流纹岩组合。在深部，巨量的花岗岩浆侵入古大陆边缘之上加积的岩石中，固结后形成岩基，侵位较深则形成巨大的由低级到高级区域变质岩和片麻岩晕圈和混合岩带。如果火山弧是叠加在大陆边缘之上，则称为陆源弧；若位于大洋内，则形成岛弧。岛弧和陆源弧的区别在于，它与大陆之间还隔着弧后盆地。

（4）变质特征。俯冲带的变质作用仅限于一狭窄的地质体中，它具有较高的压温比，洋壳物质组成基底并广泛存在叠瓦剪切；相反，包括深成岩的火山弧则是具有相对较高的高温重结晶作用的非常宽阔区域，其特征是具有大陆壳基底核垂直构造运动，这里的高热流可以促使含水硅铝质地壳的发生部分熔融。这样的俯冲带和火山弧就构成了一个成对的变质带。由于俯冲带物质快速深埋，在火山弧和海沟之间的加积棱柱体内，将发生高压低温区域变质作用，出现蓝片岩甚至榴辉岩的岩块。双变质带在加积棱柱体中出现高压低温变质作用，而岛弧区出现高温低压区域变质作用。

第二节　古海洋消减形成造山带的两种类型

一、造山带及造山作用

造山带是地球上部由岩石圈构造运动所造成的狭长强烈构造变形带。造山带往往在地表形成线状、相对隆起的山脉，一般与褶皱带、构造活动带等同义或近乎同义，通常可以理解为呈狭长隆起的山脉。造山带主要是挤压构造运动形成的。但在大陆、大洋中，扩张拉伸、剪切走滑、火山活动同样可以成山，比如在拉伸构造形成裂谷、裂陷盆地的同时，相对造成周边抬升，构成山系；全球性的大洋中脊是巨大宏伟的洋底山系，是地球上最大的拉张伸展构造单元。一系列的造山带形成造山系。

造山作用，亦称造山运动，是指形成造山带复杂漫长而连续的构造过程。具体地说，是在地球深部构造动力学背景下，岩石圈发生剧烈构造变动、物质成分重组、结构重建等复杂的地质作用过程。通常，造山作用是造成岩石圈横向收缩、垂向增厚、隆升成山的作用。一次强烈的造山作用发生，总会留下各种物质记录，反过来，它们也可以作为确定造山作用存在的标志。造山作用存在的标志主要有以下几点。

（1）角度不整合。地层的角度不整合是一次强烈构造作用的产物，代表了地壳经历过一次下降－抬升－再下降的过程，是造山作用发生的最明显证据。实际上，由于强烈的构造作用影响，已形成的地层普遍发生了褶皱、断裂等较强的构造变形，且造山作用过程中所形成的火山－沉积岩系往往与下伏不同时代地层呈角度不整合接触。所以角度不整合是造山运动最明显的证据。

（2）磨拉石沉积组合。磨拉石沉积组合是一套以陆相为主的巨厚的砾岩和砂岩占优势的沉积组合，产出于山间坳陷和边缘坳陷。这种沉积组合的岩石分选很差，层理不规则，常见交错层理和波痕，相变急剧。它是由于强烈的构造作用使岩层发生褶皱和断裂而隆升，并遭受剧烈剥蚀而形成快速堆积的产物。也就是说，在造山作用过程中，每一次较强的构造事件均会产生磨拉石沉积组合，所以该沉积组合一直被认为是造山作用发生的直接标志。

（3）沉积组合性质的突变。造山作用发生前后，沉积组合的性质截然不同。造山作用发生之前多为稳定型的沉积组合，而在造山作用期间则以火山－沉积组合和磨拉石沉积组合为代表的非稳定型沉积组合类型为主。因此，造山作用前后沉积组合发生了巨大变化，沉积组合突变现象可以用来鉴定造山作用是否发生。

（4）构造变形。强烈的构造变形也是造山作用存在的直接标志。造山作用期间，地壳物质发生了强烈构造变形，造成了地壳的大量缩短。这些构造变形特征，明显不同于造山作用前和造山作用后可能发生的较微弱变形。

（5）动力变质作用。在造山作用中，由于较强大的构造挤压作用，可使断裂带附近或整个地壳岩石发生普遍动力变质作用。而在构造环境相对稳定的状态之下，很难出现动力变质作用。所以根据普通动力变质作用的发生与否也可以用来确定造山作用。

（6）岩浆活动。剧烈的岩浆活动是造山作用的直接产物，因而利用岩浆活动的特点，也可以确定造山作用的发生与否。在造山作用期间，随着大规模逆掩断层的形成，地壳岩石发生部分熔融，形成的岩浆随着强烈的构造作用侵入或喷出至地表，造成了剧烈的岩浆活动。

大地构造学说的长期发展中，关于造山带的成因假说很多，概括起来可以归纳为以下三种：①地槽假说的地槽回返造山说，认为造山带是地壳内相对固定的沉积槽地及其垂向回返成山；②板块构造的俯冲－碰撞造山说，认为造山带是岩石圈板块侧向运动中相互作用，大洋与大洋板块或大洋对大陆板块俯冲、大陆与大陆板块碰撞的构造产物；③多成因造山说，认为大陆造山带是多种多样地质作用造成的，包括"板内造山作用""薄皮板块构造""地体说""碎屑流说""岩石圈分层说"等多种成因造山说。

二、古海洋到造山带演化的重要岩石组合

1. 蛇绿岩（套）

蛇绿岩（ophiolite）是指一组由蛇纹石化超镁铁岩、基性侵入杂岩和基性熔岩以及海相沉积物构成的岩套。又称蛇绿岩套。是由法国 A. T. Brongniart 于 1827 年提出，它的希腊文含义是蛇纹状岩石，中文曾音译为"奥菲奥岩"。

1972 年，彭罗斯（Penrose）会议重新厘定了蛇绿岩的定义，把蛇绿岩定义为具有特定成分的镁铁－超镁铁岩组合。蛇绿岩不是一个岩石名称，不作为填图的岩石单元。一个发育完整的蛇绿岩从下向上出现以下岩石序列（Coleman，1977）：①超镁铁质杂岩，由不同比例方辉橄榄岩、二辉橄榄岩和纯橄榄岩等组成，具有变质构造组构（或多或少发生蛇纹石化）；②辉长质杂岩，通常具有堆晶结构，常见橄榄岩和辉长岩类，与超镁铁质杂岩比较，堆晶岩变形较弱；③镁铁质席状岩墙杂岩；④镁铁质火山杂岩，常具有枕状构造。伴生的岩石有：①上覆的沉积岩系，包括硅质岩、薄层页岩和灰岩等；②与纯橄榄岩相伴的豆荚状铬铁矿；③富钠的长英质侵入岩和喷出岩。深海沉积物覆于蛇绿岩之上，为蛇绿岩的伴生岩石，不是蛇绿岩的成员，但它与下伏蛇绿岩的形成环境是相关的，其中的微体化石是确定蛇绿岩形成的上限时代及洋盆演化的重要依据。彭罗斯会议定义认为一个理想的蛇绿岩类似蛋糕的水平层状的结构，并在横向上保持稳定。这与现代大洋岩石圈与地质历史中的大洋岩石圈在岩石学、地质学和地球物理性质方面都十分近似，因此 20 世纪 80 年代以前认为蛇绿岩均形成于

洋中脊，即 MOR 型。

随着地球化学技术、深海钻探计划和大洋钻探计划的发展，蛇绿岩的研究也不断取得突破。研究表明大部分蛇绿岩的上部熔岩与现代大洋俯冲带上的火山岩相似，只有极少数与洋中脊一致，保存在缝合带上的蛇绿岩大多形成于俯冲带的构造环境，即 SSZ 型。MOR 型与 SSZ 型蛇绿岩的地幔橄榄岩、堆晶岩组合及上部熔岩在岩石学、矿物学和地球化学方面均呈不同特征。洋－陆俯冲和洋内俯冲是形成 SSZ 型蛇绿岩的两种机制，且较为合理解释了蛇绿岩的多样性与大洋岩石圈的差异。由于大洋板块的俯冲作用，在缝合带中，MOR 型蛇绿岩很少保存下来，保存较多的是 SSZ 型蛇绿岩。

蛇绿岩的多样性表明蛇绿岩不仅与大洋岩石圈有关，还可产出于其它的构造环境中，因此，有必要对其重新进行定义。比较经典的是 Dilek & Furnes（2011）关于蛇绿岩的新定义：非原地的上地幔和大洋地壳岩石碎片。它们因板块汇聚作用使其形成物的原生火成岩发生了构造置换。这样的岩片从底至顶应包括，具备岩石成因和时代联系的橄榄岩和超镁铁质至长英质地壳侵入岩以及火山岩的一个岩套（可有可无席状岩墙），其中一些单元可以在不完整的蛇绿岩中缺失。蛇绿岩的侵位是一个过程，从其原生地球动力学环境中的大洋岩石圈运移开始，并以在造山作用中卷入造山带而结束。从板块分离至最终的板块聚合的各个阶段（即威尔逊旋回的每个阶段）都会形成不同的蛇绿岩。蛇绿岩生成环境是指组成蛇绿岩的组分形成的构造环境（简单说就是指组成蛇绿岩组分的岩浆形成的环境）。侵位是指组成蛇绿岩的组分从其形成开始到最后并入造山带的整个过程。

Dilek & Furnes 基于蛇绿岩/洋壳的多样性提出的蛇绿岩的新定义，将蛇绿岩定义为：在特定构造环境中形成的与不同熔融事件和岩浆分异过程有关的具备时空联系的超镁铁质至长英质岩石的岩套。它们的地球化学特征、内部结构以及厚度随着扩张速度、与地幔柱或海沟的远近程度、地幔温度、地幔富集程度以及可能获得的流体的变化而变化。其实质与启示是：

（1）将蛇绿岩定义为在特定构造环境中形成的非原地的上地幔和大洋地壳岩石碎片，它们是与不同熔融事件和岩浆分异过程有关的具备时空联系的超镁铁质至长英质岩石的岩套，而不是三位一体的假层序。

（2）它们是造山带形成演变的产物，受威尔逊旋回制约，要从造山带视角去划分威尔逊不同旋回的蛇绿岩类型、强调不同旋回的蛇绿岩类型划分。

（3）蛇绿岩的地球化学特征、内部结构以及厚度，随着洋盆扩张速度、与地幔柱或海沟的远近程度、地幔温度、地幔富集、损亏程度以及可能获得的俯冲流体的变化而变化。因此，要从洋盆演变、洋陆转换角度划分、研究蛇绿岩。

关于蛇绿岩的不同构造环境类型及其特征，近 20 年研究发现，蛇绿岩形成于不同地球动力学环境中，它们具有多样的岩石学、地球化学以及构造过程，因而导致蛇绿岩在结构构造和地球化学特征上的多样性。蛇绿岩的多样结构和不同的地球化学特征反映了大洋地壳是在不同地球动力学背景下形成的，在形成过程中具有不同的火成活动与构造过程。蛇绿岩的内部结构、地球化学组成以及侵位机制是多样的，它们形成于古洋盆地洋壳威尔逊旋回演化的不同阶段（从裂解到漂移以及海底扩张阶段至俯冲起始和关闭阶段）的构造环境中。因此，仍然仅按彭罗斯会议定义划分识别蛇绿岩以及构造已经不适应古洋盆再造。为此，近年来不断有人提出了新的蛇绿岩划分方案，试图改变传统的以所谓彭罗斯型蛇绿岩岩套去识别洋壳/洋盆的固定思维。

Dilek（2012）按蛇绿岩环境类型，将蛇绿岩分为与俯冲作用无关的洋壳/蛇绿岩和与俯冲作用有关的洋壳/蛇绿岩两大类。

与俯冲作用无关的蛇绿岩，是指大陆裂解、漂移阶段以及海底扩张阶段发育的蛇绿岩，包括陆缘型、洋中脊型（靠近地幔柱，远离地幔柱和远离海沟）和地幔柱型（靠近地幔柱洋脊、洋底高原）蛇绿岩，它们通常具有洋中脊玄武岩（MORB）的组分。包括：①陆缘型洋壳/蛇绿岩；②洋中脊型洋壳/蛇绿岩（靠近地幔柱，远离地幔柱和远离海沟）；③地幔柱型洋壳/蛇绿岩（靠近地幔柱洋脊、洋底高原）。

与俯冲作用有关洋壳/蛇绿岩包括俯冲带上盘（SSZ）和火山弧型两类，它们的演化受控于俯冲板片的脱水作用、与之相伴的地幔变质作用、俯冲沉积物的熔融作用以及变质交代橄榄岩的重复部分熔融事件。上盘俯冲带（SSZ）型蛇绿岩可进一步细分为弧后至弧前（BA－FA）、弧前（FA）、大洋弧后（OBA）和大陆弧后（CBA）等四个次级类型。

总之，蛇绿岩可以形成于洋中脊、弧后盆地、弧前盆地、岛弧或活动大陆边缘等构造环境，其时代、组构和区域构造在揭示已消失的洋盆、再造板块构造格架和演化历史方面具有重要意义。

2. 复理石

复理石（flysch）一词源于阿尔卑斯山的复理石地区，指厚度有几千米，几乎是连续的沉积。它具有沙纹层理及底模构造，为递变的灰色杂砂岩与粉砂质页岩及页岩呈韵律互层，1938年由琼斯（Jones）命名。在槽台学说里，复理石的沉积往往出现在地槽构造环境，认为是地槽回返初期阶段的产物，所以复理石曾被作为构造名词使用。阿尔卑斯山的复理石为典型的浊流沉积。后来将复理石这一术语用于深海平原的浊流沉积。

复理石是一种特殊的海相沉积岩套，一种由半深海、深海相沉积所构成的韵律层系。单层薄，而累积厚度大，由频繁互层的、侧向上稳定的海相矿岩和（或）较粗的其他沉积岩和页岩层组成。它们构成了褶皱山脉内部巨厚的地层层序。在世界各造山带中复理石普遍发育，很多还被逆断层和逆掩断层所冲断或形成推覆体，因而常把复理石当作一种构造岩相。一般认为在此时期，陆地面积逐渐扩大，碎屑物质逐渐增多，地壳频繁地周期性振动，由此形成复理石层。

韵律性是复理石最突出的特征，每一韵律层都包含由砂岩到泥质岩的顺序规律。单个韵律层厚度不大，但总厚度巨大，岩石类型单一，主要为砂岩和粘土岩，其次为灰岩，砾岩少见；象形印痕、波痕发育，化石罕见。

20世纪50年代，浊流学说兴起后，地质学家认为复理石是深海浊流沉积作用的产物，但浊积岩并不都限于有复理石韵律。现代板块构造学说兴起后，又把复理石分为两类：①活动大陆边缘型，这一类型比较典型，常发育碎屑质复理石，它又分为砂岩中多火山物质、石英碎屑含量较低的岛弧型或弧后盆地沉积形成的复理石和砂岩中缺少火山物质的安第斯型复理石；②被动大陆边缘型，常为碳酸盐质复理石和富石英砂的陆源碎屑质复理石。目前，复理石的成因及构造意义如下（葛肖虹，2012）。

（1）浊流成因。说明复理石是外来的灾变性重力流堆积，可以出现在浊流能大规模发生的各种构造环境，如海沟、弧前和弧后盆地，甚至被动大陆边缘的陆坡等地。而在自然界中可以看到复理石和其它岩层如碳酸盐岩、火山岩或碎屑岩等交互。后者代表浊流活动间歇期间本地所固有的沉积作用。因此，这些和复理石共生的非复理石部分才反映当地的沉积环境。

（2）复理石不代表特定的深度相。当它位于深水沉积物之上或与之互层时就是深海沉积，即便在其中发现了植物碎片；反之亦然。复理石所含的底迹化石有助于指示堆积深度。

（3）复理石大规模生成的主要机制是造山过程在强烈地形反差基础上地震等构造活动触发的浊流。所以，它多出现在威尔逊旋回后期的残余洋盆演化阶段，它产出的时空部位反映了造山带形成初期新蚀源区的诞生，它的分布和相变图式则勾画了当时的海盆轮廓、源区方位和古地理，在造山带形成的后期往往被磨拉石代替。

3. 磨拉石

磨拉石（molasse）这一术语源自欧洲。1824 年，Studer 把它命名为由砂岩和砾岩组成的巨厚粗碎屑岩系，认为是造山带主形变作用本身的产物，反映了造山作用的存在。

磨拉石的岩石组合也称为磨拉石建造，由各种碎屑岩组成，含有泥灰岩或灰岩夹层。按不同气候条件还可出现石膏、芒硝等盐类沉积或煤等有机质的湖沼堆积。其中，粗碎屑岩占绝对优势，常组成厚达数千米的巨厚岩系。由于它直接来自相邻高地的快速侵蚀作用，所以磨拉石砾石和重矿物组分沿层序的变化顺序就反映了毗邻高地的母岩性质。

由于磨拉石是造山带主形变作用的直接产物，所以它与下伏地层呈不整合接触，基本上不变质，变形强度也要低得多，一般称之为后造山堆积。在经典地槽理论中，磨拉石的出现是地槽封闭的最重要标志之一；在板块构造学说中，也是大陆或弧陆焊接以后陆壳成熟的一种标志，因而具有重要的构造意义。欧州早泥盆纪的老红砂岩、二叠纪的新红砂岩、我国鄂西北青白口纪的马槽园组、北祁连泥盆纪的雪山群等都是典型的磨拉石堆积。

由磨拉石沉积充填的盆地称为磨拉石盆地。由于补给源区主要来自一侧，所以磨拉石盆地在结构上是强烈不对称的。磨拉石本身空间上成楔状，近造山带一侧厚度最大，堆积物粒度也最粗，沿倾向之外，粒度迅速变细，砾岩为复矿砂岩，最后为粉砂和粘土岩所取代，其厚度也相应变小，化学和有机成因沉积只出现在当时的湖沼中心，一般偏于盆地外侧。

值得注意的是，发育于大陆裂谷、盆岭构造的地堑盆地等构造环境中的粗碎屑岩系，其岩性组合和磨拉石相似，如中国东部白垩纪至古近 – 新近纪断陷盆地中的陆相红色砂、砾岩系，底部也以角度不整合覆盖在下伏不同基底之上，之前有地质学家泛称为类磨拉石，但是它们在成因上和造山作用无关。相反，磨拉石是造山作用的产物，从海域消失到高地出现，地理面貌的变化、地形高差的加大从由复理石到磨拉石、由海相到陆相、沉积粒度逐渐变粗等反映出来。

三、古海洋消减形成造山带的类型

造山带按其发育的构造位置可以分为俯冲造山带、碰撞造山带以及陆内造山带三种类型，前两者属于板块边缘造山带，是威尔逊旋回中大洋演化的一部分，与古海洋的俯冲消亡过程有关，造山带内部保存有古海洋的沉积、构造痕迹；陆内造山带属于板块内部的造山带。本教材主要讨论板块边缘与古海洋大地构造演化有关的俯冲造山带和碰撞造山带，主要资料来源于车自成等编写的《中国及其邻区区域大地构造学》（2002）。

1. 洋－陆俯冲造山带

俯冲造山带是由于大洋板块向大陆板块俯冲作用在大陆边缘形成的造山带，一般包括弧前体系、弧后体系和被动陆缘体系三部分。弧前体系一般由增生楔、弧前盆地和火山弧三部分组成；弧后体系主要由弧后盆地和残留弧组成；由于活动大陆边缘是从被动大陆边缘发展而来，因此被动大陆边缘体系也构成了俯冲造山带的重要组成部分（见图2－4）。板块构造学说提出早期，Dewey 等（1970）将俯冲型造山带划分为有弧后盆地发育的西太平洋型（岛弧型）和无弧后盆地发育的安第斯型两类。后来，Sengor（1991）又把俯冲造山带划分为海沟前进的挤压型（安第斯型）、海沟前进的拉张型（马里亚纳型）以及海沟位置不变的中型（莫克兰型）。

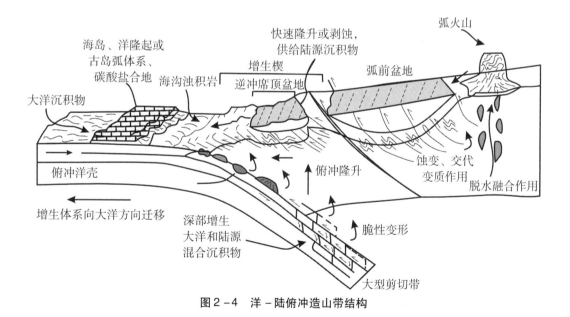

图2－4 洋－陆俯冲造山带结构

综合前人的观点，根据有无弧后盆地发育将俯冲造山带划分为西太平洋型（有弧后盆地）和安第斯型（无弧后盆地）两个基本类型。在这两种基本类型的基础上，根据海沟位置的变化情况，将西太平洋型进一步划分为海沟后退的日本岛弧型、无海沟的新西兰北岛弧型以及海沟前进的马里亚纳型，将安第斯型进一步划分为海沟后退的科迪勒拉型、海沟位置不变的莫克兰型以及海沟前进的智利型（图2－5、2－6）。

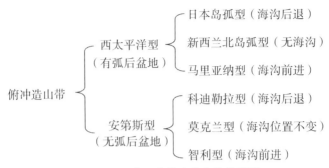

图2-5　洋-陆俯冲造山带的类型

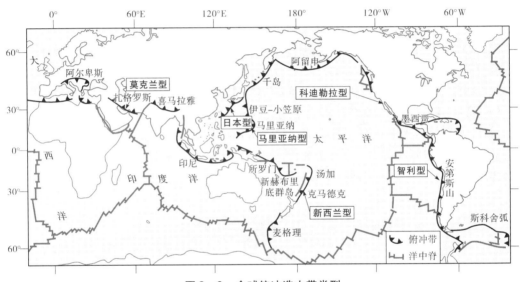

图2-6　全球俯冲造山带类型

（1）日本岛弧型。日本岛弧型俯冲造山带表现为海沟不断后退，岛弧不断增长，不同时代的增生楔由内而外平行成带状展布。日本岛弧一直作为连续俯冲的代表，主要的特点是分带性强，一般认为这是在古生代以来多次俯冲情况下发育的结果。早古生代的俯冲形成三郡-丹波增生楔；早中生代的俯冲形成三波川-秩父增生楔，二者之间被中央构造线（MTL）分开；侏罗纪至白垩纪的俯冲形成三宝山-下四万十增生楔，与早期杂岩间以仏象构造线（BCT）分开；上四万十杂岩则是在早晚第三纪俯冲活动中形成的，不同时代的俯冲带体现了海沟不断向东后退的特征（图2-7）。

（2）新西兰北岛弧型。主要特点是无海沟情况下的俯冲消减，或因走滑成因斜向俯冲引起。弧前、弧后体系类似日本岛弧型俯冲造山带，但没有表现出定向迁移的特征。新西兰北岛的地球物理资料反映，在岛弧地块之下有一个向西倾斜（约50°）的B-型俯冲带，在岛弧下面深达350 km，向西可达600 km。岛上各种构造现象的平等带状排列，表明这里是一个弧-盆体系，但无俯冲海沟。Lewis（1982）认为，因走滑断裂的存在，在新西兰北岛之下，俯冲带在250 km的范围内倾角仅12°，在这样一个背景下，当每一个消减的增生楔形成时，都受活动的断裂带的拖曳而趋向于倾角变陡，从而形成在地貌上无海沟的特殊汇聚边缘（图2-8）。

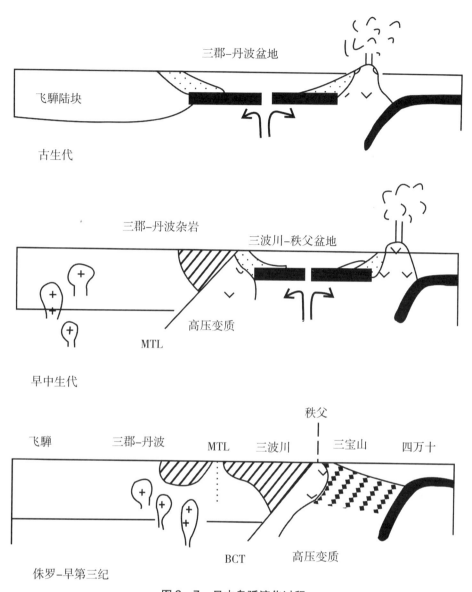

图 2-7　日本岛弧演化过程

（3）马里亚纳型。马里亚纳型俯冲造山带表现为海沟不断前进，通常海沟较深，贝尼奥夫带陡倾；海沟洋侧斜坡上张性断层和地堑发育，海沟内沉积层薄，海沟陆侧斜坡上增生楔不发育，弧前区出现塌陷构造和俯冲侵蚀；地震震级较低，反映俯冲板块与上覆板块之间耦合不紧，其间存在着低应力状态，加之俯冲带较陡，两板块之间接触面积较小；洋内弧常有拉张活动，地形低矮，地壳较薄；弧后扩张作用显著，有广泛的火山活动，以玄武岩为主，安山岩数量不多，常见海底火山，为宁静喷发。马里亚纳型俯冲带的形成可能与上覆板块退离海沟有关，在马里亚纳弧后，菲律宾海板块向西推移，为弧后盆地的扩张提供了空间。这类俯冲带的形成还可能与俯冲板块年龄较老有关，较老的大洋板块经长期冷却逐渐变重，致使下插板片陡倾，其重力下拉作用更加强烈，如俯冲于马里亚纳弧下的太平洋西部洋底年龄为侏罗纪（图 2-9）。

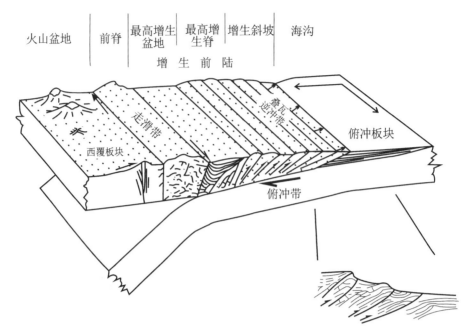

图2-8　新西兰岛弧型斜向俯冲边缘模式（据 Walcot，1978；Karig 等，1975）

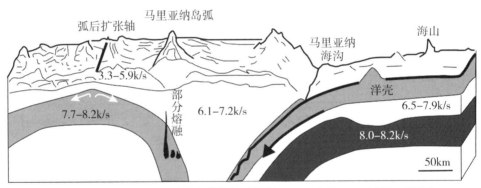

图2-9　马里亚纳型俯冲造山带特征（据 Hussong & Fryer，1981，修改）

（4）科迪勒拉型。科迪勒拉俯冲造山带是一个复合俯冲造山带，早期是一个洋内岛弧与大陆碰撞带，以碰撞带为基底，在其西侧发育了一条新的俯冲消减体系，故晚期的消减杂岩、弧前盆地（大谷地群）都叠加在早期消减杂岩（海岸山脉蛇绿岩）之上，表现为火山弧不断向东前进，俯冲带不断向西后退（图2-10）。

（5）莫克兰型。莫克兰型俯冲造山带位于伊朗至巴基斯坦南部沿海的莫克兰造山带，构造位置（图2-6），由晚白垩世-现代的俯冲增生杂岩组成，构造上为一系列向南逆冲的叠瓦状构造（图2-11）。始新世-中新世向南变新的增生楔似乎表明，海沟逐渐后退，但更可能的情况是海沟因逆冲作用逐渐被充填，中新世-上新世浅海磨拉石沉积则标志着早期增生楔已因挤压增厚而隆起。莫克兰造山带与阿拉伯板块之间的阿曼湾为洋壳，上覆6～7 km 的沉积层。阿拉伯板块正向欧亚板块之下俯冲，但在阿曼湾北侧不存在海沟，在俯冲开始的地方仅显示俯冲板块以1°左右向下倾斜，越向内陆，俯冲板块向下弯曲越陡（McCall，1982）。现在的阿曼湾实际上是一个残留海盆，随着增

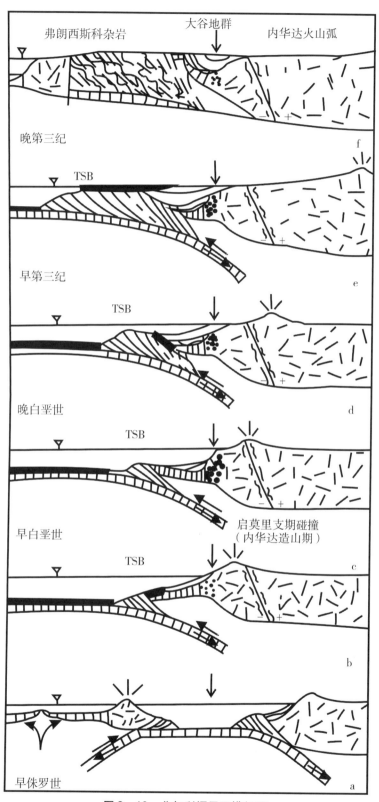

图 2-10 北加利福尼亚横剖面

生楔继续向前推进，最终会导致阿曼地区与欧亚大陆碰撞。这可能就是一个正在发育的板块对接带或软碰撞带，无大规模的变形作用发生（见图2-11）。

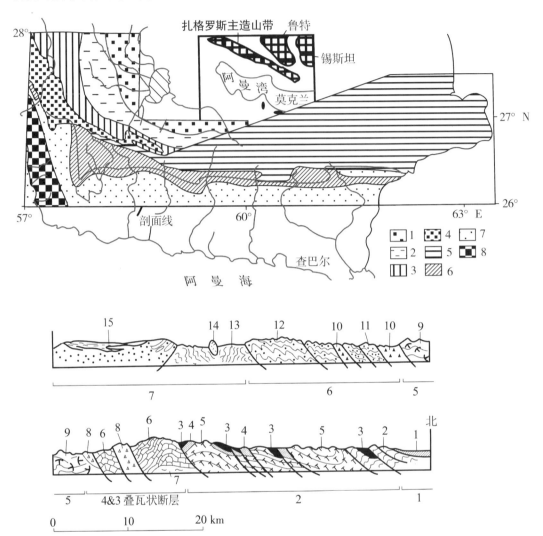

图 2-11 莫克兰俯冲造山带平面和剖面地质构造特征（据 G. J. H. McCall et al.，1982）

1. 贾兹木里凹陷；2. 似裂谷型扩张带（内莫克兰边缘盆地）；3. 碳酸盐岩弧前带（Baigon-Dur Kan 带）；4. 杂色混杂堆积带；5. 始新世-渐新世复理石带；6. 渐新世-中新世复理石带；7. 中新世浅海磨拉石带；8. 中新世-上新世浅海磨拉石带（莫克兰层）

（6）智利型。智利型俯冲带是南美安第斯俯冲带的一部分，这类俯冲造山带的特点是，在弧前地带存在着一些变质岩组成的弧形大陆地块，有些地块十分接近海沟，在多处它们是弧前盆地的基底。这些块体都是构造上不稳定的地质体，因均衡与构造调整多次隆升和下降，造成弧前地带沉积物的强烈变形，弧前体系不发育；安第斯地区海沟上方地壳厚度大、俯冲角度小，使俯冲带上方无足够数量的软流圈物质存在，导致这里无弧后分裂，而出现地块向岛弧之上的逆冲。智利俯冲带是东太平洋的纳兹卡板块向秘鲁-智利海沟俯冲到南美板块之下的产物，其特点是：海沟较浅，贝尼奥夫带平缓；陆源物质大量供应，增生楔发育良好；俯冲板块与上覆板块紧密地耦合，加之俯冲带平缓，二板块之间接触面积大，出现大于8级的逆断层型地震；陆缘弧受挤强烈上升，形成高耸的山系和巨厚的大陆型地壳；弧后有逆断层活动；火山活动主要为安山岩－英安岩－流纹岩类型，岩浆黏度高，常呈爆发型；深成侵入作用比火山活动占优势。智利型俯冲带的形成可能与上覆板块向海沟方向主动推掩有关，如向西漂移的南美板块掩覆于太平洋洋底之上；也可能与俯冲板块的年龄较新（如年轻的纳兹卡板块俯冲于南美板块之下）有关，年轻、较热的板块浮力较大，致使下插板片倾角较小，俯冲板块与上覆板块之间的水平挤压力较强（图2－12、2－13）。

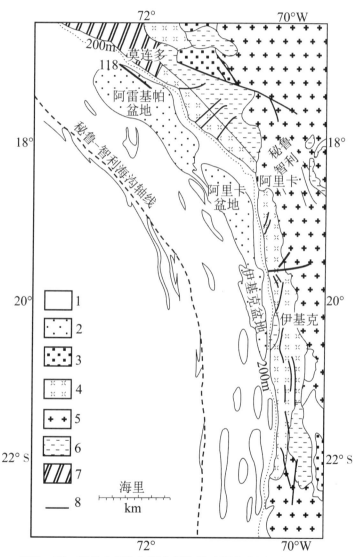

图2－12　秘鲁南部和智利北部海岸（据 R. Moberly，1982）

海岸以中生代岩基及其它具有大陆基底特征的结晶岩系为界。所示的远岸部分包括弧前盆地、陆坡盆地以及海沟盆地。图例：1. 滨岸冲积物和盐，以及海沟内的远海沉积物；2. 未变形的沉积物，主要是浊流沉积物；3. 弧前盆地内中等变形的沉积物；4. 火山岩，主要是新生代的；5. 二叠纪至新生代中期的花岗类岩石；6. 古生代和中生代岩石；7. 变质岩（前寒武系）；8. 断层

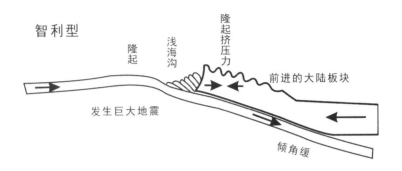

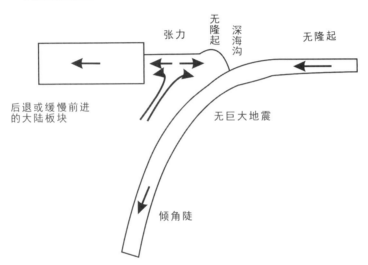

图 2 - 13　智利型与马里亚纳型俯冲造山带剖面

2. 陆 - 陆碰撞造山带

大洋板块持续向大陆板块俯冲导致大洋逐渐消亡，大洋两侧的大陆发生碰撞。碰撞造山带一般由高原、逆冲带、前陆挠褶带和后陆变形带四部分组成，其中逆冲带和前陆挠褶带普遍见于碰撞造山带中，而高原和后陆变形带只出现在造山带的某一特定部位。高原如我国的青藏高原、土耳其 - 伊朗低高原，而阿尔卑斯造山带中则没有高原隆起。逆冲带是指大陆边缘地区因 A 型俯冲作用所形成的复杂构造带。内部推覆构造往往具有下地壳岩石出露的厚皮构造，向前陆方向却变为年轻的薄皮推覆构造。前陆挠褶带是逆冲片的垂直载荷所引起的岩石圈向下弯曲。碰撞造山带是古海洋消亡之后，两大陆板块之间的碰撞作用形成，因此碰撞造山带是俯冲造山带持续发展的产物（见图 2 - 14）。

当两个大陆板块碰撞时，其运动形式取决于先期板块边缘的发育状况，先期板块边缘的发育状况不同会形成不同类型的碰撞造山带。据此可将其归纳为挤出型、上驮型、穿隆型与底辟型四类碰撞造山带。

（1）挤出型（喜马拉雅型）。挤出型碰撞造山带是宽阔大洋闭合的产物，是一对活动大陆边缘的碰撞，岩浆作用及变质作用都比较强烈，碰撞作用发生于充分发育的大陆

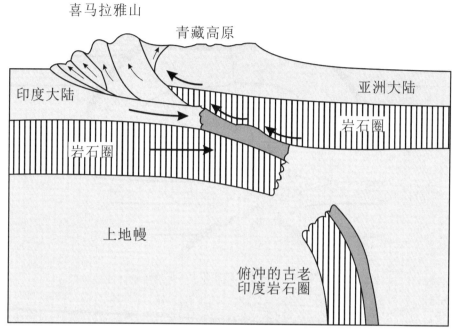

图 2-14 印度与欧亚板块碰撞造山带结构

边缘。碰撞开始后，增生杂岩体常向后逆覆于自己后障边缘之上，随着碰撞作用的继续推进，因俯冲作用受阻而使增生杂岩体加厚向上隆起和地幔岩石圈缩短增厚向下挤入的作用十分强烈，从而导致后来的地幔岩石圈拆沉和上部的强烈隆升，形成挤出型碰撞造山带。当地壳因挤压缩短而增厚时，其下伏的地幔岩石圈亦会相应缩短增厚，并向下挤入低密度软流圈之中，在一定环境下，挤入的地幔岩石因其"冷"而重会沉入热而"轻"的下伏软流圈之中，形成岩石圈"锚或坠、囊"，最终这些"锚"会与岩石圈拆离，这将增大地壳的浮力（因为失去重的支撑物），同时被加热而导致地壳隆升。地壳增厚时间较长（需 30～50 Ma），而岩石圈"锚"的形成和拆离却相当迅速（约 10 Ma）。这一机制可以较好地解释碰撞造山带的隆起、高原的形成及变质作用与岩浆作用。喜马拉雅造山带是挤出型碰撞造山带的代表，它是特提斯洋盆双向俯冲，由两侧具有活动大陆边缘特点的大陆板块碰撞形成的造山带（图 2-14、2-15、2-16）。

（2）上驮型（阿尔卑斯型）。上驮型碰撞造山带是指发育短暂的陆间洋盆闭合，两个不成熟的被动陆缘发生碰撞，造成两个陆缘的强烈逆冲叠覆。这种情况下，增生杂岩增厚向上隆起和地幔岩石圈缩短增厚向下挤入的作用不强烈，而叠覆式推覆作用的向前推进，导致前缘背向逆冲作用和后缘伸展变形非常发育，形成上驮型碰撞造山带（图 2-17）。

（3）穹隆型（秦祁型）。当一个被动陆缘与一个成熟的活动陆缘的碰撞时，因推动力有限，使消减主要以拆沉陷落的形式进行，从而引起地幔强烈地热挠动，地幔物质上涌到地壳底部呈大面积隆起而形成穹隆型碰撞造山带。穹隆型碰撞造山带是指被地幔穹隆支撑而没有明显山根的造山带而言。洋盆单向俯冲，由两侧分别具有活动大陆边缘和被动大陆边缘特点的大陆板块碰撞形成的造山带（图 2-18）。

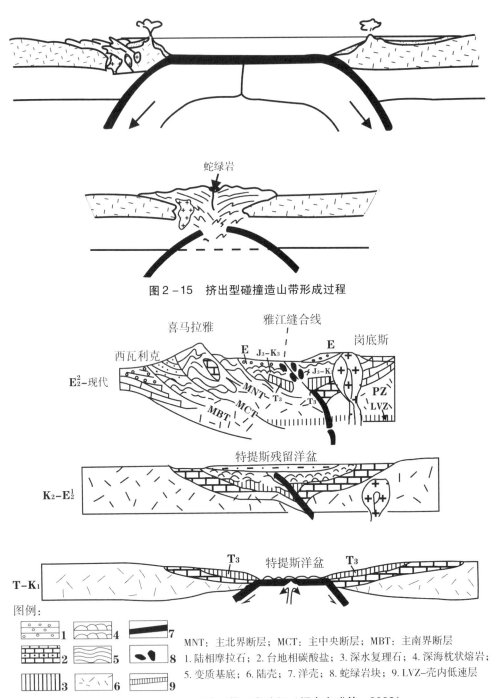

图2-15 挤出型碰撞造山带形成过程

图例：

1		4		7		
2		5		8		
3		6		9		

MNT：主北界断层；MCT：主中央断层；MBT：主南界断层
1.陆相磨拉石；2.台地相碳酸盐；3.深水复理石；4.深海枕状熔岩；
5.变质基底；6.陆壳；7.洋壳；8.蛇绿岩块；9.LVZ-壳内低速层

图2-16 喜马拉雅造山带形成过程（据车自成等，2002）

秦岭的俯冲带向下延伸并不明显。当板块碰撞时，扬子板块北部被动陆缘面对的是一个老年期的岛弧带，二者岩石圈密度差异不大，强烈地 B 型俯冲作用难以发生，碰撞推挤的结果，软流圈上隆，使北秦岭呈穹隆式隆起（图2-19）。

（4）底辟型（天山型）。底辟型碰撞造山带也是一个被动陆缘与一个成熟的活动陆缘的碰撞，因推动力有限，使消减主要以拆沉陷落的形式进行，从而引起地幔强烈地热

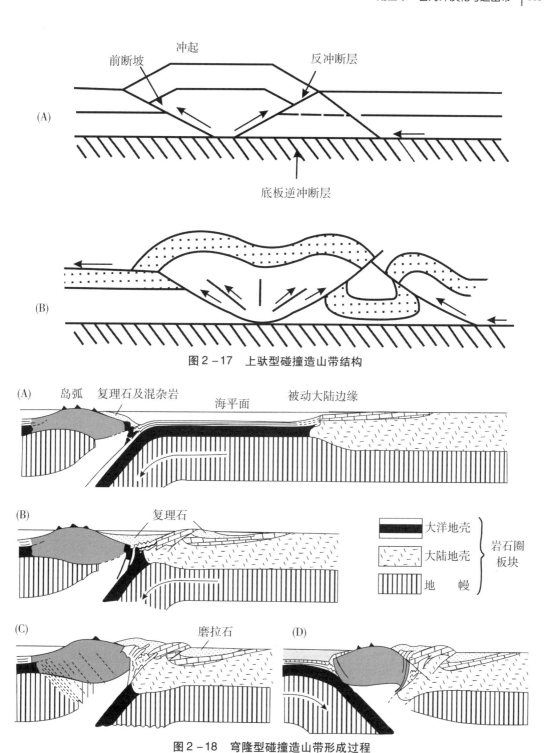

图 2-17 上驮型碰撞造山带结构

图 2-18 穹隆型碰撞造山带形成过程

挠动，地幔物质上涌沿狭窄通道上升到中下地壳，引起地壳受热膨胀而呈底辟式上升，下部则挤入地幔形成山根。底辟型造山的主要动力是岩浆沿狭窄通道上升到中下地壳使其受热膨胀，而穹隆式造山是热的软流圈隆起所致，故前者有山根，后者无山根（图2-20）。

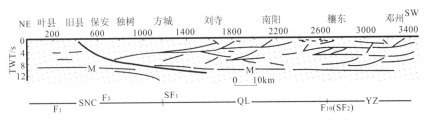

（A）秦岭叶县-邓州反射地震剖面图（据袁学诚修改，地表数字为反射地震剖面桩号）

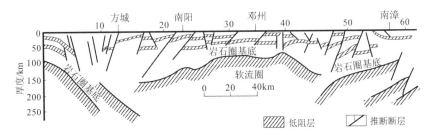

（B）秦岭叶县-南漳大地电磁测深剖面图（据李立）

图2-19 秦岭碰撞造山带（据张国伟等，1996）

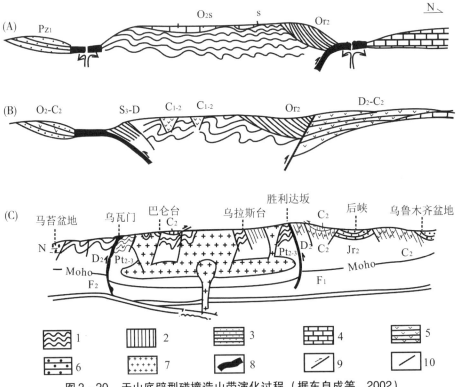

图2-20 天山底辟型碰撞造山带演化过程（据车自成等，2002）

A：中天山为前志留纪岛弧隆起。B：北天山为D_2—C_2强火山型裂谷活动带；南天山是一个S_3—C_3被动陆缘带。C：中天山基底中深变质杂岩广泛出露，岩石普遍变质、中酸性深成岩浆活动和火山活动强烈的隆起带。1. 前寒武系基底；2. 消减杂岩；3. 陆缘沉积；4. 台地盖层；5. 裂谷沉积；6. 中新生代盆地；7. 花岗岩质岩石；8. 洋壳；9. 俯冲带；10. 断裂

第三章　中国基本大地构造格局

第一节 中国陆块拼合演化史

一、中国在全球超大陆中的位置

中国大地构造演化史是全球构造演化的重要组成部分，古大洋的开启、关闭受地史上超大陆的裂解、聚合影响，因此要了解中国古陆拼合的历史，就必须首先了解全球地质历史上曾存在的超级大陆的形成和裂解。

1. 哥伦比亚超大陆

哥伦比亚超大陆的概念是由加拿大著名超大陆研究学者 J. Rogers 教授 1996 年提出的，后来印度的 Santosh 教授、香港大学的赵国春教授和北京大学的侯贵廷教授相继提出了哥伦比亚超大陆的新模式。哥伦比亚超大陆目前是依照古地磁学资料证明其存在，主要是由 20 亿～18.5 亿年的造山带将太古宙克拉通汇聚在一起而形成的一个古元古代超大陆，一般认为是 18 亿年前因为造山运动形成，当时地球上几乎所有的陆地都是该超大陆的一部分。南美与西非的克拉通在 20 亿年前的泛亚马逊和俄波里安造山运动中合并。非洲南部的卡普瓦克拉通和津巴布韦克拉通在约 20 亿年前沿着林波波带合并。劳伦大陆的克拉通岩石区则在 19 亿年前的泛哈德逊、佩尼奥克、托尔森 - 瑟隆、沃普梅、昂加瓦、托恩盖特和 Nagssugtoqidain 造山运动中缝合；包含伏尔加 - 乌拉尔克拉通、科拉克拉通、卡累利阿克拉通、萨尔马提亚克拉通（乌克兰）的波罗的大陆（东欧克拉通）在 18 亿年前的科拉 - 卡累利阿、瑞典 - 芬兰、沃利尼 - 中俄罗斯、Pachelma 造山运动中合并。西伯利亚的阿拿巴克拉通和阿尔丹克拉通在 18 亿年前的阿基特坎与中阿尔丹造山运动中连在一起，东南极克拉通和未知的陆块在横贯南极山脉造山运动中连结，印度南部和北部在印度次大陆中央构造带结合，华北陆块的东部和西部在 18.5 亿年前的泛华北造山运动中形成。以上地块拼合的年代基本上都发生在 20 亿～18 亿年之间，被认为是哥伦比亚超大陆拼合过程中的重要依据，组成哥伦比亚超大陆的最后运动在 18 亿年前，其存在时间相当久（18 亿～13 亿年）（图 3 - 1）。

超大陆形成之后，靠着沉积作用的隐没带相关成长发生在大陆边缘，使得超大陆不断扩大，比如在北美洲地区 17 亿年前的亚瓦派、中央平原与 Makkovikian 带，17 亿年前格陵兰的凯蒂利德带，在波罗的大陆 17 亿年前的泛斯堪地那维亚火成岩带，16 亿年前的 Kongsberggian-Gothian 带，16 亿年前的马扎察尔与拉布拉多带，13 亿年前形成了沿着今日北美南缘、格陵兰和波罗的大陆的火成岩带，13 亿年前的圣佛朗索瓦与斯帕温纳带，13 亿年前的西南瑞典花岗岩带，以及 12 亿年前的 Elzevirian 带。其他克拉通岩石区也同样发生了边缘增长的状况，在南美洲，13 亿年前在亚马逊克拉通西缘发生，形成今日里奥内格罗、佐雷那、朗多尼亚带；在澳洲，则是于 15 亿年前在北澳洲克拉通的东缘和南缘与高勒克拉通的东缘形成阿伦塔、伊莎山、乔治城、柯恩与布洛肯山带；在

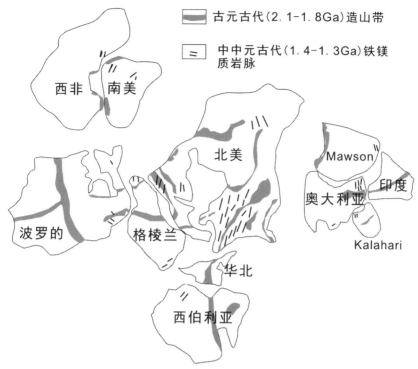

图 3-1　哥伦比亚超大陆复原（Zhang，2009）

中国，则是在 18 亿～14 亿年前沿着华北陆块形成了熊耳群火山岩带。哥伦比亚超大陆以 12.7 亿年的麦肯齐放射状大岩墙群为代表的伸展事件而发生裂解。

2. 罗迪尼亚超大陆

罗迪尼亚超大陆是一个 13 亿～10 亿年通过格林威尔造山运动生成，在 8 亿～6 亿年裂解的新元古代超大陆，麦克梅纳明（Mcmenamin，1990）提出，原意为俄文中的祖国。按哈夫曼（Hoffman，1991）和戴尔齐尔（Dalziel，1992）20 世纪 90 年代早期的再造，它以劳伦大陆为中心，东冈瓦纳大陆位于一侧，西伯利亚、波罗的地盾、巴西地盾和西非克拉通位于另一侧。卡拉哈里和刚果克拉通则分散在当时的莫桑比克洋中。20 世纪 90 年代中叶，有人根据中国扬子地台、塔里木地台、澳大利亚以及加拿大西部元古宙裂谷系地层的对比，提出扬子地台当时位于劳伦大陆西侧澳大利亚与西伯利亚陆块之间。21 世纪，有人根据新的古地磁资料将澳大利亚大陆移至低纬度。20 世纪 70 年代开始，有人提出在新元古代早期地球存在一个超大陆。当时，地质学家提出在当时造山带分布于全世界的克拉通。例如北美洲的格林维尔造山带、西伯利亚的乌拉尔造山带和欧洲的达斯兰亭造山带。在这之后，有许多罗迪尼亚大陆可能的型态被提出，这些重构都是基于造山带和克拉通的分布。虽然罗迪尼亚大陆的克拉通型态已经有充分了解，但在细节上仍有许多差异，仍有赖于未来古地磁学研究。

罗迪尼亚大陆的分布可能以赤道以南为中心，而罗迪尼亚大陆的中心一般认为是北美克拉通（劳伦大陆），在东南侧则是东欧克拉通（之后形成波罗的大陆）、亚马逊克拉通和西非克拉通环绕；在南边则是拉普拉塔克拉通和圣法兰西斯科克拉通；在西南则是刚果克拉通和卡拉哈里克拉通；在东北则是澳洲大陆、印度次大陆和东南极克拉通；

北美克拉通北方的西伯利亚大陆、华北陆块、华南陆块的位置则有明显差异。罗迪尼亚大陆形成前的古地理所知甚少,古地磁和地质资料仅能让我们完整重构罗迪尼亚大陆分裂之后的状态(图3-2)。当今能确定的是,罗迪尼亚大陆大约在10亿年前形成,7.5亿年前分裂。罗迪尼亚大陆周围是由超级海洋米洛维亚洋(来自俄语 мировой,全球的)环绕。

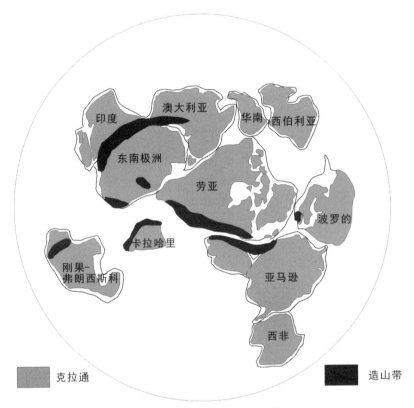

图3-2　罗迪尼亚大陆复原

3. 盘古超大陆

　　盘古超大陆源出华夏语,有全陆地(all earth)的意思,又称潘基亚(Pangaea)超大陆,是指在古生代至中生代期间形成的一大片陆地。该超大陆由德国地质学家阿尔弗雷德·魏格纳(大陆漂移学说创立者)所提出。"盘古"这个词的意思指是"所有的大陆"。虽然称为"盘古"的这块超大陆形成于古生代末期,但是这块超大陆在当时似乎仍未包含所有的陆地,就在东半球古地中海的右侧,仍然有分离于超大陆之外的陆地。这些大陆就是南、北中国陆块(South、North China),以及一块长形"挡风玻璃"状的辛梅利亚(Cimmeria)大陆。辛梅利亚大陆包含的部分有土耳其(Turkey)、伊朗(Iran)、阿富汗(Afghanistan)、西藏(Tibet)、印度支那(Indochina)和马来西亚(Malaya)。这块大陆似乎是晚石炭到早二叠的期间,从冈瓦那大陆(Gondwana)(印度-澳洲)(India-Australia)的边缘分离开来,结合了中国陆块、辛梅利亚大陆朝着欧亚大陆往北移动,最终在晚三叠世时,撞上了西伯利亚(Siberia)的南缘。于是就在亚洲这些破碎陆块互相撞击之后，世界上所有的陆地全部加入了超大陆，形成名符其实的盘古大陆（图 3 - 3）。

图 3 - 3　盘古（潘基亚）大陆复原

　　盘古大陆自 1. 65 亿年开始分裂，经历了三个阶段。第一阶段大约在距今 1. 8 亿年，张裂的活动开始进行。沿着北美东岸、非洲西北岸和大西洋中央的岩浆活动，将北美向西北方推移开来。在南美与北美互相远离的同时，墨西哥湾开始形成。就在同一个时刻，位于另一边的非洲，由于延伸在东非、南极洲和马达加斯加边界的火山喷发，西印度洋形成。在盘古大陆分裂后，在中生代的时期，北美和欧亚大陆是同一块大陆，我们有时称之为劳伦西亚（Laurentia）。当中央大西洋开始张裂，劳伦西亚大陆开始顺时针旋转，把北美洲往北方推送，欧亚大陆则向南移动。由于亚洲大陆潮湿的气候带移往副热带的干燥区，侏罗纪早期在东亚大量出现的煤炭已不复见，取而代之的是晚侏罗纪时期沙漠及盐的沉积。劳伦西亚大陆这种顺时针的运动，导致了当初将它与冈瓦纳大陆分开的 V 型古地中海（Paleo-Tethys ocean）开始闭合。在侏罗纪早期，东南亚聚合而成。一片宽广的古地中海将北方的大陆与冈瓦纳大陆分隔两处。第二阶段盘古大陆在侏罗纪中期开始分裂，到了侏罗纪晚期，中央大西洋已经张裂成一狭窄的海洋，把北美与北美东部分隔开来。同时东冈瓦纳也与西冈瓦纳开始分裂。在白垩纪时期，南大西洋张开。印度陆块从马达加斯加分离开来，并加速向北。值得注意的是，北美洲与欧洲此时仍然相连，而且澳大利亚大陆此时也还属于南极洲的一部份。盘古大陆分裂的第二个阶段开始于白垩纪的早期，大约 1. 4 亿年前，包括冈瓦纳大陆不断地变得破碎，南大西洋的张裂隔开了南美和非洲，印度和马达加斯加一起从南极洲漂移开来，发生在澳大利亚西缘的东印度洋张裂等等。此时的南大西洋并没有立刻打开，而是像拉开拉链一般地由南向北渐渐张开。这也是为什么南大西洋比较宽的原因。第三阶段在新生代早期，大约在 0. 5 亿年前，北美与格陵兰从欧洲漂移开来，印度板块开始撞上亚洲大陆，形成了青藏高原和喜马拉雅山。印度与亚洲的碰撞其实只是古地中海在闭合过程中一系列大陆与大陆碰撞的一部份罢了。从东到西所有的大陆与大陆之间碰撞包括：西班牙与法兰西的碰撞，形成了奔宁山脉（Pyrenees）；意大利、法兰西与瑞士的碰撞，形成了阿尔卑斯山；希腊、土耳其与巴尔干的碰撞，形成了西奈山（Hellenide）和底纳瑞德（Dinaride）；阿拉伯半岛与伊朗的碰撞。新生代以来与碰撞伴生的是分裂，原本与南极大陆相连的澳大利亚陆地，也在此时开始迅速向北漂移，撞上亚洲的东南位置印度尼西亚群岛。2000万年前发生的张裂活动持续到了现代，包括红海的张裂使阿拉伯半岛自非洲漂移开来，东非张裂系统的产生，日本海的张裂让日本往东移动进入太平洋，加利福尼亚湾的开启使得墨西哥北部及加州一起往北运动。这些活动事件奠定了今日世界的轮廓。

二、中国在三大陆块群中的位置

全球陆块在地质演化过程中，有过数次聚合形成联合大陆，也有过数次解体形成离散陆块。三大陆块群便是在潘基亚超大陆解体之后形成的。魏格纳认为，在石炭纪形成的联合古陆，冈瓦纳是联合古陆的一部分。1928 年，J. R. 施陶布首先使用劳亚大陆的名称，用以指北方陆块，包括北美、格陵兰及除印度之外的亚洲。但是，存在两个原始古陆分别被称为劳亚大陆和冈瓦纳大陆的模式是由杜托特（A. L. Du Toit, 1937）建立的，他做了比魏格纳更精确的拼合。他认为大陆解体漂移之前曾形成两个超级大陆，即北半球的劳亚大陆和南半球的冈瓦纳大陆，两者之间是特提斯，然后更进一步裂解分离。因此，国外学者最早建立了经典的劳亚大陆群（北大陆）和冈瓦纳大陆群（南大陆）的概念和理论体系，中间分隔两大陆块群的为特提斯洋。随后，许多学者在板块构造理论的指导下，对两大古陆群和中间的特提斯洋的位置、形状等进行了补充和完善。

潘桂棠等（1997）认为，西方地质学家长期以来忽视了中国的几个古陆块在古亚洲洋和特提斯演化中的作用。在原来两大陆块群的基础上，国内学者提出还存在处于中间特提斯洋内的泛华夏大陆群（李兴振等，1995）。由此，三大陆块群的概念和理论体系逐渐建立（图 3 - 4）。以下根据潘桂棠等（2017）《中国大地构造》对三大陆块群进行详细论述。

1. 冈瓦纳大陆群

冈瓦纳大陆主要由南美洲、非洲、马达加斯加、印度、南极洲及澳大利亚等大陆组成，在 6 个主要大陆上都有石炭纪 - 二叠纪的冈瓦纳岩系分布，不同露头区中岩相建造具有共同成因的事件序列，底部冰川沉积总是重复出现于其上覆为含舌羊齿植物群的二叠纪含煤地层中。这些相似特性的可比性，使 Suess（1893）认为现在的 6 个大陆共同构成一个冈瓦纳大陆。当时地学界曾怀疑这个超级大陆存在的一个重要原因是难以解释冈瓦纳大陆的消失。但 Wegener（1929）承认在古生代都是统一的大陆，而且像尤卡坦、佛罗里达，中、南欧，以及土耳其的基梅里、伊朗、西藏（冈底斯）与东南亚等陆块在古生代的某个时期都曾与冈瓦纳大陆毗连过（Scotese & MeKerrow, 1990）。许多研究者提出，冈瓦纳大陆以出现石炭纪 - 二叠纪的冰川 - 冰水沉积（舌羊齿）植物群为主要标志。特别是通过对整个南极大陆的大量考察（陈廷愚等，2008），表明南极大陆与南半球其他大陆之间在地质上存在着惊人的相似性。南极洲横断山脉的褶皱和变质岩与澳大利亚东南部的岩石相类似，岩层都是在古生代发生褶皱并伴随有花岗岩体侵入，均

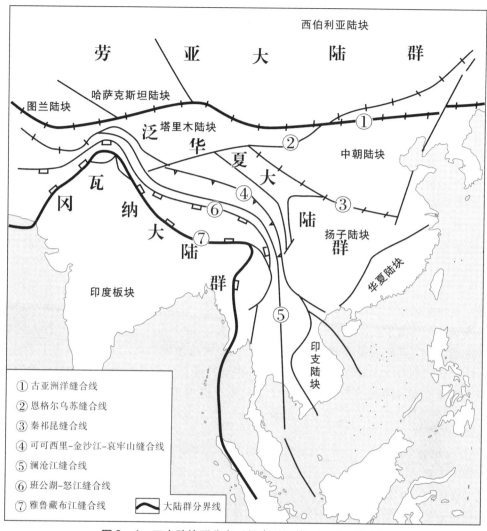

图3-4　三大陆块群分布（据李兴振等，1995，修改）

存在有一个古生代早期造山带，该造山带与位于东面的一个古生代中期造山带相平行。虽然这两个地区的构造走向是不规则的，与目前的沿线近乎垂直，但它们却大致与冈纳纳古陆复原图上的沿线相平行。非洲南端的开普山脉只沿东西方向延伸很短的一段距离，但在复原图中，实际上它向西延伸同南美洲的古生代褶皱山脉相连接，而向东延伸则与南极洲和澳大利亚东部的褶皱山脉连接起来。对南极大陆的实地考察发现，东南极洲沿岸的基底岩石与冈瓦纳古陆其他陆块的沿岸基底岩石类同，并且那些古南极洲岩石的构造纹理与冈瓦纳古陆其他陆块对峙海岸的同类岩石的构造纹理相一致。此外，所有这些地区基底岩石的组成十分相似，都是一种片麻岩的深变质岩和花岗岩的侵入岩，其中两种独特的紫苏花岗岩，在东非、斯里兰卡、印度东部及南极洲东部沿岸都有广泛分布。南极洲和澳大利亚之间的构造带，由古生代早期的罗斯和阿德莱德造山带以及古生代中期的博什格雷文克（Borchgrevink）和塔斯曼（Tasman）-安第斯造山带构成。

2. 劳亚大陆群

"劳亚大陆"有着复杂的形成演化的历史,它与冈瓦纳大陆不同。劳亚大陆泛指北美劳伦大陆与波罗的大陆及其之间的阿瓦龙(在早古生代靠火山弧增生)陆块,俄罗斯(属波罗的)与西伯利亚大陆及其之间的哈萨克斯坦(在古生代多岛弧盆系增生),以及与各大陆有亲缘性的陆块(如北美劳伦大陆在早奥陶世之间拼合的苏格兰等)的总称。劳伦大陆的众多被动边缘似乎形成于600 Ma前。有不少地学家、古地理学者认为,存在一个可能由劳伦、波罗的和西伯利亚古陆构成的前寒武纪晚期的超级大陆(Bondetal,1984)。而600 Ma时期发育了全球性冰期,特别是540~530 Ma,莫桑比克洋的消亡,东非造山带的形成,以及印度与澳大利亚-东南极间的Pinjarra造山带形成(李江海,2014),这一泛非造山事件记录了一系列冈瓦纳超级大陆形成特征的陆块碰撞。如果这一推论可靠,那么前寒武纪末期,就有以劳伦与波罗地和西伯利亚大陆为主体的原劳亚大陆的解体和由此而导致古大西洋、古亚洲洋及乌拉尔洋的形成,同时又是冈瓦纳超级大陆形成的时期。

劳伦陆块与波罗的陆块在志留纪时碰撞。从寒武纪到早石炭世,西伯利亚和哈萨克斯坦一直向北运动,中石炭世它们发生顺时针旋转,在晚石炭世到早二叠世沿乌拉尔山脉与俄罗斯(即波罗的大陆的一部分)发生碰撞。始于石炭纪的诸多北方各大陆块的相继碰撞,在二叠纪时组成统一的劳亚大陆。安加拉植物群在劳亚大陆上的广泛分布,可以认为是识别劳亚大陆存在的主要依据和重要特征。从中石炭世开始到早二叠世,由于劳亚大陆与南方冈瓦纳大陆的一些碎块的相互碰撞形成了中欧华力西带,一起构成"联合古陆"。与之同时,泛华夏大陆群仍处于独立发展的演化之间,因此实际是联而未合。

3. 泛华夏大陆群

近年来的东亚地质研究表明,陆块群的多元化还不止这两个端元。当劳亚大陆和冈瓦纳大陆演化并主要在二叠纪耦合成联合古陆时,游离在它们之外的地块,诸如华南、华北、塔里木、北羌塘、印支等均活跃在特提斯地域内,并相对独立的发展演化组成另一个陆块群——泛华夏大陆群。这样就构成了与古特提斯、古亚洲洋的基本特征和演化程式密切相关的三大陆块群格局。

泛华夏大陆群,通常是指华北、塔里木和扬子陆块以及柴达木、印支、华夏等卷入造山系的地块。位于南北两侧称为原特提斯(李兴振,1991;刘增乾等,1995)和古亚洲洋的大洋分隔,与古生代构造演化过程密切相关的总称。在早期的研究中,这一大陆群常常是以发育华夏植物群大羽羊齿植物群为标志。

Suess以冈瓦纳古植物群的分布作为冈瓦纳古陆命名的依据及其首要特征。二叠世时还有欧美植物群、安加拉植物群和华夏植物群。欧美植物群的分布从俄勒冈延伸到乌拉尔,安加拉植物群产于西伯利亚,显然是劳亚大陆的产物。比较独特的华夏植物群,分布于华南、华北、羌塘、印支、日本、马来西亚、苏门答腊等地块,介于冈瓦纳植物群分布区和安加拉植物群分布区之间,它们可能还横跨太平洋,在北美西部组成华夏植物群的北美亚区(李星学,1983),拼贴在北美植物群的西侧。古植物特征研究表明,它们在二叠纪时都位于低纬度温-热地带。它们之间应该相距不远,处于若接若离之中,构成相对稳定的地域,而有别于冈瓦纳植物群和安加拉植物群分布的地域。

对美洲西部科迪勒拉地质的研究发现了，北美科迪勒拉包括自加利福尼亚至阿拉斯加地区的许多外来地块。所产海相化石，时代自石炭纪到侏罗纪，主要是二叠纪和三叠纪，为有孔虫、珊瑚、双壳类和海绵等暖水生物，如 Neoschwagerina，Parafullna lopiodus 等以及 Lopiodus 和 Ricchthofania，与美洲本土的同类生物很不相同，而与东亚特提斯区域的化石一致。有的是特提斯的绝无仅有的特征生物（Stevens，1983）。已知产化石的沉积层之下基底岩系由超基性岩、拉斑玄武岩、碱性火山岩及火山碎屑岩组成，推测其原始环境为裂谷、岛弧及洋岛海山环境。但由于后来的构造变动，基底岩系和沉积层的关系还不很准确。古地磁研究也证明这些地块经过长距离由南而北的迁移。不少学者推测这些地块的原始位置在太平洋中西部，即"太平洋古陆"（黄汲清等，1987）。然后原始陆块群解体，经历了长距离迁移到达现在的位置，成为所谓"地层－构造地体"。

我们把华南、华北、羌塘、印支、马来西亚等地块，以及"太平洋古陆"所属地块即科迪勒拉的外来地块和东亚太平洋边缘的地块、太平洋内具有陆壳性质的海底高原，还有可能已沉没的陆块，看作共同具有华夏植物群的大陆块体，相对于冈瓦纳大陆和劳亚大陆的第三大陆群（潘桂棠等，1994，1997）。组成这一大陆群的许多地块处于彼此若接若离的动态变化状态，具有复杂的地动力格局，其古地理面貌可能类似于现今菲律宾、印度尼西亚、新西兰地区的"岛－海景观"。Grabau（1924）最早曾用华夏古陆来称呼亚洲东部边缘的大型古陆。同时因为它正好概括了华夏植物群的发源地和栖息地的重大意义。

由于泛华夏陆块群活跃在冈瓦纳和劳亚之间，那么除了华夏古陆块群自身演化产生的内部陆块之间的海洋以外，泛华夏陆块北侧的古亚洲洋则成为劳亚和泛华夏陆块群之间的海洋，特提斯则为分隔冈瓦纳与泛华夏陆块群的海洋。特提斯洋和古亚洲洋为安加拉古植物群、华夏古植物群和冈瓦纳古植物群之间所阻隔，在泛华夏陆块周缘的陆棚浅海及其内部浅海台地，以及安加拉和冈瓦纳濒临特提斯的大陆边缘和通入内部的海域发育了一套温水生物群落，在晚古生代全球生物地理分区中占有显著的位置。

三、中国块体的拼合演化史

中国大地构造演化属于全球构造演化的一部分，组成中国的一系列块体并伴随三个超级大陆的拼合、裂解而有序地演化。哥伦比亚超大陆距离现今 20 亿～13 亿年，留下的地质遗迹非常少，争议也较大。因此，本教材仅从罗迪尼亚超大陆的裂解开始简述中国古陆块的拼合演化史。

震旦纪（600 Ma）开始之时，华北板块位于东冈瓦纳大陆的东缘，曾与南极洲、澳大利亚古陆比较接近，可能是东冈瓦纳大陆东缘的一部分（图 3－5a）。

早寒武世（550 Ma）时，华北、扬子和塔里木三大板块均位于赤道附近的低纬度地区（图 3－5b）。

中寒武世（530 Ma）之后，华北地块和冈瓦纳的古地磁视极移曲线已开始分离，表明华北地块与东冈瓦纳大陆之间存在显著的相对运动（图 3－5c）。

早奥陶世（500 Ma）至晚石炭世，随着冈瓦纳大陆向南半球高纬度地区的快速漂移，华北地块已完全与冈瓦纳大陆分离，并向北漂过赤道，成为古特提斯洋中的离散块体（图 3 -5d）。

晚奥陶世（460 Ma），塔里木板块在晚奥陶世脱离冈瓦纳大陆，至中志留世已漂移到北纬低纬度地区，至晚石炭世已漂移到北纬 27°并和哈萨克斯坦地块相碰撞。晚石炭世至晚二叠世，塔里木地块的古纬度无显著变化（图 3 -5e）。

泥盆纪（430 Ma）时，扬子地块位于南极洲、澳大利亚联合古陆的西缘，说明寒武纪时扬子乃至塔里木地块很可能与西澳大利亚相邻或同属于冈瓦纳大陆的一部分（图 3 -5f）。

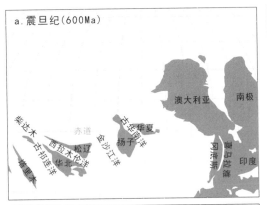
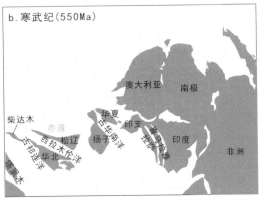
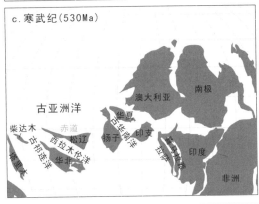
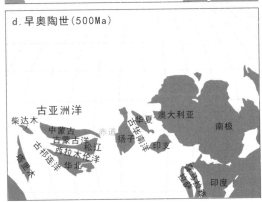
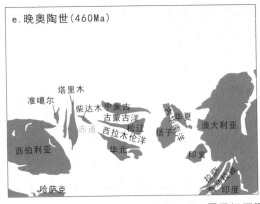

图 3 -5　震旦纪至泥盆纪中国块体的演化

中石炭世（310 Ma），塔里木地块最先从南半球往北半球漂移，至石炭纪末已漂移到北纬27°左右，并和哈萨克斯坦地块相碰撞（图3－6a）。

二叠纪（270 Ma）期间，华北板块和蒙古板块发生碰撞并结合，形成了华北－蒙古联合地块。约在晚二叠世时期，塔里木地块完成与西伯利亚地块的碰撞和拼合（图3－6b）。

晚三叠世（220 Ma）至中侏罗世是扬子地块、华北地块大规模相对旋转运动的主要时期，至晚侏罗世两者才完全拼合（图3－6c）。

晚侏罗世（150 Ma）时，华北－蒙古地块和扬子地块才真正的拼合成统一的大陆（图3－6d）。

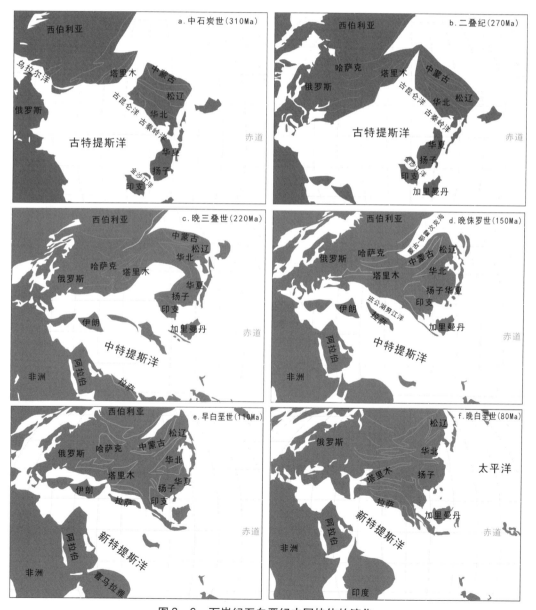

图3－6　石炭纪至白垩纪中国块体的演化

早白垩世（110 Ma），华北 – 蒙古联合板块与西伯利亚之间在晚侏罗世之前一直存在一个向东张开的古海洋，现今的鄂霍次克海是这一古海洋的残余（图 3 – 6e）。

晚白垩世（80 Ma），喜马拉雅地块连同印度板块，于晚白垩世随着印度洋的快速扩张开始发生大幅度北移，于古新世末与拉萨地块拼合（图 3 – 6f）。

新生代早期（65 Ma），印度次大陆的西北部首先与亚欧大陆的兴都库什地区发生碰撞（图 3 – 7a）。

现代（0 Ma），对中国大陆而言，板块运动的历史就是多块地块裂解、漂移、拼合的历史。直至古近纪，中国大陆诸地块才全部结束拼合，形成现今格局的统一的大陆。但是，大陆构造形变、局部运动仍在继续（图 3 – 7b）。

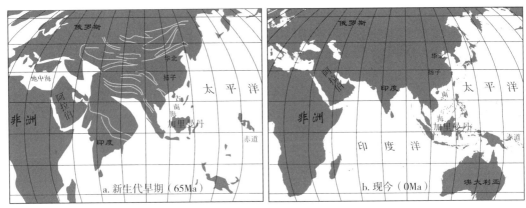

图 3 – 7　新生代中国块体的演化

在中国的大地构造演化过程中，有几个重要的时间节点：

（1）元古代，华夏块体与扬子块体拼合形成华南大陆；

（2）石炭纪，塔里木地块与哈萨克斯坦地块相碰撞拼合；

（3）二叠纪（海西运动），华北板块和蒙古板块发生碰撞并结合；

（4）中侏罗纪（印支运动），扬子地台与华北地台碰撞拼合；

（5）白垩纪，华北 – 蒙古联合板块与西伯利亚板块拼合；

（6）新生代，印度板块与欧亚板块碰撞。

以上这些重要时间节点，也代表着经历的重要构造阶段（或旋回），中国构造演化阶段的划分可参照黄汲清多旋回构造学说中的构造旋回相关概念。

总之，我国现今的构造格局是由多次地块拼合而成。中国的大地构造演化大致可以分为三个固结期和三个转折期。固结期即为地槽封闭、地台形成、地壳相对稳定的时期，第一固结期发生在早元古代末（1.7Ga），形成中朝准地台；第二固结期发生在晚元古代末（0.7Ga），形成古中国地台；第三固结期发生在古生代末（海西期），形成古亚洲地台。转折期即为地台破坏、地槽形成、地壳相对活动的时期，第一转折期发生在中寒武世，这时期是秦岭地槽形成期，致使中国古地台解体，形成古生代构造格局；第二转折期发生在晚三叠世，这时天山地槽和秦岭地槽最终封闭、东亚构造岩浆活动带开始形成，也就形成了中国中、新生代构造格局；第三转折期发生在晚白垩世以后，这时期中国西部隆升、东部沉降，形成中国现代构造地貌格局。

中国大陆构造具有小陆块、多缝合带、软碰撞、多旋回缝合的特点，并受到古亚洲、特提斯、环太平洋三大动力学体系的作用。因此，中国及邻区大陆岩石圈经历了极为复杂的多层次镶叠式结构，以及多旋回分阶段的演化过程（任纪舜，1991）。

组成中国块体的这些微、小陆块按构造属性可以分成三大陆块群，即亲西伯利亚陆块群、亲冈瓦纳陆块群和古中华陆块群（或华夏陆块群）。古中华陆块群包括中朝、扬子、塔里木等陆块。古生物、古地磁、古构造研究表明，古生代大部分时期，古中华陆块群位于古亚洲洋之南，属冈瓦纳大陆结构复杂的大陆边缘；古亚洲洋封闭之后，特提斯打开，古中华陆块群位于特提斯之北，属古亚洲大陆结构复杂的大陆边缘。所以，在地质历史上，中国位于南（冈瓦纳）、北（劳亚）两个巨型的过渡带、交接地带（任纪舜，1995）。

第二节　中国基本构造格局

黄汲清先生早在 1960 年发表的《中国地质构造基本特征的初步总结》中指出，中国东部和西部地质特征差异性明显。这些差异性特征不仅体现在构造地质中的断裂、褶皱、岩浆活动方面，同时也反映在中国的地势特征上。

一、地势特征

地势特征在一定程度反映了大地构造特征。中国的地势大致以贺兰山、龙门山、横断山一线为界，东、西部山势走向和地表高度显著不同，西部山系以 NWW 为主，夹持近东西向的菱形盆地，海拔高，反差大；东部以中低山和丘陵为主，山系走向 NE，同方向平原、盆地相间，海拔低。中国的地形高度总体从西向东递降，分四个阶梯（图 3-8）：

（1）阶梯第一级主要分布在青藏高原，海拔大于 4000m，号称世界屋脊；

（2）阶梯第二级主要分布在青藏高原与大兴安岭 - 太行山 - 雪峰山之间，海拔 1000～2000m，包括内蒙古高原、黄土高原、云贵高原等高原及塔里木、准噶尔、四川等盆地；

（3）阶梯第三级从大兴安岭 - 太行山 - 雪峰山一线向东到海边，海拔 1000～200m，包括东北平原、华北平原、长江中下游平原及丘陵；

（4）阶梯第四级为水下大平原，包括渤海、黄海、东海、南海，海拔 0～200m。

二、构造特征

中国断裂带、岩浆带、褶皱带、地震带的发育及分布特征具有很强的耦合性，这些构造带相互叠置，如沿深大断裂带方向往往也是岩浆、褶皱以及地震发育区，这说明这

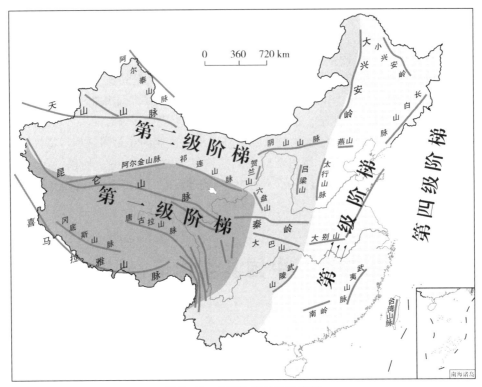

图3-8 中国阶梯状地势特征

些叠置的构造带受同一区域应力场控制。这些构造带在北部呈近 EW 向，在西北部呈 NW 向，在东部及东南部呈 NE 向，明显受印澳板块、太平洋板块以及西伯利亚板块的制约。在深大断裂方面，我国可划出 10 余条超岩石圈断裂带、80 余条岩石圈断裂带和数量更多的地壳断裂带。根据各深断裂带的地质背景及其在区域地质构造发展中的地位、组合分布、断裂规模与从属关系，可将深断裂分为断裂系、断裂带及断裂。这些断裂系又分属三大巨型深断裂体系：古亚洲断裂体系、滨太平洋断裂体系和特提斯-喜马拉雅断裂体系（图3-9）。这些断裂系控制着我国构造的演化发展，同时控制着岩浆、褶皱、地震等的发育和分布规律（图3-10）。

古亚洲断裂体系包括华北-塔里木板块、天山-兴蒙造山带和秦祁昆造山带中的一系列深断裂系。古亚洲断裂体系是一个元古宙-古生代活动的深断裂体系，控制着天山-兴蒙造山带和秦祁昆造山带以及相邻板块古生代的大地构造发展。

特提斯-喜马拉雅断裂体系指中国西南部以一系列巨大的弧形断裂为主干的断裂体系。特提斯-喜马拉雅断裂体系是一个中、新生代的断裂体系，它在秦祁昆造山带叠加于古亚洲断裂体系之上，控制着特提斯-喜马拉雅巨型造山带的发展，使古亚洲大陆上的一些古断裂重新复活。

滨太平洋断裂体系包括贺兰山-六盘山-龙门山-横断山脉向东到台湾之间广大地域内的一系列断裂系。滨太平洋断裂体系是一个中、新生代强烈活动的、复杂的断裂体系，它在华北和东北地区叠加于古亚洲断裂体系之上，控制着中国东部滨太平洋构造域的发展。

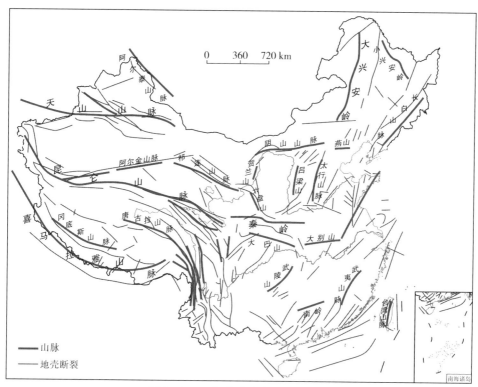

图 3-9 中国大陆地壳断裂带分布

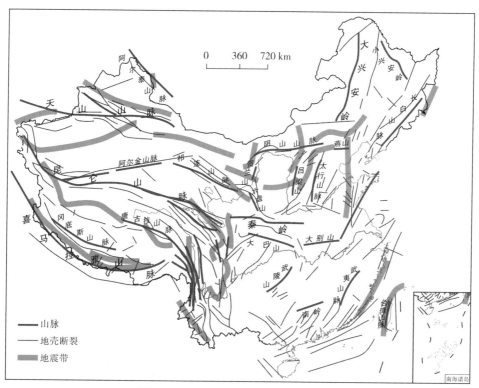

图 3-10 中国地壳断裂和地震带叠合

在褶皱变形方面，中国板内发育了大量比较强烈构造作用，出现了一系列强烈的褶皱、断裂（包括逆掩断层）及其它构造变形（伸展构造、走滑构造），强度不同的构造变形常常可以混杂地组合在一起。中国大陆板内普遍较强的构造变形可深入板内数千千米，许多地区还伴有广泛发育的岩浆活动，甚至出现动力变质作用。而且，在同一地区不同时期的构造线方向发生过显著的变化，使中国大陆板内变形区的分布不是呈带状，而是呈复杂多样形状（图3-11）。中国大地构造中褶皱变形特征的主要影响因素有：①中国大陆是由许多小陆块所组成的，构造稳定性差；②沉积盖层厚度不均一，陆块上部岩石强度较低；③陆块经受了多期碰撞、拼合，基底断裂与弱化带的构造具有继承性，基底构造影响了盖层构造；④元古宙以来，尤其是中生代以来，周边板块构造作用较强，板内应力场多期次、多方向地发生变化。

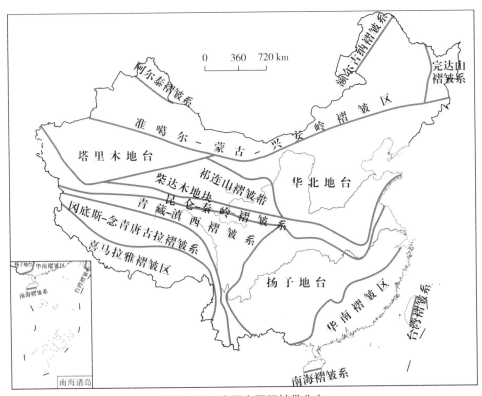

图3-11 中国主要褶皱带分布

总之，在中国大地构造的发展中，印支运动改变了前阿尔卑斯期的构造格局，而在特提斯洋构造体系演化的影响下，形成北部中朝块体及其边缘的古生代褶皱系，南部扬子、华南和印支等块体及其边缘的加里东、海西和印支褶皱系，组成中国大地构造的基本格架。晚燕山-早喜山期以来，在太平洋板块转向俯冲的巨大作用下，在东西向块体与褶皱系之上，又叠置了一套北东向拉张构造带，从而构成中国东部地区及其海域地质构造的复杂性和特殊性（刘光鼎，1990）。

第三节　中国大地构造单元划分

大地构造单元的划分是深入认识大地构造格局的体现，与采用的大地构造思想有密切关系。各学派对我国大地构造格局的认识有很大差异，大地构造单元的划分以及对中国区域构造地质的认识都反映在各学派的大地构造编图成果中。以下简述影响较大的槽台系列学说（包括槽台学说、多旋回构造学说以及地洼构造学说）和板块构造学说对中国大地构造格局的认识。

一、槽台系列学说对中国大地构造单元的划分

多旋回构造学说、地洼构造学说都是在槽台学说基础上的继承和发展。欧洲地质学者最先提出地槽可以发育于大陆边缘或两大陆之间，不一定得到沉积物补偿，可以出现深水相。之后，Stille 提出地槽造山 – 造山运动和造山（褶皱）幕，Suess（1885）提出地台（槽台说：地槽 + 地台），我国黄汲清先生（1945）发展成地槽演化的多旋回说，前苏联学者别洛乌索夫提出大陆内生体制 – 地台活化的观点，陈国达（1958，1959）再发展为地洼学说。可以说，地洼学说、多旋回学说与槽台学说是一脉相承的。在板块构造学说传入我国之前，我国的地质学家对中国大地构造单元的划分主要根据槽台学说的观点。一般划分为地台区：华北地台、塔里木地台、扬子地台、印度地台（我国喜马拉雅山）；地槽系（包括地槽及中间地块）：天山 – 兴蒙地槽系、秦祁昆地槽系、滇藏地槽系、华南地槽系、西太平洋地槽系（东北乌苏里、台湾喜山带），值得注意的是，这些划分方案中，单元界线为槽台间的界限，边界断裂为稳定区（台）和活动区（槽）间的界限（图 3 – 12）。

黄汲清先生在槽台学说的基础上，提出了多旋回构造学说，把时间概念加入到了大地构造单元的划分中，使得槽台学说在我国的构造单元划分中更明确、更具体。他把中国大地构造单元划分为 4 个地台（准地台）区：中朝准地台、扬子准地台、塔里木地台、南海地台，以及 7 个地槽褶皱系（图 3 – 13）。

地洼构造学说进一步发展了槽台学说，认为在地槽和地台之后还有第三构造单元：地洼。因此，该学说对我国大地构造单元的划分也体现了这一点。以现阶段的大地构造性质为准，地洼构造学说认为中国地区可以划分为下列 19 个构造区（图 3 – 14）。

（一）地槽区

中国的地槽区有下列五个：

1. 海西期地槽（褶皱）区

昆仑地槽区，位于中国西部，范围包括昆仑山脉的北带。大体上自北西西向南东东

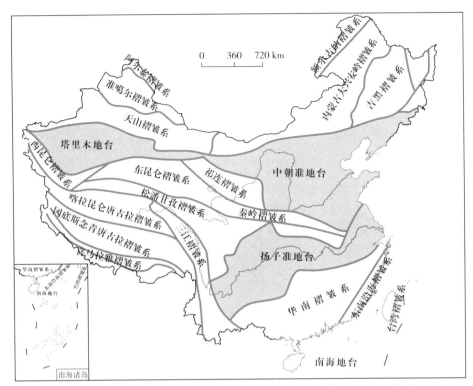

图 3-12 中国地台和地槽褶皱带的分布（据任纪舜等，1980，修改）

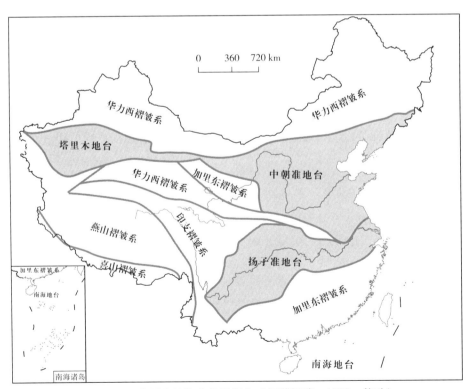

图 3-13 中国大地构造单元划分（据黄汲清，1980，修改）

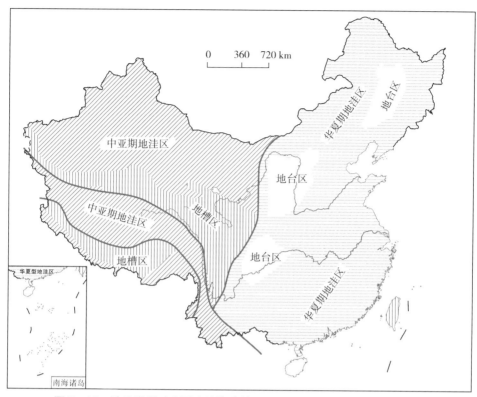

图 3-14　地洼学说对中国大地构造单元划分（据陈国达，1980，修改）

延伸，呈向西南突出的弧状。其地槽封闭于海西运动末期。

2. 印支期地槽（褶皱）区

（1）巴颜喀拉地槽区。包括昆仑山脉南带、巴颜喀拉山脉、西秦岭及松潘地区，呈向东北突出的弧状，并与北邻昆仑地槽区联成一条 S 形构造，其地槽封闭于印支运动期。

（2）冈底斯地槽区。包括冈底斯山脉，依北西西-南东东展延，呈 S 形，其地槽封闭于燕山运动期，南侧以雅鲁藏布江深大断裂为界，与喜马拉雅地槽区相邻。这条深大断裂控制着一系列超基性岩体及有关的矿产，为中国境内已知的最大超基性岩带之一。

3. 喜马拉雅期地槽（褶皱）区

（1）喜马拉雅地槽区。位于中国西南缘，与邻国接壤处，包括喜马拉雅山脉的中国部分。自北西西向南东东延伸，呈 S 形，并与北面的冈底斯地槽区平行，其地槽封闭于喜马拉雅运动早期，目前发展仍在剧烈期，为世界上最高的褶皱带山脉。

（2）台湾地槽区。位于中国东部，包括我国的台湾岛及其附近的钓鱼岛诸岛、澎湖群岛等岛屿，依北北东-南南西延伸，地槽封闭于喜马拉雅运动晚期，目前发展仍在剧烈期。

（二）地台区

中国的地台区只有三个，它们均是古生代曾经存在过的辽阔的中国地台于中生代中期崩溃解体，转化为地洼区以后所残留下来的几个小块体。它们在沉积建造、构造型相等方面，已在一定程度上受过地洼活动的影响，不复完全保存原有地台的所有特点。

1. 后吕梁期地台区

主要指伊陕地台区，位于中国北部，包括陕北及伊克昭盟（鄂尔多斯），该处地槽阶段主要在元古代，地台阶段开始于震旦纪初。

2. 后晋宁期地台区

主要指四川地台区，位于中国南部四川的中部，该处地槽阶段开始于元古代，结束于震旦纪晚期，地台阶段开始于震旦纪末或寒武纪。

3. 后海西期地台区

主要指松辽地台区，位于中国东北部，大致相当于松辽平原的范围，该处地槽阶段从元古代至古生代末（其地槽封闭于海西运动），地台阶段开始于中生代初，为我国地台型油田（大庆）的典型地区之一。

（三）地 洼 区

地洼构造学说认为中国的地洼区十分发育，有如下 11 个：

1. 华夏期地洼区

这期地洼区的发展剧烈期皆在中晚侏罗世至白垩纪，目前已进入余动期。包括：

（1）东南地洼区。位于中国东南部，包括浙江、福建、广东、江西、湖南、广西诸省（区），由后加里东地台转化而成。该处地槽阶段，开始于元古代，结束于志留纪；地台阶段自泥盆纪至晚三叠世中期或早期；地洼阶段开始于晚三叠世晚期，形成的构造线主要属华夏（北东东 – 北北东）构造系。地洼区岩浆活动强烈，以花岗岩类为主，形成了以钨、锡等有色金属为特色的含矿区；东部多火山岩及有关矿产，区内还有地洼型的油田、煤及油页岩等矿床。

（2）云贵地洼区。位于东南地洼区之西，主要包括云南、贵州二省，是在一个后晋宁期地台之上发展而成的。该处地槽阶段自元古代至震旦纪晚期；地台阶段开始于震旦纪末或寒武纪，结束于三叠纪。地洼阶段开始于侏罗纪，地洼区岩浆活动不显著，主要以锑、汞等矿为特色。

（3）华中地洼区。位于东南地洼区和华北地洼区之间，包括长江中下游、东秦岭及大别山，呈向南突出的弧形，受淮阳弧形构造系的控制。该处地槽阶段先后结束于震旦纪晚期或志留纪末；地台阶段自震旦纪末（或寒武纪）或泥盆纪，至晚三叠世晚期或末期结束；地洼阶段开始于晚三叠世末或侏罗纪。地洼区岩浆岩以花岗闪长岩类为主，形成矽卡岩型铁（大冶式）、铜矿为特色的含矿区（铁多见于地洼陷落带，铜多见于地洼隆起带）。该区地洼型油田也较重要。

（4）华北地洼区。包括华北诸省，发育基础为后吕梁地台区。该处地槽阶段为元古代；地台阶段自震旦至三叠纪；地洼阶段开始于早侏罗世，形成的构造线主要属华夏构造系。地洼区岩浆岩以闪长岩类为主，有著名的邯郸式铁矿；北缘为花岗闪长岩及有关的铜铁矿床分布地带。沿郯城 – 庐江深大断裂带斑岩铜矿特别发育。地洼型油田（例如大港、胜利等）著称于世，并有继承自前身的地台型油田和铁、铝、煤等矿。

（5）东北地洼区。包括东北诸省（松辽平原除外）及内蒙，南以白云鄂博 – 开原深大断裂带同华北地洼区分界。古生代时原为一个地槽区，在海西期褶皱回返形成褶皱带（包括那丹哈达岭）。经历了中生代初短暂的地台阶段（以普遍的隆起、地槽褶皱带遭受剥蚀及准平原化为标志）以后，于侏罗纪（主要为中侏罗世，那丹哈达岭开始较早，在晚三叠世）转入地洼阶段。地洼沉积除那丹哈达有 T_3 海相碎屑岩建造（厚12000 米）外，其余为陆相。构造线属华夏构造系，地槽构造层方向主要为北东向，地洼褶断带主要为北北东向。花岗岩类、超基性岩类等侵入岩，以及火山岩类和有关矿产，除海西期（地槽阶段）外，中生代（地洼阶段）特别广泛分布。地洼岩浆岩（包括那丹哈达）一般偏碱性，在全区范围内具有大体上相似的发展顺序。

（6）南北地洼区。北起贺兰山，向南经龙门山延伸至康滇地区，呈长带状，为银川 - 昆明南北向深大断裂带的所在位置。北段原为后吕梁地台区，中段主要部分原为后加里东期地台区，均在侏罗纪进入地洼阶段。南段原为后晋宁期地台区，地洼阶段开始于三叠纪末。构造线方向在北、南两段均主要属南北构造系，中段以华夏构造系占优势。

2. 中亚期地洼区

指这期地洼区的剧烈期皆在新生代，目前还未进入余动期，主要包括：

（1）北疆地洼区。包括阿尔泰、准噶尔、天山及内蒙西端，由后海西期地台区转化而成，地洼阶段可能开始于第三纪，构造线主要为北西 - 北西西向，天山一部分为东西向，地槽阶段形成了大量有色金属矿。

（2）南疆地洼区。位于塔里木及阿尔金山地区，主要部分原为后晋宁期地台区，阿尔金为后海西地台区，侏罗纪进入地洼阶段，构造线方向为北西西和北东东均有。

（3）青甘地洼区。范围包括河西走廊、祁连山及柴达木地区，原为后加里东期地台区，于侏罗纪进入地洼阶段，构造线属西域构造系，沿深大断裂带发育着超基性岩，有地洼型油田分布。

（4）藏北地洼区。介于昆仑及巴颜喀拉两地槽区和冈底斯地槽区之间，原为后海西期地台区，地洼阶段开始于白垩纪。

（5）滇西地洼区。位于南北地洼区的西南面，二者以红河深大断裂为界。该处地槽封闭于晋宁运动期，地台阶段自震旦纪末至三叠纪后期，地洼阶段开始于侏罗纪。构造线主要为北西向，属西域构造系。

二、板块构造学说对中国大地构造单元的划分

板块构造学说是 20 世纪 60 年代诞生的，最早对中国板块轮廓进行划分的是李春昱先生（1980），其后许多学者都进行了划分，尽管在细节上（如板块间界线，一些小地块的归属上）有差异，但大格局基本一致。汤耀庆等（1984）将中国及邻区划分为七个板块（图 3 - 15）：①华北 - 塔里木板块；②华南板块（包括羌塘）；③甘青藏板块；④印度板块；⑤哈萨克斯坦板块；⑥西伯利亚板块；⑦太平洋板块。

值得注意的是，板块间界线位于造山带内部（对接带），一个板块包括稳定大陆及活动的大陆边缘。

任纪舜等（1999）编制了《中国及邻区大地构造图》，对中国及邻区大地构造域的

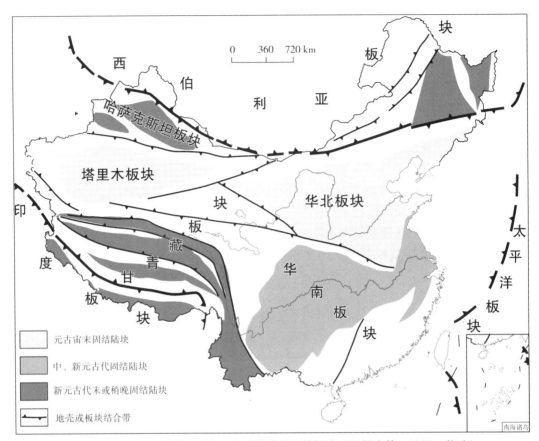

图 3－15　板块构造学说对中国大地构造单元的划分（汤耀庆等，1984，修改）

划分提出了新的方案。该方案认为，中国大陆是由一些较小陆块（准地台）、众多微陆块和造山带组合而成的复合大陆；按构造属性，微、小陆块分为亲西伯利亚、亲冈瓦纳和古中华三个陆块群，造山带分属于古亚洲、特提斯和环太平洋三大造山区。这种划分方案既保留了槽台学说中部分固定论稳定构造思想（地台），又体现了板块构造学说中活动论学说（三大构造域）（图 3－16）。

　　潘桂棠等（2009）运用黄汲清先生等多旋回构造观、王鸿祯先生等历史大地构造观以及李春昱先生等板块构造观来进行中国大地构造单元划分，以地层划分和对比、沉积建造、火山岩建造、侵入岩浆活动、变质变形等地质记录为基础，承接融合中国"三大主流大地构造观"的经典划分理念，在板块构造－地球动力学理论指导下，以成矿规律和矿产能源预测的需求为基点，以不同规模相对稳定的古老陆块区和不同时期的造山系大地构造相环境时空结构分析为主线，以特定区域主构造事件形成的优势大地构造相的时空结构组成和存在状态为划分构造单元的基本原则，划分出中国的大地构造环境主要由陆块区和造山系组成的 9 个一级构造单元，以及相应的 56 个二级构造单元。5 个造山系分别是：天山－兴蒙造山系、秦祁昆造山系、武夷－云开－台湾造山系、西藏－三江造山系、菲律宾造山系；4 个陆块区分别是：华北陆块区、塔里木陆块区、扬子陆块区、印度陆块区（图 3－17）。

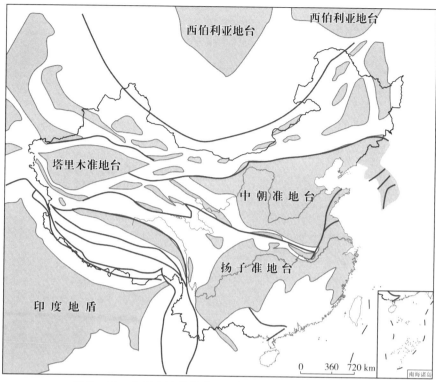

图 3-16　中国大地构造分区（据任纪舜，1999，简化）

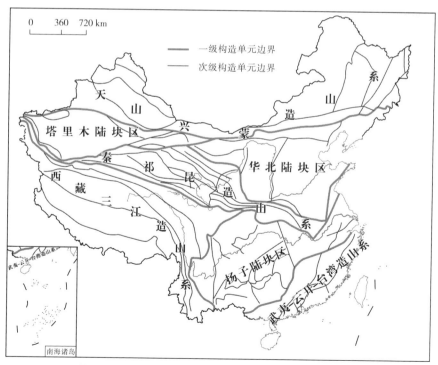

图 3-17　中国大地构造（据潘桂棠等，2009，简化）

第四章　古亚洲洋构造演化

第一节　古亚洲洋基本概况

　　按任纪舜等大地构造学家的观点，古生代中国及邻区存在三大构造域，发育于三大地台（塔里木地台、中朝地台和扬子地台）之间，北部为古亚洲洋构造域，东部为古太平洋构造域，西部为特提斯构造域，三大构造域有其不同的构造演化旋回（图4-1）。古亚洲洋是古生代期间在中朝-塔里木地台与西伯利亚地台之间存在的宽度超过4000 km的大洋，它东西跨度很大，把东欧、西伯利亚和中国地台分隔开，也称为乌拉尔-蒙古-鄂霍次克洋。该洋盆在晚古生代-中三叠世自西向东消亡，中生代初封闭成山，最终形成目前巨大的向南突出的弧形古亚洲造山带，也称为阿尔泰型造山带或中亚造山带，在我国分布的部分称为天山-兴蒙造山系。天山-兴蒙造山系位于塔里木-华北陆块群之北，亲西伯利亚大陆块群之南，是由古生代多岛弧盆系及一系列结合带和前南华-震旦纪裂解地块镶嵌组成的复杂的构造区域。

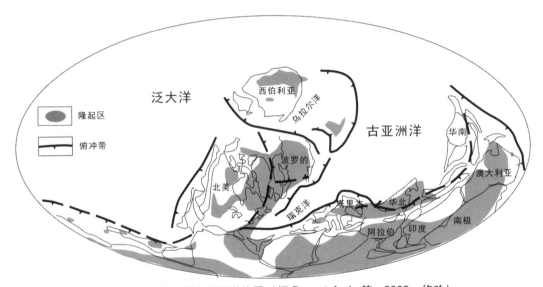

图4-1　早古生代古亚洲洋位置（据 Boucot A. J. 等，2009，修改）

　　古亚洲洋闭合之后形成的天山-兴蒙造山系（古亚洲洋构造域）是一个典型的多旋回造山带，其形成时间（大洋闭合时间）从早古生代持续到晚古生代，北侧结束早，约在泥盆纪末，南侧结束较晚，多在石炭纪，局部地段推迟到二叠纪。造山带中包裹着巴尔喀什、准噶尔、北山、雅干、锡林浩特、松辽、佳木斯、兴凯等大小不等的许多地块，所以平面上显得支离破碎，晚山阶段隆起不强烈，除少数地区隆起较高（如西天山），多数地区为中低山或丘陵。根据蛇绿岩分布、古地磁、古动植物以及古气候等资料可判断这里曾经是古亚洲洋的存在。

（1）蛇绿岩分布特征。天山–兴蒙造山系中间发育了多条蛇绿岩带，而且自北而南在时代上由老变新呈现一定的规律性（图4–2）。如在该造山带的西段，阿尔泰西南缘出露有早志留世–早石炭世蛇绿岩，准噶尔地区存在早古生代和泥盆纪–石炭纪2个阶段蛇绿混杂岩的分布（赵磊等，2013；张克信等，2016），北天山的巴音沟、博格达、奎屯河等地发现了泥盆纪–早石炭世蛇绿岩（李三忠等，2016），中天山库米什–榆树沟志留纪地层中均发现有蛇绿混杂岩（杨经绥等，2011），南天山发育石炭纪洋中脊蛇绿岩（李曰俊等，2005；肖文交等，2006），这些蛇绿岩套作为古洋壳的残片，经常被当作古洋壳俯冲边界的标志，提示我们这里曾经存在过一个已消亡的古海洋（古亚洲洋）。

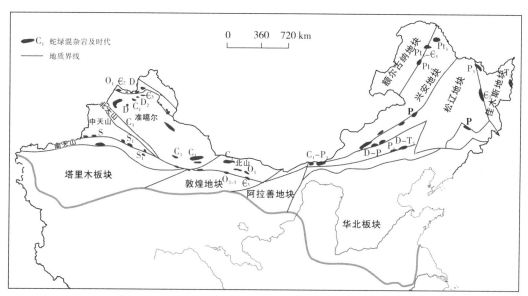

图4–2 古亚洲洋构造域古生代蛇绿混杂岩分布（据卜建军等，2020，修改）

（2）古地磁特征。早二叠世（P_1）西伯利亚大陆的古纬度大于45°N；而中朝古陆处于10°N～20°N，北京西山约在14°N，相当于现代海南岛至南沙群岛的位置（图4–3）。两古陆的古地磁极移轨迹曲线亦不相同，说明两古陆之间曾经间隔了一个辽阔的古亚洲洋（蒙古–鄂霍茨克海），实际是古泛大洋（Panthalassic ocean）的东北支。据古地磁推算，P_1时两陆间的海洋宽2500～3000 km，有人推算古生代时曾相距4000～5000 km。

（3）古生物地理区系特征。中朝板块晚石炭–早二叠世（C_3–P_1）为主要成煤期，广泛发育铝土矿。包括朝鲜、日本在内皆属华夏植物区，大羽羊齿发育，树干化石无年轮，表明此处为热带、亚热带雨林植物群；同时发育暖水型太平洋动物群，如长身贝、希瓦格蜓。然而，西伯利亚、蒙古及我国东北晚石炭–早二叠世均属安加拉植物区，安加拉羊齿发育，有冷水型北方动物群，如厚板珊瑚、厚壳大石燕、单通道蜓等。动植物群落的差异表明，当时华北与西伯利亚中间相隔着巨大的大洋（图4–4）。

关于古亚洲洋消亡的时间，根据古地磁、古沉积和古植物资料推算，应该在早二叠

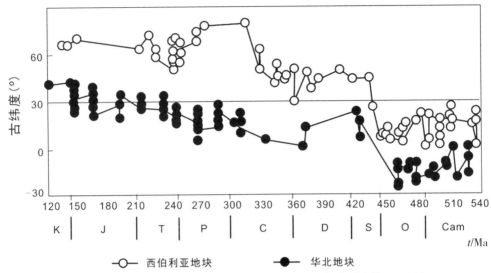

图4-3　华北和西伯利亚地块古纬度演化曲线（据李朋武等，2009）

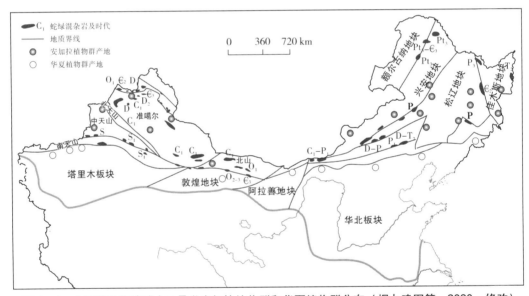

图4-4　古亚洲洋构造域中二叠世安加拉植物群和华夏植物群分布（据卜建军等，2020，修改）

世末到晚二叠世（西部），（东部）一直延续到三叠纪。因为在南北两大陆缘区晚二叠世普遍以陆相和半咸水沉积为主，出现了安加拉和华夏植物的混生带，说明早二叠世以后由于板块的对接使陆块接近，最后至三叠纪古亚洲洋消亡。但是，古亚洲洋的闭合时代仍存在很大争议，国外学者更倾向于鄂霍次克海消亡于晚侏罗世末。

第二节　古亚洲洋构造域的构造单元划分

古亚洲洋产生、扩张、俯冲、消亡的构造演化历史就是现今天山 – 兴蒙造山带形成演化的历史，不同的大地构造学派对古亚洲洋构造域的构造单元划分存在明显的差异。

板块构造学说以李春昱等大地构造学家为代表，认为天山弧盆系与西准噶尔弧盆系是哈萨克斯坦中间板块向东延展的一部分，其中的裂离地块是源自西伯利亚大陆块还是其他大陆尚有争议。潘桂棠等（2009）在结合了多旋回构造学说、历史大地构造学说以及板块构造学说的基础上，进一步把天山 – 兴蒙造山系划分为 17 个二级构造单元和 39 个三级构造单元（表 4 – 1，图 3 – 16）；槽台学说把天山 – 兴蒙造山系西段划为天山褶皱系、准噶尔褶皱系和阿尔泰褶皱系，东段划为内蒙大兴安岭褶皱系、吉黑褶皱系和额尔古纳褶皱系（图 3 – 11）；多旋回学说把天山 – 兴蒙造山系划归为海西褶皱带（图 3 – 12）；地洼学说把天山 – 兴蒙造山系西段划为中亚期地洼区，把东段划归为华夏期地洼区，西段比东段形成时期晚（图 3 – 13）。

表 4 – 1　古亚洲洋构造域的构造单元划分（潘桂棠等，2009）

二级构造单元（大相）	三级构造单元（相）
Ⅰ –1 大兴安岭弧盆区	漠河前陆盆地（J）；额尔古纳岛弧（Pz_1）；海拉尔 – 呼马弧后盆地（Pz）；扎兰屯 – 多宝山岛弧（Pz_2）；二连 – 贺根山蛇绿混杂岩带（Pz_2）；锡林浩特岩浆弧（Pz_2）
Ⅰ –2 松辽地块断陷盆地（J – K）	松辽断陷盆地（J – K）
Ⅰ –3 小兴安岭 – 张广才岭岩浆弧（Pz_1 – Mz）	
Ⅰ –4 佳木斯地块（Pt）	
Ⅰ –5 完达山（那达哈达）结合带（T_3 – J_1）	
Ⅰ –6 兴凯地块	
Ⅰ –7 索伦山 – 西拉木伦结合带	索伦山蛇绿混杂岩带（Pz_2）；查干乌拉蛇绿混杂岩带（篮片岩带）
Ⅰ –8 包尔汉图 – 温都尔庙弧盆系（Pz_2）	下二台 – 呼兰镇岩浆弧（Pz_2）；温都尔庙俯冲增生杂岩带；宝音图岩浆弧（Pz_2）
Ⅰ –9 额济纳 – 北山弧盆系	园包山（中蒙边境）岩浆弧（O – D）；红石山裂谷（C）；明水岩浆弧（C）；公婆泉岛弧（O – S）；哈特布其岩浆弧（C – P）；恩格尔乌苏蛇绿混杂岩带（C）

续表

二级构造单元（大相）	三级构造单元（相）
Ⅰ-10 阿尔泰弧盆系	阿尔泰陆缘弧（Pz）；阿尔泰南缘增生弧（Pz$_2$）；额尔齐斯复合增生楔（Pz$_2$）
Ⅰ-11 斋桑-额尔齐斯结合带（Pz$_2$）	
Ⅰ-12 东-西准噶尔弧盆系	北准噶尔洋内弧（Pz$_2$）；科克森他乌-阿尔曼泰蛇绿混杂带（Pz$_2$）；塔尔巴哈台-三塘湖复合岛弧带（Pz）；唐古巴勒-卡拉麦里复合俯冲增生杂岩带（Pz）
Ⅰ-13 准噶尔-吐哈地块	准噶尔地块；依连哈比尔尕-博格达裂谷盆地（C-P）；吐哈地块；觉罗塔格裂谷带（C-P）
Ⅰ-14 冰达坂-米什沟结合带	
Ⅰ-15 伊宁-中天山地块	赛里木陆缘盆地（Pz$_1$）（博洛科务陆缘弧，D）；伊犁裂谷（C）；中天山岩浆弧（Pz）
Ⅰ-16 那拉提-红柳河结合带	哈尔克山北坡高压超高压变质带（S-D$_1$）；乌瓦门-拱拜子蛇绿混杂岩带（S-D$_1$）；红柳河-洗肠井蛇绿混杂岩带（Pz$_1$）
Ⅰ-17 南天山-罗雅楚山弧盆系	东阿莱-哈尔克山弧前增生带（Pz$_1$-D）；西南天山上叠盆地（C-P$_1$）；颇尔宾山-库米什残余盆地（D）；南天山-霍拉山陆缘裂谷（Pz$_2$）

　　古大洋的闭合往往存在蛇绿岩套等洋壳残留的证据，南天山南缘-星星峡-索伦-西拉木伦河-延边对接地壳消减带（C$_1$-T$_3$）广泛发育蛇绿岩套（图4-2），普遍被认为是古亚洲洋构造域南北两大古植物区的界线，并根据地质、地球物理综合分析认为是中朝-塔里木（西域）板块与西伯利亚古板块两大陆缘区最终对接的地缝合线。该构造带的展布，代表了古亚洲洋的海陆转换时间。对接缝合线作为古亚洲洋消亡的标志，其北看作西伯利亚古陆逐次南迁的陆缘区，其南可看作中朝-塔里木（西域）板块逐次向北增生的陆缘区，前者比后者宽阔得多，故二者是偏对称发育的。

　　古亚洲洋构造域自西边的哈萨克斯坦一直延伸至东边的鄂霍次克海，东西向绵延数千公里，呈西部和东部宽，中间窄的哑铃状格局，结构构造上存在极大不平衡。因此，构造单元的划分首先分为西段和东段，西段主要分布于新疆和甘肃，东段主要分布于内蒙和黑龙江。

一、西段构造单元划分

　　西段自北向南总体上可以划分为四个二级构造单元：阿尔泰晚加里东-早海西造山带、外准噶尔中海西造山带（D-C$_1$）、哈萨克斯坦微板块、天山（北山）晚海西造山带。其中，额尔齐斯断裂是阿尔泰晚加里东－早海西造山带与外准噶尔中海西造山带（$D-C_1$）之间的边界断裂，克拉美丽断裂是外准噶尔中海西造山带（$D-C_1$）与哈萨克斯坦微板块之间的边界断裂，哈萨克斯坦微板块与天山（北山）晚海西造山带中间夹着伊犁、准噶尔－吐哈等微小地块，南天山南缘断裂－库米什断裂则是天山（北山）晚海西造山带与塔里木板块北缘之间的边界断裂（图 4 -5）。潘桂棠等（2009）则把西段划分为 8 个二级构造单元（表 4 -1）。

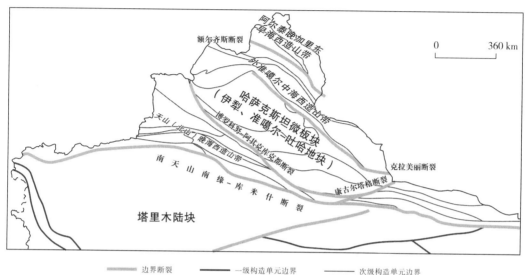

图 4 -5　古亚洲洋构造域西段构造单元划分

1. 阿尔泰晚加里东－早海西造山带

该造山带位于阿尔泰山主峰的南坡，主体构造是 NW 走向的富蕴复背斜，主要由奥陶系和志留系浅变质岩系组成。20 世纪 80 年代于核部发现了一套深变质的混合岩、片麻岩、片岩夹大理岩，相当于中－晚元古宙，是迄今为止在该区域发现的最古老岩石。奥陶－志留系为一套浅变质砂岩、板岩、千枚岩组成，厚 8500m；中－上泥盆统为岛弧型钙碱性－酸性火山岩与碳酸岩，厚 4000～8000m，北部为弧后盆地沉积；泥盆纪末，早海西运动强烈褶皱、变质，沿着背斜核部有早海西期花岗岩的侵入，下石炭统为一套杂色碎屑岩夹中酸性火山岩，与下覆地层呈不整合接触；中－晚海西期有大规模花岗岩（γ_4^{2-3}）沿背斜核部侵入，形成了我国最大的伟晶岩田，据统计达十几万条之多，富含稀土、铍（绿柱石）、金、铜－铅、铜－镍等多金属矿床。阿尔泰晚加里东－早海西造山带以额尔齐斯断裂为南界。

2. 外准噶尔中海西造山带

该造山带环绕准噶尔盆地分布，以吉利湖为界分为东、西准噶尔造山带。西准噶尔造山带是北东走向的马立奇尔山，东准噶尔造山带是北西走向的克拉美丽山、北塔山，二者形成一个向北突出的弧形造山带。东准噶尔造山带由两套蛇绿岩套和巨厚的复理石建造所组成（阿尔曼泰奥陶－志留系、克拉美丽泥盆－下石炭统分别发育了两套基性火山岩、放射虫硅质岩，其中有富 Cr－Fe、Cu－Ni 矿床和巨厚的复理石建造），属典型的海沟沉积（准噶尔洋）。早海西期和阿尔泰造山带恰好构成一组沟 – 弧 – 盆体系。C_1 末的中海西运动，是波及全区的一次强烈造山运动，并伴随大规模中海西期花岗岩（γ_4^2）的侵入。$C_{2+3} – P_1$ 在褶皱山前，沉积了一套海 – 陆交替至陆相的过渡型沉积。受到晚海西运动的影响，褶皱山断块隆起，晚海西花岗岩（γ_4^3）侵入，晚二叠世在山前堆积了一套紫褐色砾岩 – 磨拉石建造，标志着该造山带的形成。

3. 准噶尔 – 吐哈地块

根据准噶尔盆缘和吐哈盆地南缘出露的 $D – C_3$ 地层皆为深海浊积岩，可认为中海西期这里除东准噶尔 – 吐哈微陆块以外，大部分是古洋盆。晚海西期古洋封闭，准噶尔地块周缘因碰撞而褶皱成山，而地块沉陷为盆地，接受了中新生代巨厚的沉积。准噶尔盆地南拗北隆，成为一个不对称的箕状盆地，南部乌鲁木齐的山前拗陷中 – 新生代沉积厚度达 $11000 \sim 20000 \mathrm{m}$，而北部斜坡带厚约 $5000 \mathrm{m}$。乌鲁木齐山前拗陷 J_{1-2} 属湖滨沼泽相，沉积了巨厚的煤层，是我国西北重要产煤区，N_{1-2} 层含油，独山子、玛纳斯等小油田均是第三纪的油田。

4. 天山晚海西期造山带

天山山脉是亚洲最大的山系，夹于准噶尔盆地和塔里木盆地之间，绵延 2000 km 延伸入蒙古人民共和国，称戈壁天山。该造山带断续分布蛇绿混杂岩和构造混杂岩，表明曾经有古洋盆（南天山洋）存在。晚二叠世 – 三叠纪洋盆闭合，形成古天山山脉。洋盆闭合是沿着南天山南缘 – 星星峡 – 索伦 – 西拉木伦河 – 延边一线。这条线是南北两大古植物区的界线，是中朝 – 塔里木板块与西伯利亚板块最终对接的缝合线。天山山脉大致由南、中、北三条近于平行的山带组成：北天山西段为博乐霍洛山，东段为博格达山（具有蛇绿混杂岩 – 准噶尔洋）；南天山西段为哈雷克套山（具有蛇绿混杂岩 – 南天山洋），东段为库鲁克塔格山（拗拉槽）；中天山地形不明显，为山间盆地（古岛弧）。中天山出露一条狭长的变质岩带，由结晶片岩、片麻岩组成，称星星峡群，过去认为是太古界（Ar），故称"中天山结晶轴"。20 世纪 80 年代所测同位素年龄多在 $850 \sim 1700$ Ma 之间，并发现叠层石，因此被认为属于中元古宙（Pt_2）的变质岩系。在博乐霍洛山发现其上有震旦系（Z）冰碛砾岩覆盖，所以多数人认为它与塔里木地台曾同属一体。在 O – S 时从塔里木板块分离出来成为独立的地块，称中天山地块，古生代中天山成为当时的水下隆起或古岛弧。

二、东段构造单元划分

古亚洲洋构造域东段为兴蒙造山带，是我国北方十分重要的构造单元。它是从中元古代开始发育的经历了多旋回构造演化的巨型造山带，是西伯利亚板块和华北板块两活动大陆边缘之间的陆 – 弧 – 弧 – 陆的"软碰撞"带。其二级构造单元自北向南可以划分为：额尔古纳早加里东造山带、北兴安岭中海西造山（$D – C_1$）、蒙古 – 吉黑晚海西造山带、阴山北加里东 – 晚海西造山带，其中额尔古纳早加里东造山带包括额尔古纳地块以及德尔布干地壳消减带，北兴安岭中海西造山（$D – C_1$）包括兴安地块和贺根山 – 黑河地壳消减带（$D_3 – C_1$），蒙古 – 吉黑晚海西造山带包括松嫩、布列亚、佳木斯、兴凯等地块以及西拉木伦河 – 延边对接地壳消减带（$C_1 – T_3$）（图 4 – 6）。

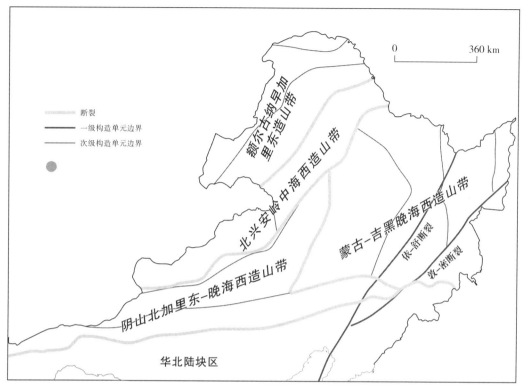

图 4 -6 古亚洲洋构造域东段构造单元划分

1. 额尔古纳早加里东 - 早海西造山带

该造山带 Pt_1 为兴华渡口群的片麻岩，Pt_{2-3} 为疙瘩群各种片岩、石英岩、大理岩，ϵ_1 为额尔古纳群，下部为绿片岩、大理岩，上部酸性火山岩（流纹斑岩、火山凝灰岩）具有元古代 - 早寒武世基底，兴凯运动形成早加里东造山带，$D - C_1$ 为分布地台型浅海碎屑岩和碳酸盐岩，C_1 末受中海西运动波及，沿背斜核部有大规模海西花岗岩的侵入。

2. 北兴安岭中海西造山带

该造山带位于大兴安岭的中段与南段，兴凯运动、加里东运动没有结束活动，早中海西期仍保持活动陆缘面貌，中海西运动结束活动陆缘形成造山带，$C_3 - P_1$ 时期为地台型碎屑岩、碳酸盐岩沉积，具有安加拉植物群和北冰洋型动物群的特征。

3. 蒙古 - 吉黑造山带

该造山带位于大兴安岭以东，西拉木伦河断裂以北，包括松辽平原、小兴安岭、张广才岭、老爷岭等吉林、黑龙江省东部的低山丘陵区，在大地构造区划上归属"天山 - 兴蒙海西造山带"，包括松辽中新生代坳陷（松嫩地块）、布列亚 - 佳木斯 - 兴凯地块以及上甘河花岗岩带。其中佳木斯地块出露最古老的岩系麻山群，为一套片麻岩、片岩、大理岩，为麻粒岩相深变质岩系，获 Ar^{39}/Ar^{40} 年龄 $2539 \sim 2871$ Ma，麻山群外缘的一套浅变质千枚岩、炭质板岩称张广才岭群，属中、上元古界（Pt_{2+3}），上述岩群向北延，与俄罗斯布列亚地块（$Pt_{2+3} - \epsilon_1$）一致，因此被认为是兴凯运动形成的基底。布列亚 - 佳木斯地块是一个有 Ar - 兴凯期基底组成的地块，早古生代为台型的盖层，生物组合与西伯利亚板块一致，属于西伯利亚亲缘地块；在佳木斯地块西缘"黑龙江群"

中，90年代初发现奥陶纪的放射虫硅质岩，并发现加里东期的蓝闪石片岩，说明早古生代佳木斯地块与松嫩地块之间有小洋盆相隔，在志留纪末两地块拼合为一体。早石炭世（C_1），贺根山－黑河洋封闭，松嫩与兴安岭造山带拼合到一起，南部与中朝板块仍隔着古亚洲洋；海西晚期至印支期，随着古亚洲洋的封闭和消亡，引起张广才岭拗拉槽褶皱封闭，并形成佳木斯地块西缘上甘河晚海西－印支期花岗岩带（NNE向）的形成。这些花岗岩应属裂谷闭合的碰撞型花岗岩，构成了我国北方规模最庞大的以白岗岩为特征的花岗岩带。晚古生代末，佳－蒙古陆与华北板块拼合，缝合线在西拉木伦河－长春南（双河镇）－延吉一线，侏罗－白垩纪具有西太平洋活动边缘的共同属性。由于伸展－拉张引起的断陷作用，松嫩地块于早白垩世发育成大型内陆湖盆；在张广才岭隆起的东部也发生断陷，形成了若干沉积－火山盆地，如三江、勃利、鸡西、延吉、营城、辽源等盆地，既发育白垩系丰厚的煤层，又有白垩系中酸性火山喷发。在松嫩地块西侧发育大规模钙碱性火山喷发与花岗岩侵入，形成我国三大火山岩带之一的大兴安岭火山岩带。中－新生代期间，本区发育了两条重要的岩石圈断裂：敦－密断裂和依－舒断裂。它们都是郯庐断裂的延伸，对原有地块与盆地的左行平移，造成了本区现今的构造格架。

4. 阴山北加里东－晚海西造山带

该造山带自南向北地层由老变新，依次发育震旦系渣尔泰群褶皱、变质带，震旦系－奥陶系白云鄂博群－温都尔庙群－呼兰群（吉东）加里东褶皱、变质带，志留系－早石炭系褶皱变质带以及中石炭系－早二叠系褶皱、变质带。

第三节　古亚洲洋的大地构造演化

古亚洲洋是地质历史时期存在于西伯利亚地台和古中国地台之间巨大的大洋，其东西和南北跨度大，形成演化过程复杂。古亚洲洋由众多大小不同的洋盆以及分布于洋盆之间的岛弧和地块组成。受制于研究区域的不同，目前对古亚洲洋的产生、扩张及消亡历史存在较大争议。古亚洲洋一般认为是新元古代就打开成洋的，应是罗迪尼亚超大陆裂解的产物，早古生代时扩张成为北方劳亚大陆与南方冈瓦纳大陆之间的大洋，它与南边的秦祁昆洋以及西边的特提斯洋存在密切关系，可能在某些地质时期相互连在一起同属一个大洋（李文渊，2018）。

一、西段的大地构造演化

1. 洋盆构造演化史（新元古代－晚古生代）

多数学者认为，古亚洲洋在新元古代就存在，其主洋盆为南天山洋，分隔着南边的塔里木板块与北边的北山－中天山－西伯利亚板块，并于900 Ma左右开始向北俯冲

（图 4 – 7A）。

早古生代（500 Ma）开始，南天山洋逐渐消减。在其俯冲作用下，东天山以北的准噶尔洋打开，并快速扩张，逐渐形成古亚洲洋的主洋盆，准噶尔洋也被称为南天山洋的弧后洋盆。这时，北山 – 中天山地块漂浮于古亚洲洋中间并靠近南边塔里木板块（图 4 – 7B）；

中晚奥陶世 – 中晚志留世，在加里东晚造山运动影响下，南天山洋关闭，塔里木地块与北山 – 中天山地块碰撞拼贴，同时准噶尔洋向南和向北俯冲消减，由于向南俯冲而引起弧后扩张，形成南天山弧后洋盆。并从塔里木板块分离出中天山地块，中天山成为当时的水下隆起或古岛弧，北、中、南天山恰好构成早古生代从北向南的沟 – 弧 – 盆体系（图 4 – 7C）。

晚古生代（晚石碳 – 早二叠世），受海西造山运动的影响，准噶尔洋持续向中天山地块俯冲消减，至早二叠世末，准噶尔洋封闭，天山造山带开始形成（图 4 – 7D）。由于晚海西运动十分强烈，且相伴着大规模花岗岩的侵入，人们常称之为"天山运动"和"天山花岗岩"。其中含有丰富的多金属矿产，是我国西部重要的多金属成矿带。这时期天山及邻区处于大陆裂谷背景（Xia et al.，2004），被认为与深部地幔柱作用有关（图 4 – 7E）。

2. 造山带构造演化史（中生代以后）

西段古亚洲洋消亡以后，中生代进入造山带的构造演化阶段。造山带的构造演化史主要分为四个阶段：

第一阶段（印支运动）。三叠纪时期，天山山体抬升、剥蚀，两侧盆地挠曲、沉降，这种状态的成因机制应为碰撞、挤压。

第二阶段（燕山运动）。侏罗纪时期，山体发生一些不太强烈的构造运动，断裂活动较明显；盆地表现为伸展型断陷盆地，其成因机制应为挤压作用减弱或停止，盆地的断陷伸展可能与深部作用有关。

第三阶段（喜山运动早期）。白垩纪至第三纪早期（$K \sim E + N_1$），山体被剥蚀、夷平，形成一个区域性的夷平面，盆地稳定地接受大面积的缓慢沉降，这一时期天山及两侧盆地地区受外部构造作用力很弱。从槽台学说的角度来看，这时期天山应处于从活动的褶皱带转为稳定地台的过程。

第四阶段（喜山运动晚期）。中新世以来至今，山体再次隆升、复活，盆地接受巨厚的粗碎屑沉积，其成因机制仍可简单地理解为碰撞和挤压，而其深部的动力机制还有待于研究。目前所见的紧闭、复杂的扇形复背斜褶皱和大规模的逆掩推覆构造，是早更新世末晚喜马拉雅运动的产物。由于西段古亚洲洋早在海西期已闭合形成造山带，这时期的造山作用普遍被认为属于陆内造山作用，称为天山再生造山带。

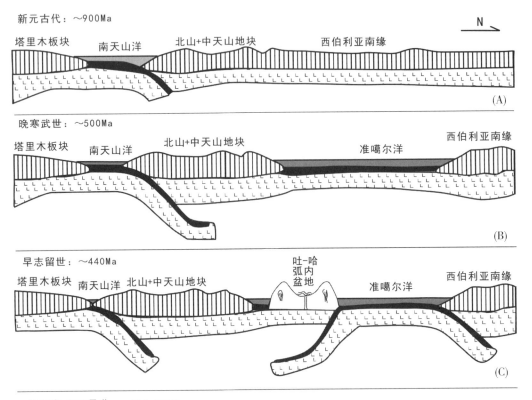

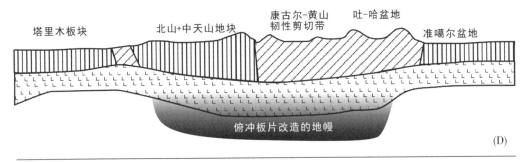

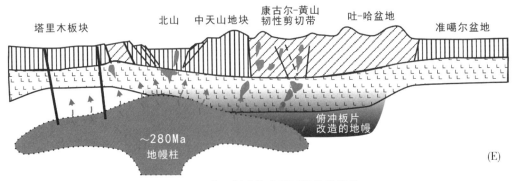

图4-7 古亚洲洋构造域西段构造演化

二、东段的大地构造演化

古亚洲洋东段构造演化可划分为以下阶段：

1. 大陆裂解阶段（晚太古代末 - 中元古代）

元古代，兴蒙造山带形成了太古界 - 下元古界结晶基底，主要发育麻粒岩相和部分角闪岩相变质岩，广泛分布在"内蒙地轴"及其向东延伸地带和西伯利亚板块南缘的阿尔丹等地，之后，兴蒙造山带的发展可能开始进入了陆内裂谷阶段。

2. 洋盆扩张阶段（新元古代 - 早古生代）

新元古代，西伯利亚板块南缘发育震旦纪 - 早寒武世的陆棚碳酸盐沉积覆盖于大量各种方向的新裂谷之上，正是这些裂谷导致古亚洲洋的打开，然而，它并不是一个简单的洋盆，而是由若干个小洋盆和微陆岛链或中间地块组成的巨大洋盆（图 4 - 8A）。

3. 洋壳俯冲消减阶段（早古生代 - 早二叠世早期）

早古生代时期，古亚洲洋洋壳板块开始向南俯冲消减，最终在晚泥盆世之前完成了俯冲碰撞，形成了华北板块北缘东西向早古生代加里东陆缘增生带。石炭纪至早二叠世早期，西伯利亚板块和华北板块之间仍存在一个残留海盆，但从沉积地层的垂向变化来看，海水逐渐退却这种演化时限可能持续到早二叠世早期（图 4 - 8B）。

4. 对接碰撞造山作用阶段（早二叠世末 - 晚侏罗世）

早二叠世末期，华北板块和西伯利亚板块开始发生了强烈的碰撞，兴蒙造山带进入了强烈碰撞造山作用阶段。另外，二叠系下统哲斯组与侏罗系土城子组呈角度不整合接触关系进一步说明，自早二叠世末期兴蒙造山带进入强烈对接碰撞阶段，开始隆起成陆（图 4 - 8C、D）。

5. 后造山阶段

印支期 - 燕山早期，兴蒙造山带一直处于古亚洲域构造背景下，构造环境为挤压环境，地壳以缩短变形加厚机制为主，然而在晚侏罗世以后，其构造格局与晚侏罗世以前的构造环境和构造格局截然不同（图 4 - 8E），兴蒙造山带进入太平洋构造域控制阶段。中生代太平洋板块斜向俯冲造成了佳木斯地块（前寒武纪基底裸露区）东西部两种截然不同的构造格局，东部表现为一系列地体的拼贴及推覆构造，中西部则表现为走滑伸展和盆 - 岭体制的形成。新生代太平洋板块正向俯冲导致兴蒙造山带向太平洋区的伸展减薄作用。

古亚洲洋东段经历漫长的构造演化，形成了现今的兴蒙造山带，但其形成演化过程却不是简单的拼合，兴蒙造山带并非简单的西伯利亚板块和华北板块之间的缝合带，而是由一系列中、小块体组成的构造拼合带。在与华北板块和西伯利亚板块拼合之前，这些中、小块体已经结束离散历史，形成了位于西伯利亚和华北板块之间独立的黑龙江板块。兴蒙造山带及邻区前燕山期的构造演化实际上是块体的多级序拼合过程，李双林（1998）认为整个演化过程可分为 4 个级序：晚元古代 - 晚加里东期地块的拼合与微板块的形成，早中海西期微板块的拼合与黑龙江板块的形成，晚海西期 - 早印支期黑龙江板块与华北板块的拼合，晚印支期 - 早燕山期西伯利亚板块与包括黑龙江板块在内的更大一级"华北板块"的拼合。燕山运动标志着南北对接历史的结束和环太平洋域构造

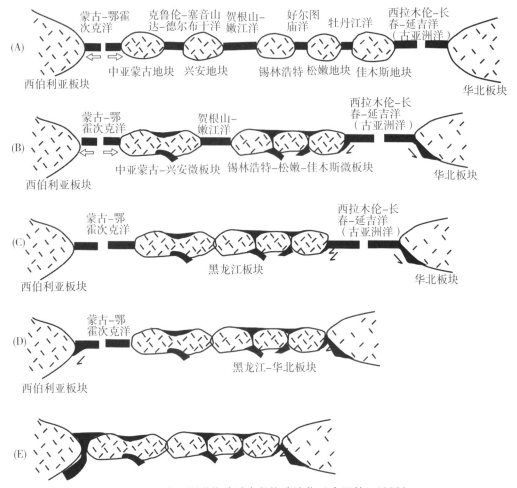

图 4-8　古亚洲洋构造域东段构造演化（李双林，1998）

演化的开始。尽管如此，对于古亚洲洋东段的闭合时间仍存在争议，部分学者认为碰撞缝合发生在晚二叠到早三叠世，同时指出兴蒙造山带的演化类似于环太平洋增生型造山带，古亚洲洋在古生代期间存在多次俯冲和岛弧增生过程（Chen et al.，2000；Miao et al.，2008；Song et al.，2015）；另一部分学者认为碰撞缝合发生在晚志留世或早-中泥盆世（邵济安，1991；Tang，1990；Xu et al.，2013）。

第五章 秦祁昆洋构造演化

第一节 秦祁昆洋的基本概况

秦祁昆洋构造域，即现今的昆仑－秦岭造山系或昆仑－秦岭褶皱系（最先由黄汲清先生命名）。该构造域从中元古代的原始秦昆洋开始，经过多次的分合形成了现在横贯中国中部的巨型造山系，其古大洋演化经历了原始秦昆洋、古秦祁洋、古特提斯洋的打开、扩张以及消亡过程。秦祁昆造山带包括昆仑、祁连、秦岭、松潘甘孜 4 个褶皱带（造山带）（黄汲清，1960），西起帕米尔，东到朝鲜半岛，横贯东亚中部，全长超过 5000 km。任纪舜等（1999）将昆仑－秦岭造山系自西而东分为西昆仑、东昆仑、阿尔金、祁连、秦岭－大别、苏胶－临津等 6 个造山带。

昆仑－秦岭造山带组成与结构的最大特点是东西分段、南北分带。东西分段即为上述的 6 个造山带，各段以大断裂相隔。在南北分带上，任纪舜（2004）将秦祁昆造山带分为北带、中带和南带。北带为阿尔金－祁连－北秦岭加里东造山带，加里东旋回之后，晚古生代和三叠纪长期处于相对稳定的状态，在南祁连还发育了泥盆系到三叠系的浅海相沉积盖层，只是到了中、新生代，才又遭受了印支、燕山和喜马拉雅造山作用的叠加改造。中带位于昆中断裂之北，以柴达木北缘断裂与北侧之祁连造山带为界，同样为加里东造山带，但与北带有重要区别，晚泥盆世前的早海西造山作用十分强烈，印支、燕山造山更加显著，因而形成西昆仑中央、东昆仑中央以及北秦岭东西延伸达 4000 余千米的多旋回构造岩浆杂岩带。南带以昆仑－秦岭多旋回缝合带，即昆中、商丹等断裂带为界，与中带分开，过去一般认为它仅仅是一个印支造山带，但近来的调查研究表明，加里东和海西造山作用在这里亦有显示。侏罗纪中、晚期，这里还有重要的地壳缩短和剪切挤压，说明该造山带有些区域在燕山旋回才结束造山过程。

姜春发等（2000）对三条带的构造属性进行了划分，认为北带主要为古生代造山带，属古亚洲构造域；中带为前寒武纪变质杂岩和花岗岩带（包括中秦岭、大别－苏鲁），属古老基底，古生代演化为岛弧；南带主要为印支造山带，属特提斯构造域。秦祁昆造山带的基底由不同时代前寒武系组成，它们性质不同，长期活动，控制了秦祁昆构造带的发展演化。秦祁昆造山带分北、南两带，北带基底埋藏浅，硬化固结程度高，稳定性好；南带基底埋藏深，硬化固结程度低，稳定性差（图 5－1）。

另外，秦祁昆洋构造域还表现出如下构造特征：①秦祁昆洋构造域（造山系）不仅是我国地表地质的南北分界，而且是我国现今岩石圈深部结构的重要界线，是地球物理场，包括重、磁、电、地震波速、热结构的南北分划带与异常带；②该造山系均主要是白垩纪以来急剧隆起成山，而非各自从造山期碰撞成山；③造山系各段的基本构造格架非常相似，均呈不对称的造山带几何模型，即造山带两侧地块向山脉下做巨大陆内俯冲；④中生代以来，该构造域总体处于统一的区域大地构造背景中，即太平洋、印度洋、欧亚三板块会聚处，在陆内形成广泛的陆内盆岭、多级多样式的构造变形组合以及巨大高差的地貌景观。

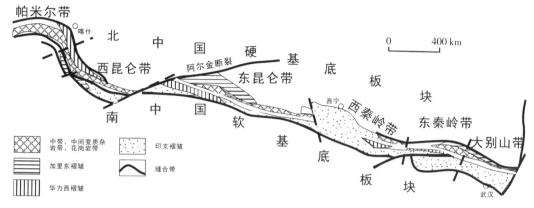

图5-1　秦祁昆造山带南北分带及东西分段特征（据姜春发等，2000，修改）

第二节　秦祁昆洋构造域的构造单元划分

秦祁昆造山系经历了晋宁期原始秦昆洋、震旦纪至志留纪古秦祁洋以及晚古生代之后古特提斯洋的叠加演化过程，其构造单元的划分应体现这三大古海洋的叠加影响。本教材参考了云金表等（2002）主编的《大地构造与中国区域地质》对秦祁昆造山系的构造单元划分方案，从该构造域的时空演化角度将其分为晋宁期、震旦纪至志留纪以及晚古生代之后的构造单元。

昆仑-秦岭地区，晋宁期分属于塔里木-华北板块南部边缘带（Ⅰ）和华南板块北部边缘带（Ⅱ）两大构造单元，沿康西瓦断裂、东昆仑中央断裂、武山-天水断裂、唐藏-商南断裂、内乡-桐柏-商城断裂和五莲-荣成断裂一线，大致为晋宁期板块结合带（即通称的秦昆结合带）。震旦纪至志留纪形成的叠加秦祁活动带（A），晚古生代以来被特提斯活动带（北支）强烈改造所产生的特提斯活动带（B）（图5-2）。

1. 塔里木-华北板块南部边缘（Ⅰ）

该构造单元位于秦昆结合带以北，北部跨入塔里木-华北地区，西端经帕米尔延出国境，东延至郯城-庐江断裂，在山东虽未出露，但极可能再向东入黄海。属昆仑-秦岭活动带的北带，是中晚元古时期塔里木-华北陆块濒临古秦昆海洋的陆缘活动带，它是由昆仑-阿尔金、北祁连-北秦岭裂陷褶皱带和南缘隆起带组成的弧盆体系（图5-2）。

2. 华南板块北部边缘（Ⅱ）

该构造单元是华南板块濒临古秦昆海洋的陆缘活动带，当时主要由鄂北-南秦岭碰撞褶皱带、张八岭-海州碰撞褶皱带和阿克赛钦地块、松潘地块、桐柏-大别山地块、胶南-苏北地块以及尚不十分确切的东昆仑褶皱带、摩天岭褶皱带组成。由于后期地质

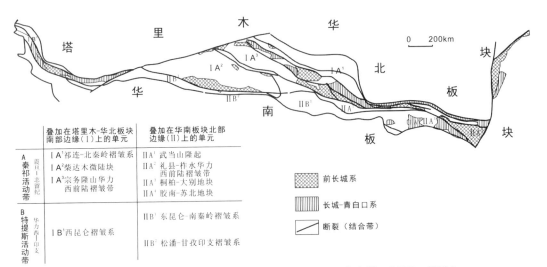

图 5-2 秦祁昆洋构造域的构造单元划分（据云金表等，2002，修改）

构造演化的影响，阿克赛钦地块和松潘地块分别位于川滇青藏地区的羌北-昌都-思茅微陆块和松潘-甘孜（陆缘）活动带的范围内（图5-2）。

3. 秦岭-祁连活动带（A）

秦岭-祁连活动带位于昆仑-秦岭地区的中东段，斜跨秦昆结合带，总体呈北西向。西端被阿尔金断裂截割，东抵郯庐断裂。郯庐断裂以东，转为北东向。全长大于3000 km。

本活动带是继昆仑-秦岭活动带之后，在震旦纪至志留纪期间中国中部的一个分裂-扩张-闭合-碰撞区。它以北祁连-北秦岭深海槽为界，将阿拉善-华北陆块与扬子、柴达木、塔里木等陆块分隔为两大陆块群。北部由河西走廊、鄂尔多斯西缘、小秦岭南缘组成一个狭窄的边缘带；南部大片地区是被古特提斯活动带叠覆的拉伸断陷掀斜区。郯庐断裂以东是大片前震旦纪结晶岩系。

活动带内部结构复杂，以北祁连-北秦岭为骨架形成条块结构。叠加在秦昆结合带以北的有祁连-北秦岭褶皱系和柴达木微陆块；叠加在秦昆结合带以南的有武当山隆起、桐柏-大别山地块和胶南-苏北地块，以及属于祁连-北秦岭褶皱系的前陆而延续至海西期分布在秦昆结合带两侧的宗务隆山、礼县-柞水褶皱带等7个次级单元（图5-2）。

4. 古特提斯活动带（B）

本区的古特提斯活动带，只是晚古生代至早中生代期间古中国板块西南侧濒临古特提斯海洋边缘活动带的一小部分，即西昆仑褶皱系和东昆仑-南秦岭褶皱系（图5-2）。

第三节　秦祁昆洋构造演化

秦祁昆洋构造域晋宁期分属于被原始秦昆洋分隔的塔里木－华北板块南部边缘和华南板块北部边缘，加里东期叠加发育了秦祁陆间海（洋），海西－印支期转为古特提斯洋北部的陆缘活动带。

秦祁昆造山系的实质是，原始秦昆洋、古秦祁洋、古特提斯洋形成演化和塔里木、华北、扬子、藏滇四大陆块碰撞拼贴以及滨太平洋、新特提斯构造叠加和改造的结果。区内发育了自晚太古代以来的各时代地层，沉积类型齐全。志留纪前全区皆为海相沉积，泥盆纪至三叠纪为海相与陆相沉积并存，侏罗纪后皆为陆相沉积。古生代各地层的古生物化石具有浓厚的南北混生色彩。

总之，昆仑－秦岭地区的构造演化是一部原始秦昆洋、古秦祁海洋、特提斯洋的发生演变和古中国大陆的形成发展史。从近30亿年的地质发展历史看，至少经历了五个发展阶段8个演化时期（云金表等，2002）（表5－1）。

1. 前长城纪——结晶基底形成阶段

区内最早的地质记录是太古宇。早元古时期，昆仑－秦岭及邻区已经存在大小不等的若干个陆核和陆块。北部东段分布有大片的太古宙岩系，有可能同古华北陆块相连；北部西段似乎也有由太古宇组成的陆核，并和华北陆块遥相对应。南部尚未发现确切的太古宇，但近年陆续报道存在有太古宙晚期孤立的硅铝质微陆核。

早元古代的地史就是在这种背景下开始的。早元古代，秦昆结合带以北，塔里木、华北古陆块以南的广大地区，在不稳定陆壳基底上发育有过渡型沉积建造，据推测是塔里木、华北古陆块南缘的延伸。秦昆结合带以南也发现有孤立的优地槽沉积建造，具有早期地壳演化阶段的某些特征。

2. 长城纪至清白口纪——原始秦昆海洋形成演化阶段

早元古以后发生的第一次构造分合事件，是原始秦昆海洋从形成、演化、关闭到塔里木－华北板块与华南板块对接碰撞形成原始中国古陆的一个全过程。被原始秦昆洋分隔的塔里木－华北板块和华南板块（图5－3），南部属拉张体系，北部为弧盆体系。北部最主要的构造是由西昆仑中央、阿尔金、柴达木、中祁连－北秦岭南缘等组成的一系列岛链状隆起和隆起北侧的西昆仑－阿尔金、北祁连－北秦岭弧后海槽系。

原始秦昆洋大体经历了以向北为主的三次消减活动：第一次发生在长城纪末，第二次发生在蓟县纪晚期，第三次大致在青白口纪末。最后一次消减导致南北陆壳碰撞，形成秦昆结合带，并使南部板块上的沉积物质皱起，北部也隆升成陆（图5－3）。

原始秦昆洋经后来多次改造，已是一个不复存在的失踪海洋，地表仅表现为分隔不同类型基底的断裂线，沿线或两侧出现不同期的蛇绿岩、榴辉岩、蓝闪片岩、超基性岩，地球物理场或为重力梯度或为磁力梯度等各种分界构造标志。

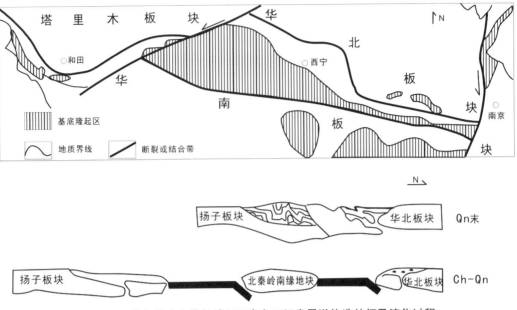

图5-3　秦祁昆造山带长城纪至青白口纪秦昆洋构造特征及演化过程

3. 震旦纪至志留纪——秦祁海洋形成演化阶段

早元古以后发生的第二次构造分合事件，是祁连-北秦岭海洋张开-闭合和华北陆块与塔里木、柴达木、华南联合陆块群对接碰撞的古中国大陆形成期。

从震旦纪至早寒武世的2亿年间，原始中国古陆经历陆相磨拉石-火山磨拉石、陆地冰川-陆棚冰水以至陆棚浅海的发展之后，祁连-北秦岭海槽张开，原始中国古陆分裂。

以北祁连-北秦岭-北淮阳和南祁连-拉脊山-北秦岭南缘两条海槽活动线和中祁连-北秦岭链状隆起组成的断裂海槽系，将华北、阿拉善和塔里木、柴达木、华南分为两大陆块群（图5-4）。

北缘有狭窄的边缘过渡带，南部是宽广的断陷、掀斜型拉伸被动陆缘。中奥陶世海槽系开始向北移动；志留纪末两陆块碰撞；泥盆纪时两陆块造山、隆起，山间和北部形成磨拉石，南部发育前陆（海）盆地（图5-4）。

4. 泥盆纪至中三叠世——古特提斯洋形成演化阶段

这是早元古代以后的第三次构造分合事件，是古特提斯洋演化关闭和古中国大陆与藏滇陆块（基梅里大陆-冈瓦纳大陆的一部分）对接、碰撞继而陆内汇聚，欧亚大陆形成期。

昆仑-秦岭地区仅是古中国大陆濒临古特提斯边缘弧后体系的一小段，主要表现为昆仑山弧后海槽的张开-闭合，塔里木-柴达木与喀喇昆仑-可可西里-唐古拉的对接统一。

它的演化经历了前后二个时期：泥盆纪稳定发展期，发育陆相、海陆交替相和陆表海沉积，气候温和，生物繁盛，繁衍了东亚特有的脊椎动物组合沟磷鱼、浆鳞鱼、拟瓣鱼和陆地植物裸蕨类。进入早石炭世，西昆仑和东昆仑南坡分裂扩张，出现洋壳（图5-5），晚石炭世早期开始俯冲。

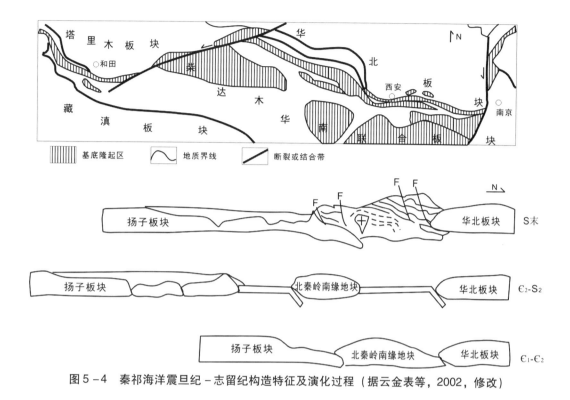

图 5-4　秦祁海洋震旦纪–志留纪构造特征及演化过程（据云金表等，2002，修改）

　　由于古特提斯洋是东宽西窄，呈喇叭状向东开口的局限洋盆，它的关闭也呈"剪刀状"从西向东进行，因而出现西昆仑石炭纪末闭合碰撞，早二叠世形成为磨拉石建造。东昆仑早二叠世末闭合碰撞，北侧形成陆壳重熔花岗岩（图 5-5）。上二叠统与下伏地层之间，从西向东，从不整合逐渐过渡到假整合。东昆仑东段、阿尼玛卿和西秦岭的复理石海盆，中三叠世末结束，晚三叠世形成磨拉石。

　　洋壳的俯冲消失导致藏滇板块对古中国大陆的碰撞，首先是以弧陆对接开始的，随着俯冲的继续，推动它的弧盆体系向后陆区汇聚，导致巴颜喀拉、松潘–甘孜等原来的活动防线转化为被动防线并发育巨厚复理石楔。至中三叠世末，东昆仑南坡、南秦岭和阿尼玛卿形成陆内堆叠并首先皱起形成早印支褶皱。继而松潘–甘孜、南巴颜喀拉以及更南的唐古拉也相继卷入，形成晚印支褶皱和燕山褶皱（图 5-5）。这样，在昆仑–秦岭地区构成从西向东和从北向南的双向造山迁移格局。

5. 晚三叠世至第四纪——滨太平洋、新特提斯叠加改造阶段

　　晚三叠世至早白垩世，由于新特提斯洋壳向北俯冲，昆仑山、阿尼玛卿山和西秦岭等年轻印支山系发生大规模的基底滑脱、推覆、逆掩和新生沉积物的继续变形。东部由于库拉–太平洋板块相对中国大陆由南南东向北北西的移动和新特提斯洋脊向北俯冲活动的共同影响，导致中国南部大陆整体向北移动，并向秦岭–大别陆内造山带碾压过来，从而使东秦岭、大别山已经存在的多层次韧性滑脱和逆冲推覆体系继续发展，连续造山。郯庐断裂也以左旋直扭方式，将东部扬子陆块向北推动。晚白垩世至早第三纪，当新特提斯洋即将封闭、印度大陆向欧亚大陆逼近并发生碰撞时，挤压达到极限。

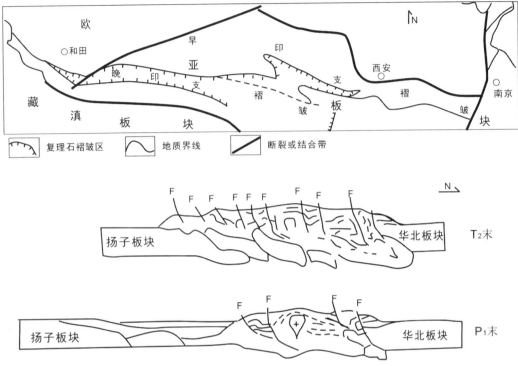

图5-5 秦祁昆洋泥盆纪至中三叠世构造特征及演化过程（据云金表等，2002，修改）

在亚洲大陆的阻隔之下，这种挤压由向北改变为向东，向槽台嵌合体的中国大陆推进，并沿着早期槽台镶嵌体中业已存在的东西向或北西西向断裂做大规模走向滑移，推动各古老地块向东蠕散、扩张。伴随这一活动，形成秦祁昆山系中一系列与走滑拉分、升降旋转活动有关的北西西向红盆，如信阳、周口、陕西、淅川、商丹、山阳等白垩纪至早第三纪红色盆地沉积。

在此影响下，还使原来左旋活动的郯庐断裂停止活动以至逆转形成引张，出现潢川、南襄、华北和苏北等断陷盆地。以四川盆地为核心的上扬子地块也向北以平移、旋转方式楔入秦岭，使秦岭山系构造线出现奇特的"蜂腰"现象。

第三纪晚期以来，太平洋板块相对中国大陆已经由北北西向的移动转变为北西西向的俯冲，新特提斯域的影响已不再能向东滑移、蠕散。

因而本区东段主要表现为弧盆体系和弧后的强烈沉降，处于中段的秦岭地区则表现为断块掀斜和隆升调整。西部印度板块与欧亚板块的碰撞，也促使青藏高原强烈隆升，早期的褶皱山系"复活"，昆仑山前、祁连山前形成强烈沉陷，堆积数千米厚的磨拉石，并伴有强烈褶皱和山体向盆地中心堆覆。

表5-1 秦祁昆洋构造域构造发展

地质年代（Ma）		构造期	主要地质事件	地质发展阶段
第四纪	Q	喜马拉雅	滨太平洋、喜马拉雅构造叠加改造。断块、隆升、推覆。沟、弧、盆、岭	滨太平洋、特提斯构造叠加改造阶段
第三纪	N E		滨太平洋、特提斯构造叠加改造。走滑、拉分、引张、断陷	
白垩纪	K	燕山		
侏罗纪	J		滨太平洋、特提斯构造叠加改造。滑脱、推覆、逆掩、变形	
三叠纪	T	印支	冈瓦纳大陆对欧亚大陆汇聚，早印支山系形成	古特提斯形成演化阶段
二叠纪	P	海西	古特提斯洋关闭。古中国大陆与滇藏（基梅里-冈瓦纳）统一，弧后洋盆闭合，岛弧与后陆统一，欧亚大陆形成	
石炭纪	C			
泥盆纪	D			
志留纪	S	加里东	祁连-北秦岭海槽闭合，阿拉善-华北与塔里木、柴达木、华南对接统一，古中国大陆形成	秦祁海洋形成演化阶段
奥陶纪	O			
寒武纪	?			
震旦纪	Z			
青白口纪	Qn	晋宁	秦昆陆间海关闭，塔里木-华北与华南（扬子）对接统一，原始中国古陆形成	秦昆海洋形成演化阶段
蓟县纪	Jx	四堡		
长城纪	Ch			
古元古代	Pt₁	吕梁	塔里木、华北陆核扩大、增生，扬子陆核集结形成	结晶基底形成演化阶段
太古宙	Ar			

（据云金表等，2002）

第四节 秦祁昆造山带各段结构构造及演化特征

一、昆仑造山带

昆仑造山带东西长约2000 km，南北宽150～300 km。东端止于西秦岭的昆秦岔口，西端止于塔什库尔干断陷，内部以 NE-SW 向的库牙克-龙木错断裂（前人称阿尔金-拉竹龙断裂或若羌-拉竹龙断裂、库牙克裂谷）为界，分为东昆仑与西昆仑两个地槽褶皱系（简称东昆仑与西昆仑）。东昆仑北以北带、中带与柴达木坳陷为邻，南以东昆仑南缘断裂与巴颜喀拉地槽褶皱系分开；西昆仑北以西昆仑北缘断裂与塔里木地台的塔南断隆相接，南以喀喇昆仑北缘断裂与喀喇昆仑地槽褶皱系为邻（图5－6）。

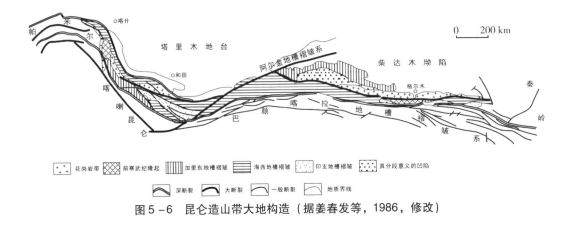

图5－6　昆仑造山带大地构造（据姜春发等，1986，修改）

东、西昆仑地槽褶皱系，自扬子旋回起，经历了几次重要分裂与拼合。前者为中奥陶世末的早加里东运动、早石炭世的中海西运动、早二叠世末的末期海西运动和中三叠世末的早印支运动。后者为晋宁运动（或塔里木运动）、早泥盆世初的晚加里东运动、早二叠世末的末期海西运动和中三叠世末的早印支运动或晚三叠世末的晚印支运动。塔里木运动，使昆仑与塔里木等地的地槽型沉积产生褶皱，成为古中国地台的一部分。

寒武纪之后，昆仑地壳逐步沉陷，古中国地台逐步解体，形成昆仑地槽。早加里东运动，使东昆仑北带及阿尔金等地裂开成洋。这一期地壳分裂，也使北秦岭、北祁连、柴达木北缘、北山、西准噶尔及哈萨克斯坦巴尔喀什湖西南等地裂开成洋。

早泥盆世初的晚加里东运动（包括晚志留世或早泥盆世的运动），使昆仑地壳开始拼合，地槽的大部分地段形成褶皱带。至晚泥盆世，昆仑及其邻区许多地段，出现红色陆相地层，标志着地台的扩大和地槽的缩小已达极限，构成泥盆纪古大陆。

早石炭世的构造运动，使中国西部地壳下沉，海侵广泛，昆仑再一次形成地槽。陆壳沿西昆仑北缘裂开而成洋，分隔了西昆仑地槽与塔里木地台。与此同时，在东昆仑东段的中带与南带之间，也有局部裂开并形成洋壳。这一期地壳分裂，涉及面更广，准噶尔、蒙古、中国天山、前苏联天山、哈萨克斯坦斋桑地区，以及与西昆仑相连的帕米尔等地，皆裂开成洋壳。

早二叠世末的构造运动，使东昆仑南缘开始分裂，昆仑由此而受到挤压，产生褶皱。东昆仑大部分地区及西昆仑北带皆上升成陆。冈瓦纳大陆可能沿西昆仑南缘断裂与西昆仑碰撞。昆仑与其南北的广大地区连为一体，形成广阔的二叠纪的古大陆。这是一次极为重要的拼合，同时也是东昆仑南缘另一分裂的开始。

早二叠世末的构造运动之后，东昆仑南缘继续扩张，洋壳不断加宽，南北两侧海水不断加深，到早－中三叠世时，巴颜喀拉变为深水浊流沉积，而东昆仑东段则再一次形成浅海地槽。

中三叠世末的早印支运动，在东昆仑引起地壳拼合，使西昆仑进一步分裂。东昆仑南缘洋壳向北俯冲，导致东昆仑地槽最终封闭而转化成褶皱带、印支期花岗岩的形成、晚三叠世陆相火山岩的喷发，以及接合带北侧形成变质带。这是东昆仑最后一次拼合。这一运动，进一步使西昆仑地槽加深，形成巨厚而广阔的晚三叠世浊流沉积。此外，沿西昆仑中央断裂也发生扩张而形成断陷，其中充填晚三叠世海相碎屑岩夹二叠纪灰岩块的滑塌堆积。这一期分裂，在帕米尔出现了洋壳，并延至侏罗纪。

三叠纪末的晚印支运动，使西昆仑南带印支地槽最终封闭，形成褶皱带。昆仑与巴颜喀拉、秦岭等地连为一体，构成侏罗纪古大陆。此后，东、西昆仑转为陆内演化阶段。

上述昆仑造山带演化历程，可归纳为三个阶段：基底演化阶段、洋陆转化阶段（塔里木运动至晚印支运动）和陆内演化阶段。每个阶段，地壳都是在分与合的"手风琴运动"中向前演化。姜春发等（1986）总结了昆仑造山带的6个构造特征：

（1）多旋回构造运动清楚地记录了从晋宁运动或塔里木运动以来具有几次重要分裂与拼合的演化。拼合时，由洋壳转化为陆壳，由地槽褶皱转化为地台或褶皱带；分裂时，由陆壳转化为洋壳，由地台或褶皱带转化为地槽。

（2）具有南北分带、东西分段的特征。以花岗岩类和结晶片岩构成中带，由此隔成南带与北带。各带沿东西走向又可分段。中带形成最早，北带次之，南带最晚且结构复杂，具有加里东、海西和印支各期地槽褶皱。

（3）构造迁移明显。由北向南侧向迁移；东、西昆仑南带在印支期及其以前，为由西向东走向迁移，印支期后，则为由东向西。

（4）变形强烈，多期叠加，以印支期最强烈、最重要。褶皱多呈紧密线状，常见倒转及平卧，叠瓦构造较普遍，推覆构造也较常见，总体呈扇形构造。

（5）花岗岩类发育。多沿中带出露，构成东、西昆仑花岗岩带。时代以海西期和印支期为主，岩性多为二长花岗岩和花岗闪长岩，成因以陆壳物质重熔为主。在岩石化学特征上，印支期东、西昆仑十分相似；前印支期及后印支期，东、西昆仑具有相反的演化趋势。

（6）蛇绿岩分三带。西昆仑北缘蛇绿岩带和东昆仑中央蛇绿带，形成于早石炭世；东昆仑南缘蛇绿岩带，为晚二叠世至中三叠世的产物。蛇绿岩因后期构造变动，皆成蛇绿混杂堆积。根据稀土元素等资料，蛇绿岩多为陆壳初始分裂的产物，少量属于洋脊型，分裂时间较长，形成小洋盆。

二、祁连造山带

祁连造山带是夹持于华北地台与柴达木地块之间的造山带，主体在青海、甘肃交界的祁连山地区。造山作用涉及河西走廊、陇东地区及柴达木的北缘。由北向南可分为3个带：中祁连是基底隆起带，出露有变质结晶基底；北祁连是早古生代的深海槽及活动大陆边缘，发育有几条蛇绿岩带及大量岛弧火山岩；南祁连则是一个早古生代的被动大陆边缘，特别是志留纪发育了大量碎屑复理石。加里东运动后全区隆起，泥盆纪的磨拉石沉积广布于山前凹陷中，华北与祁连、柴达木拼合，形成统一的华北陆块。中新生代后期，祁连再次受到挤压，山体再次隆升，并形成了向两侧推覆的逆冲构造带。

自早元古代末，塔里木－中朝地块南缘陆续解体以来，祁连造山带经历了晋宁旋回、加里东旋回和海西－印支旋回3次重要的开合演化史，最终使塔里木－中朝地块南北完全脱离了海洋包围，大小陆块与其间的活动带拼合焊接，古亚洲大陆形成，陆壳进一步增生、增厚。一般在开合作用早期的拉张阶段，以发育中基性火山岩和基性－超基性岩为特征，局部可能形成层序型蛇绿岩套。在晚期挤压关闭阶段，则有中酸性火山岩和陆壳重熔型为主的花岗岩类侵位。早、晚期岩浆岩共处于同一断裂带中。断裂带还集早期伸展与晚期挤压构造形迹于一体，尤以晚期挤压构造形迹更为醒目，而且晚期旋回产物常会继承、改造早期旋回产物。火山活动、岩浆侵入、构造形变和变质作用的发展程度在横向上存在不均一性，说明在一个大的断裂带内可能存在多个构造－热动力中心（图5－7）。

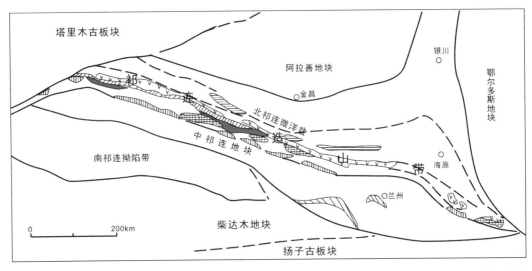

图5－7　祁连及邻区早古生代构造单元及蛇绿岩露头分布（据姜春发等，1986，修改）

中新生代，祁连造山带已完全处于刚性增厚的陆壳范围，并处在古亚洲构造域、特提斯－喜马拉雅构造域和滨太平洋构造域"品"字形挤压应力场作用下。从印支期到喜马拉雅期，特提斯－喜马拉雅构造域发生多次开合作用，洋壳向北俯冲，陆壳向南增生。与此同时，由于构造应力的传递效应，祁连造山带的刚性陆壳发生活化，产生多旋回的断裂、褶皱作用，形成浅层断隆与断盆的有序排列。李四光教授所称的祁吕系（西翼）、河西系、陇西系、康藏系（头部）等都是在这种应力场背景下发展成熟的直扭旋扭构造体系。

第三纪以来，随着特提斯洋的消亡和印度大陆与中国大陆的碰撞、挤压，导致我国西南部陆壳发生强烈缩短、增厚与抬升，造就了雄伟的世界屋脊——青藏高原。祁连造山带也卷入其东北边缘，形成现今高耸的地貌景观。同时，已形成的盆岭构造在挤压与旋扭作用下进一步受到改造，盆地中心发生迁移。

祁连造山带动力学演化模式可分为以下几阶段（图5－8）：

（1）古元古代陆块形成阶段。区内存在中祁连和南祁连两个陆块，现今分布的范围较小，但这并不代表它们原来的大小，它们为不断经过演化和改造而残留下来的部分。

（2）中元古代成熟大洋阶段。大洋玄武岩高原形成。

（3）晚元古代末—早古生代构造体制转换阶段。被动陆缘转换为活动陆缘，随着原始特提斯洋的不断扩张和发展，至晚元古代末进入原始特提斯洋阶段，整个构造演化进入重要的转折期，区内三个大洋向相邻陆块开始发生俯冲，各陆块边缘演化成活动陆缘，并形成了相应的构造和岩浆活动。

（4）海西—印支期陆内造山阶段。志留纪末的祁连运动席卷整个祁连地区，使祁连造山带转变为大陆环境，形成统一的泥盆纪古大陆。随着构造运动的演化，祁连造山带陆续进入陆内造山阶段，发生了陆内俯冲和伸展。

（5）晚中生代—新生代高原隆升阶段。三叠纪末的印支运动，使整个祁连山的上叠盆地褶皱成山，此后进入盆－山构造期。在陆内造山阶段，发育大量的伸展型韧性剪切带，在其形成过程中，伴随大量花岗岩及隆升作用。

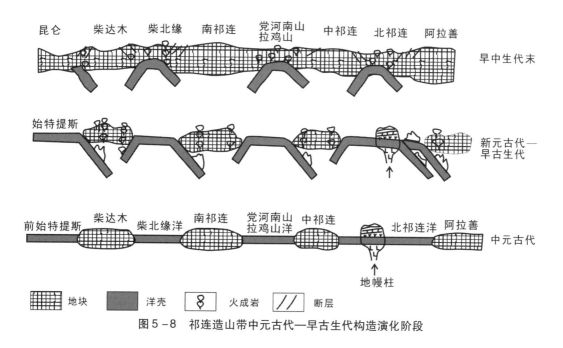

图5－8　祁连造山带中元古代—早古生代构造演化阶段

三、秦岭－大别造山带

秦岭—大别造山带是我国横贯东西、分割南北的巨型的中央造山带的主要组成部分，是中国华北和扬子两大陆块的构造结合地带，是一个典型的碰撞造山带。

秦岭—大别造山带呈 NWW 向，西起青海东部，以兴海盆地与东昆仑造山带相隔，向东经甘、陕、豫、皖诸省，在合肥以东被郯庐断裂所截，长超过 1500 km，宽 100～250 km。其范围包括秦岭、大巴山、武当山、大别山。习惯上按宝成铁路（或徽成盆地）和南阳－襄樊盆地把造山带沿走向分为三段，分别称为西秦岭、东秦岭、桐柏－大别造山带。

秦岭－大别构造分带（张国伟，1995，2001）总体构造格局为由两条缝合带分割三个板块，华北地块南缘带－华北板块与秦岭带－秦岭微板块之间为商丹板块主缝合带，秦岭带－秦岭微板块与扬子北缘带－扬子板块之间为勉略板块缝合带（图5－9）。

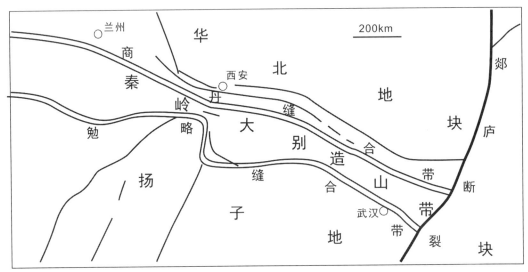

图5－9　秦岭－大别构造带构造（据张国伟等，1986，修改）

1. 商丹板块主缝合带

位于秦岭中部，东西向长上千公里，宽8～10 km，为板块碰撞主缝合带。其主要判别依据：①商丹带内残存有 Pt_3 和 Pz 两类不同性质的蛇绿岩和火山岩，其中 Pt_3 是小洋盆型，如松林沟、黑河等，Sm－Nd 年龄 983～1124 Ma；而古生代多为岛弧型，Sm－Nd 年龄 357～402 Ma、487 Ma；②商丹带内发育碰撞花岗岩，年龄 323～211 Ma（U－Pb 和 Rb－Sr），而其北侧成带分布的两期俯冲花岗岩（793～659 Ma、487～382 Ma），显示自南向北的极性，指示向北俯冲；③商丹主缝合带是长期（Pt 开始）分割秦岭南北的界线，两侧地层和沉积反映为不同大陆边缘（图5－10）。

2. 勉略板块缝合带

位于秦岭－大别造山带南侧，其判别依据为：①勉略段发育有 1～5 km 宽的构造混杂岩带；②发育有勉略蛇绿岩，年龄为 241 Ma（Sm－Nd，T_1）、220.2 Ma（Rb－Sr，T_3），勉略带北侧有一系列印支期俯冲型花岗岩带，219.9～207.7 Ma（U－Pb，T_3）；③勉略－巴山弧缺失 O－S，发育了 D－T 深水相的浊积岩、硅质岩、炭质岩，在略阳三岔子附近蛇绿构造混杂岩中的硅质岩中，有保存较好的 C_1 放射虫化石（冯庆来，1996），在黑色泥岩中发现有 D 浅水牙形石，反映时代、岩相的构造混杂。张国伟认为，沿勉略－巴山－大别南缘曾有一有限扩张洋盆（D 开始打开），勉略带就是其消亡后保存的遗迹（图5－10）。

总体上来看，秦岭－大别造山带构造演化可以概括为以下几个阶段（图5－11）：①古元古代：造山带基底形成；②中元古代：华北南缘裂陷、发育由豫陕裂陷槽和吕梁

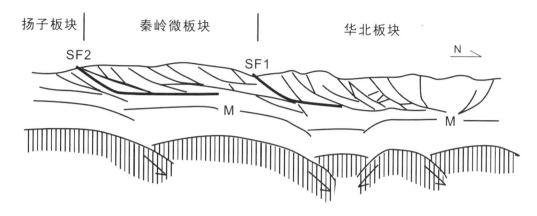

M：莫霍面　　SF1：商丹缝合线　　SF2：勉略缝合线

图 5 – 10　商丹、勉略缝合带构造剖面（据张国伟等，1986，修改）

裂陷槽构成的三叉裂谷系；③新元古代：裂谷继续发育，豫陕裂陷槽发展形成秦岭洋，秦岭从华北板块分出成为秦岭微板块；④加里东期：华北板块和秦岭微板块之间的北秦岭洋沿商丹带消减，两板块碰撞；⑤海西期：北秦岭为陆内挤压收缩，南秦岭洋盆 D 开始沿勉略 – 巴山 – 大别南缘打开；⑥印支期：北秦岭为强烈陆内挤压收缩和造山作用，南秦岭洋盆沿勉略带消减，T₃扬子与北部的华北 – 秦岭板块碰撞；⑦燕山 – 喜山期：强烈构造、岩浆活动和断陷盆地发育阶段。

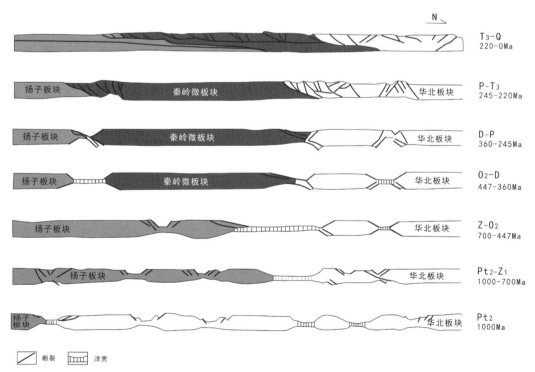

图 5 – 11　秦岭 – 大别构造带构造演化过程（张国伟等，2001）

第六章　青藏—三江特提斯洋构造演化

第一节　青藏特提斯洋构造演化

　　1893 年，奥地利地质学家休斯（Eduard Suess）根据阿尔卑斯山脉与非洲的化石记录，提出过去在北方劳亚大陆与南方冈瓦纳大陆之间，曾有个浅内海存在。休斯用希腊神话中一位女神特提斯（Tethys）的名字将上述横贯欧亚大陆的古海洋定义为特提斯洋或特提斯海，并指出这个古海洋的痕迹正保存于那些高耸的喜马拉雅和阿尔卑斯巨大褶皱中。

一、青藏特提斯洋的基本概况

　　青藏特提斯洋位于特提斯洋的东段，随着印度板块与欧亚板块的碰撞，古大洋闭合后形成现今的青藏高原。印度－欧亚板块碰撞是新生代地球上最为壮观的重大地质事件（图 6-1）。碰撞及碰撞以来，青藏高原的广大地域在变形、地貌、环境及其深部结构方面都发生了深刻地变化，与碰撞前截然不同。

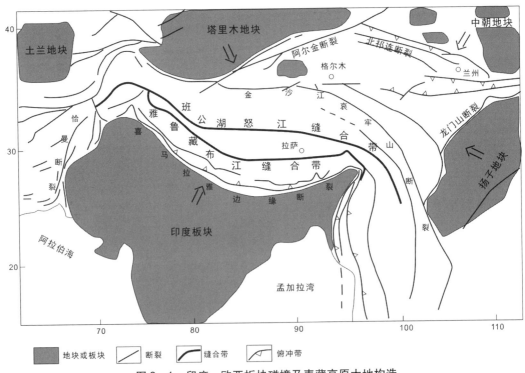

图 6-1　印度－欧亚板块碰撞及青藏高原大地构造

　　青藏高原的前身就是一部特提斯洋的演化史，新元古代以来由"多陆块、多岛弧"组成的基本格架和（始、古）特提斯洋盆开启和消亡的聚散历史，显示了"多洋（海）盆、多俯冲、多碰撞和多造山"长期的动力学作用过程，最后构筑了由"阿尔金－祁连－昆仑始特提斯造山系"和"松甘－羌塘－拉萨古特提斯造山系"组成的印度－亚洲前碰撞"巨型复合碰撞造山拼贴体"（许志琴等，2007）。因此，青藏高原的形成是地质历史过程中微板块或地体连续碰撞和拼合的结果，新特提斯洋盆的开启、消减和闭合，导致50～60 Ma前的最后一次印度－亚洲碰撞（图6－2）。因此，在新元古代以来长期活动多期造山及新生代最后隆升的基础上形成的青藏高原称为"造山的高原"。

图6－2　印度－亚洲碰撞漫画（构造地质学家 M. Mattaruer 遗作）

　　印度－亚洲大陆碰撞之后，板块之间汇聚收敛并未终止，印度板块仍以44～50 mm/a 的速率往北推进，俯冲到亚洲大陆之下。现在所见的印度板块要比陆－陆碰撞之前古印度板块的规模小得多。在大印度板块变成小印度板块的过程中，约有1500 km的南北向缩短量由地壳增厚的过程来吸收，使青藏高原成为2倍于正常地壳厚度的巨厚陆壳体（平均厚度70 km），并形成了印度与西伯利亚板块之间南北2000 km、东西3000 km巨大范围的新生代陆内变形域。

　　在特提斯洋关闭过程中，印度板块与欧亚板块汇聚速率和角度发生过多次变化，其中72～67 Ma、62～56 Ma、45～35 Ma、22～20 Ma、13～10 Ma几个阶段较为明显，显示出构造事件的多阶段性（图6－3）。

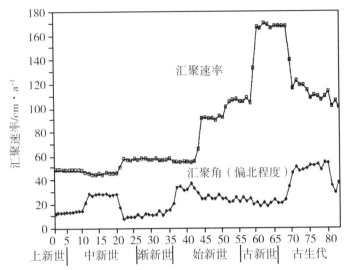

图6-3　印度板块与欧亚板块汇聚速率及角度变化（据 Lee T. Y. 等，1995）

二、青藏构造域的构造单元划分

青藏高原的形成演化研究一直是地学界的热点，先后有不同学派的学者对青藏高原的大地构造单元作了划分，并不同程度论述了其地质特征及其地史演化。近几十年来，随着青藏高原地质调查工作的开展，地质志、矿产志的编写和区调工作的进行，对该区地质构造特点的认识不断深化，这些都为大地构造单元划分奠定了良好的基础。不同的学者/学派曾提出了不同的划分方案。

潘桂棠等（2009）以地层划分和对比、沉积建造、火山岩建造、侵入岩浆活动、变质变形等地质记录为基础，承接融合中国"三大主流大地构造观"的经典划分理念，在板块构造－地球动力学理论指导下，以成矿规律和矿产能源预测的需求为基点，以不同规模相对稳定的古老陆块区和不同时期的造山系大地构造相环境时空结构分析为主线，以特定区域主构造事件形成的优势大地构造相的时空结构组成和存在状态为划分构造单元的基本原则，在全国大地构造单元划分过程中，把西藏－三江造山系划分为巴颜喀拉地块、三江弧盆系、羌塘弧盆系、班公湖－怒江－昌宁－孟连结合带、拉达克－冈底斯弧盆系、雅鲁藏布江结合带、喜马拉雅地块、保山地块以及崇左弧盆系。

李德威（2003）从盆山作用及其隆升构造出发，初步将青藏高原及邻区的大地构造单元划分为4个部分：①原中央，即青藏高原腹部的羌塘地区，以地势较平坦、地壳巨厚为特征；②原内带，由冈底斯、松潘－甘孜、巴颜喀拉、可可西里组成，是原中央与青藏高原周缘造山带（原缘山）的过渡带；③原缘山，指喜马拉雅、龙门山、东昆仑、西昆仑等造山带，地势高，但地壳并不是最厚；④原外盆，包括环绕青藏高原的锡瓦利克、川西、柴达木、塔里木等前陆盆地，它们地势低，充填快，地壳较薄。

许志琴等（2011）根据青藏高原形成、周缘造山带崛起以及大量物质侧向逃逸的基本格局，从大陆动力学视角出发，将"印度－亚洲碰撞大地构造"与"前碰撞大地构造"区别开来进行研究，将印度－亚洲碰撞的大地构造单元划分为：青藏中央高原、冈底斯－喜马拉雅主俯冲/碰撞造山带、青藏高原周缘挤压转换造山带和侧向挤出地体群等。其中，青藏中央高原即青藏腹地，冈底斯－喜马拉雅主俯冲/碰撞造山带包括冈底斯"安第斯山型"俯冲造山带和"喜马拉雅山型"主碰撞造山带，青藏高原周缘挤压转换造山带包括北缘"西昆仑－阿尔金－祁连"挤压转换造山带、东缘"龙门山－锦屏山"挤压转换造山带、东南缘"中缅"伊洛瓦底挤压转换造山带和西南缘"印－巴－阿"阿莱曼挤压转换造山带，侧向挤出地体群包括青藏高原东构造结东南部大型走滑断裂：鲜水河－小江、哀牢山－红河、澜沧江、嘉黎－高黎贡、那邦和三盖断裂为边界的南松甘、兰坪、保山、腾冲等挤出地体群；以及青藏高原西构造结两侧的"甜水海"、"兴都库什"、"喀布尔"和"阿富汗"侧向挤出地体群（图6-4）。该构造单元划分方案包含范围较广，较详尽。

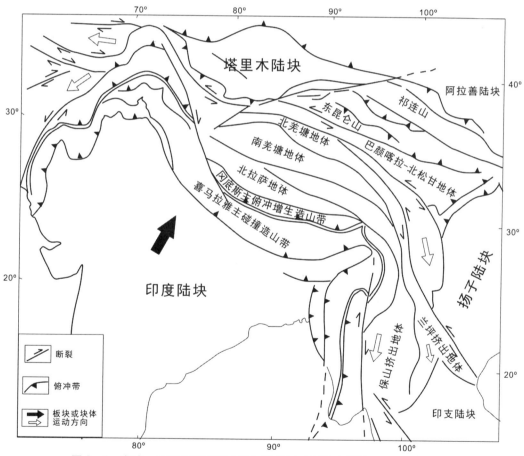

图6-4 印度－亚洲板块碰撞大地构造单元（据许志琴等，2011，修改）

块体构造学说认为，中生代期间，羌塘、冈底斯、印度块体先后从南大陆北上，使特提斯作手风琴式启闭，形成特提斯域的锋线（张训华等，2014）。依据块体构造理论，青藏高原可划分为三个块体（喜马拉雅块体、冈底斯块体和羌塘块体）以及三个结合带（雅鲁藏布江结合带、班公湖－怒江结合带和松潘－甘孜结合带）。三个块体具有亲冈瓦纳大陆的属性，三个结合带分别对应于古、中、新特提斯，因此该方案是一个简洁明了的青藏高原构造单元划分方法。

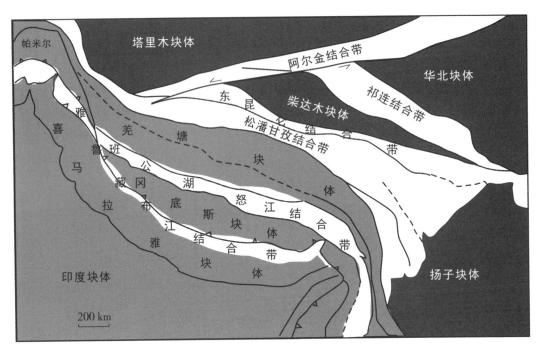

图 6-5　块体构造学说的青藏高原构造单元（冯岩等，2013）

青藏高原造山带包括巴颜喀拉、唐古拉、冈底斯 - 念青唐古拉、喜马拉雅造山带，东南与三江造山系相连。同时，印度 - 欧亚板块碰撞及后期隆升带来的效应是深远的，不仅限于青藏高原，还包括周缘甚至中国东部更广阔的地区，如许志琴等（2011）提出的周缘数条转换造山带。不同的学者以不同的大地构造理论为基础，在划分方案上有区别也反映了青藏高原构造演化的复杂性。

三、青藏特提斯洋的构造演化

现今青藏高原的前身是特提斯洋，其形成和演化是当代地球科学最关注的科学问题，不但涉及到地块间的陆陆碰撞、造山带的形成与演化等大地构造问题，还包括地壳的横向缩短以及地壳的垂向增生等科学问题。特提斯洋的消亡和青藏高原的形成演化不是一个大洋简单的威尔逊旋回，而是诸多地块（包括柴达木地块、松潘 - 甘孜地块、羌塘地块、拉萨地体、喜马拉雅地块）在不同时期依次碰撞 - 拼合的过程。关于青藏高原的演化过程，前人从古生物区系、岩相古地理、地球化学、构造地质以及古地磁等方面进行了大量研究工作，提出了许多演化模式，但仍存在很大的争议。本教材主要介绍李德威和潘桂棠提出的青藏高原演化模式。

　　李德威（2008）在野外地质调查和前人大量研究工作基础上，以大陆动力学和系统地球科学的思路，提出青藏高原呈三阶段演化特征：前寒武纪基底形成阶段、板块体制洋陆转换阶段以及板内造山成盆阶段（表6-1）。

表6-1　青藏高原三阶段构造演化特征的对比（李德威，2008）

基本特征	前板块基底形成阶段	板块体制洋陆转换阶段	板内造山成盆阶段
时空结构	新太古代－新元古代超洋陆体系	原特提斯：440～410 MaB. P. 古特提斯：250～230 MaB. P. 中特提斯：180～120 MaB. P. 新特提斯：65～30 MaB. P.	青藏高原北部：180～120 Ma 青藏高原中部：65～30 Ma 青藏高原南部：23～7 Ma 青藏高原整体隆升：3.6～0 Ma
地貌特征	超大陆与超大洋结构	陆块与洋盆结构，4个古洋盆向南有序迁移	山脉与盆地结构，青藏高原周边3个盆山体系和青藏高原内部被改造的盆岭结构。
地层特征	变质杂岩、变沉积岩	洋盆裂解：与蛇绿岩有关的海相地层组合 洋陆转换：区域性洋陆转换型磨拉石建造，原（始）特提斯构造域早中泥盆世雪山群和晚泥盆牦牛山组、古特提斯构造域晚三叠世八宝山组、中特提斯构造域晚白垩世竟柱山组新特提斯构造域上新统罗布莎群等	盆山耦合：邻近山脉源陆相沉积地层 均衡沉降：盆缘盆山耦合型磨拉石建造，青藏高原北部盆山系西城砾石层、玉门砾石层、积石山砾石层等；青藏高原东部盆山系大邑砾岩、雅安砾石层、元谋砾石层；青藏高原南部盆山系西瓦利克砾石层、贡巴砾石层等。
岩石特征	中深变质岩系列、TTG岩、孔兹岩系等	洋盆裂解：蛇绿岩组合，镁铁－超镁铁质岩 洋陆转换：板缘带状分布的壳幔混源中基性花岗闪长岩、双变质带	盆地裂解：陆相碎屑岩和火山岩沉积；盆山耦合：板内弥散状分布的高钾火山岩，造山带核部退变质岩系列及壳源酸性花岗岩。
构造特征	流变褶皱，地壳中－深层次韧性剪切带	板缘海相地层压扁褶皱、紧闭褶皱及面理置换；以蛇绿岩为中心的背冲式逆冲断层系；超镁铁质岩及铬铁矿透镜体化	盖层纵弯褶皱，盆山过渡带倾向腹陆式叠瓦状逆冲断层系；青藏高原内部及造山带核部热隆伸展构造系统；盆山转换带共轭走滑断层系。
地球物理特征	地球物理场已完全消失	地球物理场基本消失	青藏高原发育壳内低阻层、低速层、反射层，显示高热流低磁场、低Q值、低泊松比和剩余重力正异常。

续表

基本特征	前板块基底形成阶段	板块体制洋陆转换阶段	板内造山成盆阶段
矿产特征	金川式与地幔岩有关的铜镍硫化物矿床等	罗布莎式铬铁矿、呷村式海底喷流块状硫化物矿床等	驱龙式斑岩铜矿、哀牢山式金矿、金顶式陆相盆地沉积型多金属矿床等。
地震特征	已完全消失	已消失	震源沿上、下地壳之间脆韧性过渡带成层分布，青藏高原内部张性活动断层控震，青藏高原周边压扭性活动断层控震。

（1）前寒武纪基底形成阶段。包括哥仑比亚超大陆演化以及罗迪尼亚超大陆演化阶段，前者在青藏高原各区的基底结晶岩系的形成时代、物质组成以及变形特征上可以进行比对，可能是哥仑比亚超大陆统一的结晶基底的一部分；罗迪尼亚超大陆的聚合记录在青藏高原各地区也有显示。因此，青藏高原前寒武纪基底形成阶段，以古元古代哥仑比亚超大陆和中、新元古代罗迪尼亚的裂解与聚合为主旋律，哥仑比亚超大陆统一的结晶基底经过罗迪尼亚超大陆的裂解与聚合发生分异。

（2）板块体制洋陆转换阶段。可分为自北向南迁移的 4 个洋陆转换期，即原特提斯消减与古特提斯同步扩张期、古特提斯消减与中特提斯同步扩张期、中特提斯消减与新特提斯同步扩张期和新特提斯消减与现代（印度洋）特提斯扩张期，这是一系列碰撞造陆过程，而不是碰撞造山过程。青藏高原保存有数十条不同时代的蛇绿混杂岩带，归属于 4 个主要的特提斯域，在岩石圈尺度的特提斯开合转换演化过程中，冈瓦纳北界不断向南迁移，并没有统一的印度板块与欧亚板块的主碰撞带，只有不同时期的碰撞带或缝合带。因此，长期以来对冈瓦纳大陆的北界到底是可可西里-金沙江带、龙木错-双湖-澜沧江带、班公湖-怒江带还是雅鲁藏布江带的争论应当从特提斯向南有序迁移演化的角度进行认识。

（3）板内体制造山成盆阶段。碰撞带及其两侧区域性分布的磨拉石建造标志着洋陆转换已经结束，进入板（陆）内构造演化过程。青藏高原的板内构造演化可分为以应力作用和水平运动为主导的板内造山期和以重力均衡作用和垂直运动为主导的板内成山期，2 个地质过程具有完全不同的地质-地理特征（表 6-2）。青藏高原板内构造环境的时空结构，是在青藏特提斯洋陆转换基础上发生的以水平运动为主导的板内地壳尺度同步造山-成盆事件，从燕山期→喜马拉雅早期→喜马拉雅晚期自青藏高原北部→青藏高原中部→青藏高原南部呈现不均匀的有序演变。

表6-2　青藏高原板内两个阶段构造演化地质特征的对比

基本特征	板内造山期	板内成山期
时间界线	青藏高原北部：180～120 Ma 青藏高原中部：65～30 Ma 青藏高原南部：23～7 Ma	3.6～0 Ma 包括 3.6 Ma、2.5 Ma、1.8 Ma、1.2 Ma、0.8 Ma、0.15 Ma 等脉动隆升期

续表

基本特征	板内造山期	板内成山期
作用范围	分区不均匀作用，自北向南有序迁移	整个青藏高原
隆升高度	一般小于2000m，夷平后小于1000m	大于6000m，隆升过程伴生剥蚀作用和伸展作用
隆升速度	较慢，均速小于0.3mm/a	极快，均速大于1mm/a
作用方式	构造隆升，地质作用，周边盆地同步构造沉降	均衡隆升，地理作用，周边盆地边缘坳陷带同步均衡沉降
构造性质	以水平运动为主，以地质作用、成矿作用为特征	以垂直运动为主，以地理作用、环境变化为特征
地壳结构	盆山地壳厚度开始分异	盆山地壳厚度显著分异，形成巨型地壳透镜体
地貌标志	盆岭构造，高差不大	巨大统一的高原，中国大陆西高东低，盆山原大梯度地势
地层标志	造山带上部地层（盖层）被剥蚀，周边盆地陆相碎屑沉积	造山带揭顶，基底被剥蚀，周边盆地出现来自造山带中、下地壳的砾石，盆缘巨厚的砾石层
古生物标志	中新世晚期三趾马动物群化石出现在青藏高原南部（吉隆、聂拉木、札达）和北部（贵德、共和等）	生物区系地区分化，喜马拉雅以南多为喜湿热生物，青藏高原为高原草甸和寒漠动物群，昆仑－阿尔金－祁连多为耐旱型生物
岩石标志	面状分布的板内壳源火山岩浆岩系列，常与伸展构造有关	没有大规模的火山岩浆活动，青藏高原以剥蚀为主，内部断陷湖盆及沉积，周边盆缘巨厚砾石沉积
构造标志	多期伸展性盆岭构造，统一的青藏高原内部伸展构造；盆山过渡带冲断层系；盆山转换带共轭走滑断层系	青藏高原内部浅层高角度活动正断层；走滑断层复活、转换和反转；青藏高原盆山过渡带挤压褶皱－断层系和重力滑动构造（如滑覆、滑坡）
盆山耦合	板内造山与板内造盆同步	均衡快速成山与盆地边缘均衡拗陷同步
主要效应	构造热活动、金属成矿、油气成藏等	地貌巨变、气候变化、生态变化、水系变迁等

（李德威，2008）

在长期从事青藏高原地质工作和综合大量实际资料的基础上，潘桂棠等（2001）指出特提斯洋的演化与三大陆块群相互裂变－聚变作用过程密切相关，特提斯洋从萌生、扩展、萎缩、消亡到汇聚造山的整个演化过程，受控于全球洋－陆时空结构的转换。特提斯大洋从发生、发展到萎缩、消亡是一个连续的大洋岩石圈演化过程，它作为三大陆块群之间的大洋，其扩展裂变在不同地域有时序上的先后和方式上的差异，许多事实表明其构造具有穿时性特性，大体上划分为三个阶段：

（1）原特提斯演化阶段（Z－S）。主要表现为泛华夏大陆群与劳亚大陆群的离散，古亚洲的洋形成，以及劳亚大陆群与冈瓦纳大陆群的分裂，特提斯洋的扩张。泛华夏大陆群与冈瓦纳大陆群联而不合。这一时期，羌塘、冈底斯和喜马拉雅块体都位于南半球中纬度附近，块体间亲缘性较好。

（2）古特提斯阶段（D－T₂）。主要表现为泛华夏大陆群与劳亚大陆的汇聚，古特提斯洋从扩展到萎缩。劳亚大陆群与冈瓦纳大陆群联而不合。晚石炭世开始，羌塘块体开始快速向北漂移，在晚二叠－早三叠世增生到古亚洲大陆上，形成金沙江－澜沧江结合带，古特提洋闭合。

（3）特提斯阶段（T₃－E₂）。主要表现为泛华夏大陆群与冈瓦纳大陆群的分裂碎块（印－澳板块）的汇聚，特提斯大洋岩石圈转化为大陆岩石圈，并进入陆内碰撞造山作用发展时期。重组后的三大陆块群间产生强烈陆内汇聚。早－中三叠世，冈底斯块体脱离冈瓦纳大陆，快速向北漂移。到早白垩世，其东部同羌塘块体发生了初始碰撞，并在随后呈现顺时针的旋转。晚白垩世早期，中特提斯洋完全闭合，冈底斯块体完全增生到欧亚大陆上形成了班公湖－怒江结合带。整个中生代，喜马拉雅和印度块体仍位于南半球，喜马拉雅块体位于印度块体的北缘。晚侏罗世开始，两块体脱离冈瓦纳大陆。晚白垩世印度洋快速扩张，喜马拉雅和印度块体开始发生大幅度北移，中特提斯洋逐渐收缩；晚侏罗世，印度－喜马拉雅块体同欧亚大陆发生早期俯冲作用，但在古近纪缝合带内仍有浅海残留，直到始新世末完成最终碰撞，新特提斯洋关闭。

羌塘块体在晚二叠世－早三叠世增生到古亚洲大陆上，该地区晚三叠世砾岩的不整合也可以判定古特提斯的闭合时代是在晚三叠世砾岩沉积以前。古生物研究表明，羌塘块体在晚二叠世由华夏植物群和冈瓦纳植物群混生最终并入华夏植物群（图6－6）。

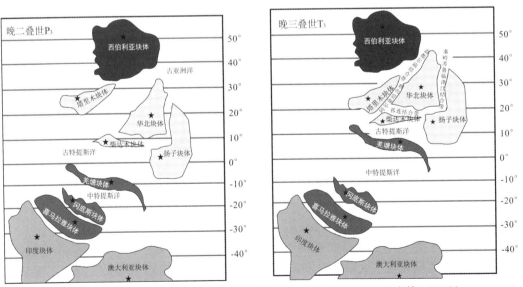

图6－6　晚二叠世－晚三叠世青藏及邻区块体古大陆再造图（冯岩等，2013）

晚白垩世开始印度－喜马拉雅联合块体已经开始与欧亚大陆碰撞，之后再没有蛇绿岩套的形成，但在早第三纪缝合带内仍有浅海残留，板块的缝合界线是在始新世前后才最终形成的，对于延续到早第三纪的特提斯称为新特提斯（图6－7）。

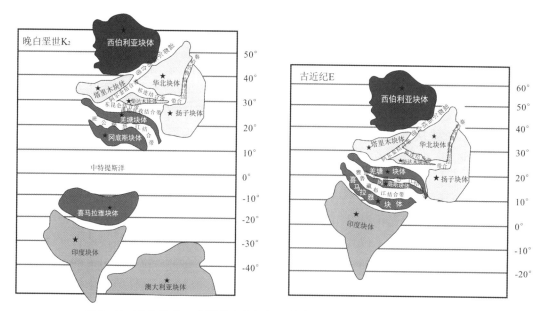

图6－7 晚白垩世－古近世青藏及邻区块体古大陆再造（冯岩等，2013）

古新世－始新世，松潘－甘孜和冈底斯带为大面积构造隆起蚀源区。塔里木东部、柴达木、羌塘、可可西里地区主体表现为大面积的构造压陷湖盆－冲泛平原沉积，高原西部和南部为新特提斯海。

渐新世，冈底斯－喜马拉雅和喀喇昆仑大范围沉积缺失，表明上述地区大面积隆升。沿雅江自东向西古河形成（大竹卡砾岩），西昆仑和松潘－甘孜地区仍为隆起蚀源区，塔里木、柴达木、羌塘、可可西里地区主体表现为大面积构造压陷湖盆沉积，塔里木西南部为压陷盆地滨浅海沉积，渐新世末塔里木海相沉积结束。

中新世，高原及周边不整合面广布，标志着高原整体隆升，塔里木、柴达木及西宁－兰州、羌塘、可可西里等地区主体表现为大面积的构造压陷湖盆沉积。18～13 Ma高原及周边出现中新世最大湖泊扩张期。13～10 Ma期间，藏南南北向断陷盆地形成，是高原隆升到足够高度开始垮塌的标志。

上新世，除可可西里－羌塘、塔里木、柴达木等少数大型湖盆外，大部分地区为隆起剥蚀区。由于上新世的持续隆升和强烈的断裂活动，大型盆地的基底抬升被分割为小盆地，湖相沉积显著萎缩，进入巨砾岩堆积期，这是高原整体隆升的响应。

四、其他热点问题

1. 关于大洋消亡的碰撞模式

在特提斯洋的各个演化阶段的某一区域所出现的弧盆系统，标志着这一区域的大洋岩石圈已走向萎缩、消亡的开端。其汇聚碰撞不一定是原始相邻两大陆分裂后的重新结合，而可能为第三者加入的运动学方式。正如北美洲与东亚的分裂、扩展形成太平洋，而太平洋的消亡是以澳大利亚陆块的离极向北运动与华夏大陆碰撞来实现，只不过现在刚刚开始斜向汇聚，汇聚碰撞将会持续上亿年。

大陆斜向汇聚碰撞作用在特提斯构造域是大洋岩石圈向大陆岩石圈体制转换的一种运动学和动力学方式。以泛华夏大陆群的扬子陆块为例，在增生作用之前，首先是以印度、保山、昌都及中咱微陆块与其相邻的岛弧发生弧－弧碰撞、弧－陆碰撞焊接成一复合体系。然后与自东南向西北斜向楔入的扬子大陆发生汇聚碰撞，扬子大陆先与东南侧的哀牢山带开始斜向碰撞造山（T_3），而西北段的川西地区则发育弧盆系统（T_3）。同时，扬子陆块北缘从西秦岭向西在昆南、可可西里则表现为从中三叠世至晚三叠世的斜向连续碰撞过程。也就是说，扬子陆块的向西运动，才最终全面关闭了古特提斯洋的弧盆系统。

2. 关于动力学模式

根据青藏高原地幔结构探讨印度－亚洲碰撞大地构造学及青藏高原大陆动力学的意义，认为印度岩石圈板片不仅其前端向北俯冲，两侧还分别向东、西斜俯冲，这就不可避免地造成俯冲几何学和运动学上的复杂性和不统一性，在喜马拉雅造山带的不同部位应该有不同的俯冲模式（Oreshin et al.，2008）以及斜向碰撞。这样的理念为我们重新认识喜马拉雅造山带的形成机理提供新的思路（许志琴等，2011）。

喜马拉雅主带及邻区的地幔层析剖面揭示，由高速（温度低）异常体组成的印度岩石圈板片自地表以低角度往北长距离插入青藏高原之下，然后倾角逐渐变大，在北纬33°附近（即班公湖－怒江缝合带位置）变为直立陡插，且往南翻转，俯冲达800～1000 km深度。在喜马拉雅中带的印度岩石圈板块，向北由缓变陡逐渐插到北纬33°的班公湖－怒江缝合带之下，说明大印度板块在与亚洲大陆碰撞后，仍然以44～50 mm/a的速率继续往北推进，并插入亚洲大陆之下。印度岩石圈板片不仅其前端向北俯冲，两侧还分别向东、西斜俯冲，这就不可避免地造成俯冲几何学和运动学上的复杂性和不统一性，在喜马拉雅造山带的不同部位应该有不同的俯冲模式。

3. 关于特提斯大洋规模

近10年来，根据特提斯构造域内部造山带的现存长度和宽度，经构造变形测量，或地球化学分析数据示踪，可推断恢复已闭合消失的古洋盆的宽度，金沙江洋盆1800 km，理塘洋盆476 km（莫宣学等，1993）。但是，这些都仅仅是一些小洋盆，或边缘海盆地。如果我们从全球大洋岩石圈形成演化的角度来考虑，特提斯古大洋是显生宙全球洋－陆转换演化历史链条的一个环节。特提斯洋存在的时期，还没有太平洋。太平洋的张开和形成演化过程，正是特提斯洋不断闭合、消亡的过程。也就是说中生代末消亡闭合的特提斯大洋，其原始规模应具有现今太平洋这样大的规模。冈瓦纳大陆群的研究表明，中生代初印度陆块属冈瓦纳的一部分，自白垩纪才开始分裂向北推进，现今印度与南极之间的距离达9000 km以上，从相对运动论看，亚洲大陆南移的幅度既能补偿北冰洋扩张，也可以补偿印度与亚洲碰撞而发生的陆壳缩短幅度。那么消失的特提斯大洋在南北方向的宽度，不应小于9000 km（盖保民，1991）。

4. 关于洋-陆岩石圈构造体制的转化

人们普遍认识到，不仅大陆在漂移，海底也在漂移。海陆变迁主要是大洋岩石圈板块与大陆岩石圈板块之间相互裂变、聚变作用的结果。一个大洋盆通过弧盆系萎缩、碰撞，参与了大陆造山作用的全过程，最终转化为大陆岩石圈的一部分。从特提斯地质特征来看，在特提斯洋消减过程中产生于泛华夏大陆群西部边缘的一系列边缘海盆地、多岛弧盆系统及其之上的沉积物和其它岩石组合，在晚古生代以来连续被卷进造山作用中，最终成为泛华夏大陆的一个不断新生的组成部分。特提斯大洋岩石圈，自北东向南西所形成的岛弧造山带，在转化为特提斯构造域大规模的大陆岩石圈水平构造运动过程中，古老的边缘海盆萎缩、封闭造山，同时与相邻地区新的边缘海盆地的海底扩张相伴；泛华夏大陆群边缘不断地被各种动力地质作用所侵蚀消减，同时新的岛弧造山作用不断拼合增生。特提斯造山带的物质来源，主体并不是其邻接大陆岩石圈本身，而是由特提斯大洋岩石圈及其相关的活动边缘岛弧和海底沉积物所提供。同样比照现今东亚东部边缘岛弧-边缘海盆地形成，显然是太平洋岩石圈板块对东亚大陆的构造侵袭，并不断向西推进的结果，其最终还是以西太平洋岛弧造山带的形成，并嵌接在东亚大陆之中，以东亚大陆获得增生而告结束。特提斯洋演化的过去，可与太平洋的演化相对照，特提斯构造域的古构造、古地理与东亚-印度尼西亚弧盆系如此之相似，在全球岩石圈演化中不是偶然。

5. 关于青藏高原的隆升（加厚）模式

青藏高原经历古、新特提斯大洋俯冲和印-亚大陆强烈碰撞，拥有全球最厚的陆壳（$65 \sim 80$ km），前人提出了各种加厚模式，如印度大陆地壳楔入模式、地壳缩短与加厚模式、新生幔源岩浆注入模式、地壳连续生长加厚模式等。侯增谦等（2020）指出，古、新特提斯大洋的相继俯冲消减，产生多期次的幔源镁铁质弧岩浆（$270 \sim 66$ Ma），在弧地壳下部底侵和上部侵位，导致地壳侧向加积和垂向生长并加厚约 10 km。在同（软）碰撞期（$65 \sim 41$ Ma），印度大陆岩石圈俯冲导致俯冲前缘的洋壳板片回转和断离，诱发软流圈地幔熔融及其幔源岩浆上升侵位，在冈底斯碰撞带形成新生地壳，并导致地壳加厚 $6 \sim 9$ km。在晚（硬）碰撞期（$40 \sim 26$ Ma），冈底斯碰撞造山带内不同地壳块体（地体）间发生逆冲叠覆，导致中深层次地壳缩短加厚 $10 \sim 20$ km；在碰撞带的后陆区，印度大陆岩石圈地幔俯冲诱发软流圈沿地幔通道上涌，侵蚀和吞噬地幔岩石圈，并诱发其部分熔融，向地壳注入大量幔源镁铁质岩浆，形成新生地壳，维持高原生长。在后碰撞期（<25 Ma），碰撞带和后陆区均发生地壳伸展与有限减薄，伴有新生地幔组分少量注入和高原陆表强烈剥蚀。粗略估计形成并保存于大陆碰撞造山带的新生地壳量占整个陆壳的28%，大洋俯冲与大陆碰撞分别为青藏高原贡献了75%和25%的新生地壳。青藏高原巨厚地壳的形成发育，实际上是幔源岩浆向地壳注入添加与中下地壳缩短加厚连续或交互作用的结果。伴随大洋俯冲与大陆碰撞，巨厚地壳物质组成发生以新生地壳形成和古老地壳再造为特征的动态演变。镁铁质新生下地壳的大规模重熔与长英质岩浆大量侵位，可能是巨厚地壳长英质化的主要机制。

第二节　三江特提斯洋构造演化

一、三江特提斯洋的基本概况

"三江"在地理位置上指怒江、澜沧江、金沙江所穿过的横断山脉地区，地跨滇西、川西藏东及青海南部，包括青藏高原东部和云贵高原西部。金沙江、澜沧江和怒江这三条发源于青藏高原的大江在云南省境内自北向南并行奔流 170 km，穿越担当力卡山、高黎贡山、怒山和云岭等崇山峻岭之间，形成世界上罕见的"江水并流而不交汇"的奇特自然地理景观，其间澜沧江与金沙江最短直线距离为 66 km，澜沧江与怒江的最短直线距离不到 19 km。在构造上，三江地区属特提斯 – 喜马拉雅构造域的东段，位于冈瓦纳古陆与欧亚古陆强烈碰撞、挤压地带，也是特提斯造山带与环太平洋造山带两大巨型造山带汇合处，受到印度洋板块、太平洋板块和欧亚板块作用的影响。三江特提斯构造域是青藏特提斯构造域西南方向的延伸。现今的三江造山带横跨印度板块、欧亚板块，由多条走滑断裂带及其间的块体构成，包括实皆（主体在缅甸境内）、高黎贡山、澜沧江、金沙江 – 哀牢山、甘孜 – 理塘等走滑断裂带，其间的块体有腾冲、保山、昌都 – 兰坪 – 思茅、中咱 – 中甸等地块，表现为中部收腰、南北两段撒开的反 S 型构造格架。

二、三江特提斯洋构造域的构造单元划分

前人从不同视角对三江特提斯构造域进行过构造单元划分，如潘桂棠等（2013）从弧盆体系角度（图 6 – 8），陈永清（2010）从蛇绿岩和岩浆岩分布角度等（图 6 – 9）。三江地区分布有多条蛇绿岩和岩浆岩带（表 6 – 3），较清晰地记录了特提斯洋的演化历史。蛇绿岩套可分为两大类：一类形成于大洋中脊；另一类形成于大陆边缘的弧间或弧后盆地。它们在建造和化学成分上有一定差异。蛇绿岩常常是判别洋 – 陆碰撞或弧 – 陆碰撞的可靠依据，可作为一级构造单元界线。

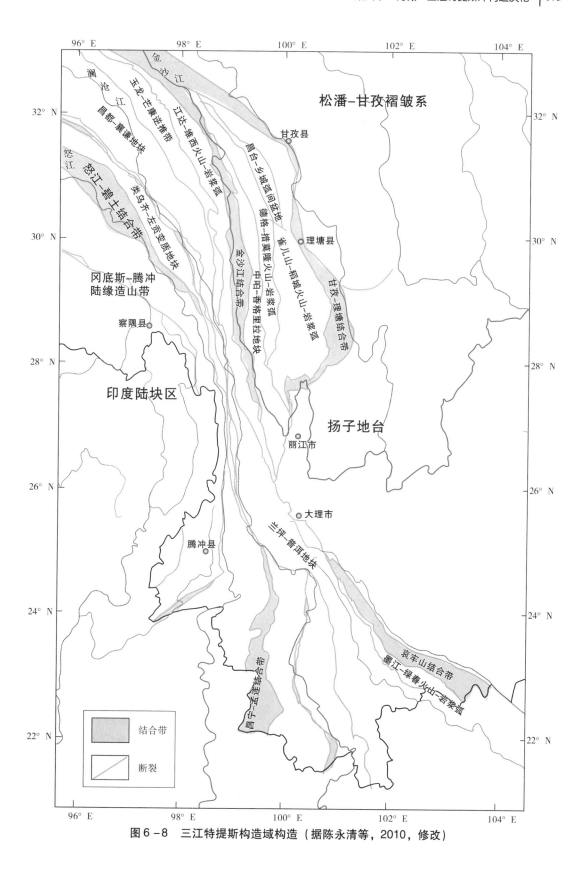

图6-8　三江特提斯构造域构造（据陈永清等，2010，修改）

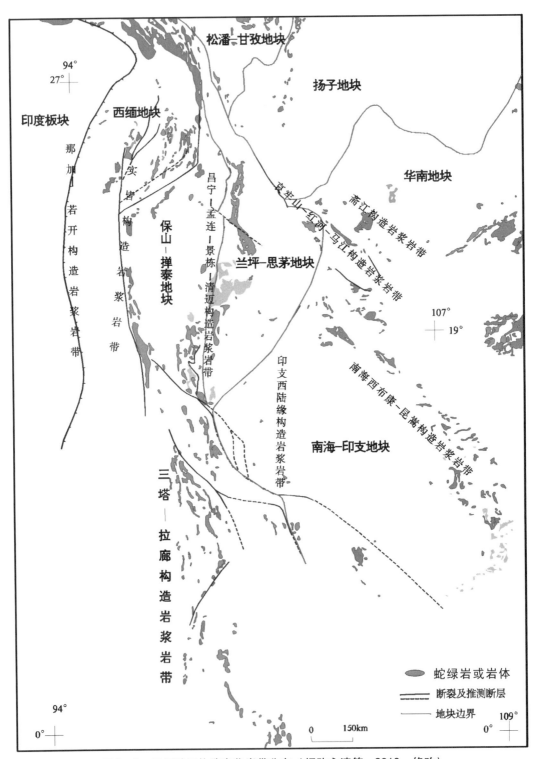

图6-9　三江地区构造岩浆岩带分布（据陈永清等，2010，修改）

表6-3　三江地区蛇绿岩带的分布特征

蛇绿岩名称	形成年代	仰冲/侵位年龄	火山类型/单元	构造环境
哀牢山-马江带	早石炭世-晚三叠世	中石炭世/中石炭世-三叠世	基性火山岩	古特提斯边缘海盆
清迈-庄他武里-文冬-劳勿带	石炭世-三叠纪	晚二叠世/三叠纪	大洋橄榄岩、镁质-超镁质火山岩、枕状玄武岩	古特提斯主洋盆
奠边府-难河-程逸带	石炭世-中三叠世	/三叠纪	石炭纪-二叠纪基性-超基性岩	古特提斯边缘海盆
南邦-会晒带		晚石炭世至二叠纪		古特提斯洋盆
曼德勒带（对应怒江）		晚白垩世		中特提斯洋盆
固迈山-戛巴山-亚齐带		早白垩世		中特提斯洋盆
那加山带		晚白垩世至古近纪		新特提斯洋盆
安达曼-尼科巴带		晚白垩世至早始新世		新特提斯洋盆

（据陈永清等，2010）

依据这些蛇绿岩和岩浆岩带可识别出古、中、新特提斯洋闭合的缝合线（图6-10）。

1.古特提斯洋缝合线

三江地区代表古特提斯洋缝合线的蛇绿岩发育时代主要为石炭-二叠纪至早三叠世，与古特提斯洋俯冲消减有关，包括澜沧江-昌宁-孟连-清迈-庄他武里-劳勿缝合带（古特斯主体洋盆）、金沙江-哀牢山-马江缝合线、奠边府-难河-程逸缝合线、沙拉缴缝合线。

（1）澜沧江-昌宁-孟连-清迈-庄他武里-劳勿缝合带。典型的蛇绿岩发育于泰国清迈，附近的大洋和海山岩石组合带包括玄武岩（含枕状玄武岩）、纹层状燧石，其中放射虫记录的年龄为泥盆纪-三叠纪。

（2）奠边府-难河-程逸缝合线。介于兰坪-思茅地块和南海-印支地块之间，表现为增生杂岩体，广泛含有二叠纪-三叠纪火山碎屑岩，结合构造和其他指示标志揭示为边缘盆地向西俯冲。带内发现晚二叠世放射虫燧石、中三叠世燧石碎屑、侏罗纪底砾岩。程逸-帕府沿线出露石炭纪-二叠纪基性和超基性岩、浊积岩、碎屑岩、绿片岩和变质杂砂岩。含有榴辉岩、蓝闪石片岩和绿片岩的岩石组合，发育次序上与阿尔卑斯和日本岛弧的经典序列有类似之处，具有低温-高压蓝片岩相变质作用特点（Salyapongse and Putthapiban，1997）。

（3）金沙江-哀牢山-马江缝合线。金沙江断裂带内残留蛇绿岩是兰坪-思茅地块与扬子地块的缝合带、哀牢山断裂带内残留蛇绿岩是兰坪－思茅地块与华南地块的缝合带、马江一带的残留蛇绿岩系南海－印支地块与华南地块的缝合带。在缝合带闭合时间上存在着东南早，西北晚的特点。金沙江洋盆早石炭世张开，其洋壳残余包括石炭纪－二叠纪蛇绿岩、晚石炭世放射虫燧石、二叠纪基性火山岩、晚二叠世－中三叠世浊积岩。哀牢山洋盆早石炭世之前已打开，早二叠世成洋，晚三叠世关闭。马江洋盆至少在中石炭世就开始消减了，早－中石炭世发生了大规模褶皱、逆冲和推覆活动；古生物学研究表明，马江缝合带南北两侧的中石炭世浅海相生物种类不同。

2. 中特提斯洋缝合线边界

为班公湖－怒江中特提斯缝合带，在三江地区是保山－掸泰地块与西缅地块的缝合带。缅甸中南部博固山脉西侧有粗玄岩墙和橄榄粗玄岩岩床分布，主峰博巴山（海拔1518m）附近可见从基性（橄榄粗玄岩）、中性（安山岩）到酸性（流纹岩）的火山岩序列及古火山口。博巴山向北，钦敦江沿线主要为超基性、基性、中酸性小型侵入岩群及火山杂岩带；实皆主断裂北部弄屯岩体、朗普岩体、密支那一圭道岩体等均为古生代－中生代侵入岩（γmiPzMz）、白垩纪超基性岩体（ΣK）、岩浆杂岩带、新生代基性岩体（νCz）及新生代基性火山岩（βCz）共同组成的复合岩体。

3. 新特提斯洋缝合线边界

为雅鲁藏布江－那加－若开缝合带，位于缅甸西部，是一条真正的蛇绿岩带，晚白垩世至古近纪侵位（黄汲清等，1987）。雅鲁藏布江－那加－若开构造岩浆岩带近南北向展布，以发育蛇绿岩为特征，由橄榄岩大岩体和蛇纹岩、辉长岩、闪长岩等小岩体组成，带长断续延伸1200 km，带宽8～15 km。原始洋脊蛇绿岩可能形成于早白垩世，与同期深海洋壳沉积为正常接触层序，代表洋壳扩张期侵入阶段。

根据板块和块体构造理论，蛇绿岩缝合线等依据，参考前人的研究成果，本教材把三江地区（主要是南段）划分为四个块体（西缅块体、保山－掸泰块体、兰坪－思茅块体、印支块体），一个俯冲－碰撞带（若开－爪哇－帝汶俯冲－碰撞带）以及一个结合带（三江结合带）（图1－28）。

1. 西缅块体

西缅块体呈南北长、东西窄的长条状，其北部为印度板块与亚欧板块碰撞的东构造结，西北部与拉萨－波密块体相连，西部以雅鲁藏布江－那加－若开缝合带与若开－爪哇－帝汶俯冲－碰撞带相连，东部以实皆弧后盆地东侧的怒江－实皆断裂带与保山－掸泰块体相接，南部则没于安达曼海，该块体还包括苏门塔腊岛的一部分。喜马拉雅东构造结上的密支那－腾冲构造－岩浆岩带为本块体的一部分。西缅块体为中新生代岛弧带（车自成等，2002），总体呈S形，自西向东依次为新生代那加－孟加拉国弧前坳陷，中部为白垩纪－新生代阿拉干岛弧，东部为新生代实皆弧后盆地。西缅块体于中特提斯洋消减后形成。

西缅块体三叠纪之前主要表现为外来变质岩块，随后出现沉积间断，晚侏罗世以来属于印度大陆边缘活动带，至白垩纪，西侧发育海相的碳酸盐岩层，推测为新特提斯沉积。古新世发育砾岩磨拉石沉积，说明那加缝合带已经闭合，开始发生陆－陆碰撞。始新世－渐新世，地层主要为基性火山岩及河湖三角洲沉积（伊洛瓦底江群）。中新世以来发育基性火山岩及河湖三角洲沉积，表明新生代火山活动强烈且为陆地环境。该块体

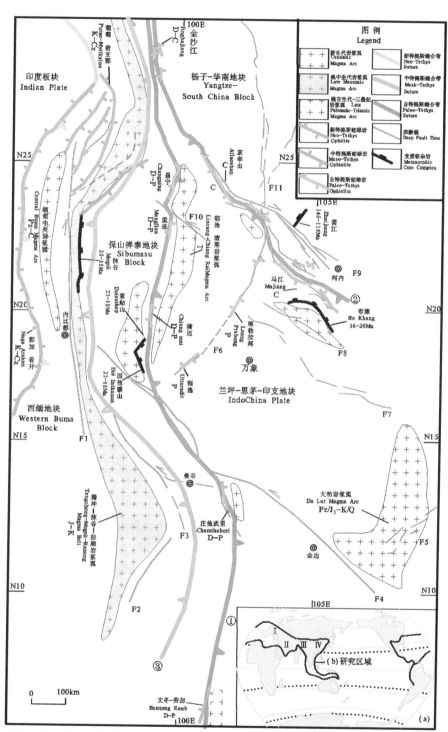

（a）特提斯范围及分带（甘克文，2000）；（b）①昌宁-孟连-清迈古特提斯缝合带；②哀牢山-马江古特提斯缝合带；③班公湖-怒江中特提斯缝合带；④雅鲁藏布-那加-若开新特斯缝合带；F₁-怒江-实皆断裂；F₂-拉廊断裂；F₃-三塔断裂；F₄-洞里萨断裂；F₅-大叻-边和断裂；F₆-奠边府断裂；F₇-长山-岘港断裂；F₈-兰江断裂；F₉-哀牢山-红河断裂；F₁₀-澜沧-景洪断裂；F₁₁-鲜水河-小江断裂

图6-10　三江地区主要蛇绿岩缝合线分布（据陈永清等，2010，修改）

东、西两侧为蛇绿岩缝合带，界线清晰。

2. 保山-掸泰块体

保山-掸泰块体主体位于掸邦高原，平均海拔约1000m，大地构造上位于班公-怒江缝合带与昌宁-孟连缝合带之间，其北部与南羌塘块体相连，向南延伸到缅甸的掸邦高原、泰国中西部，在马来半岛上以文冬（Bentong）-劳勿（Raub）缝合带与东侧的印支块体、兰坪-思茅块体相邻（图6-10）。该块体包括滇西保山、缅甸的掸邦州（Shan）、泰国西北部、缅泰半岛、马来半岛西部。保山-掸泰块体西以怒江-实皆断裂为海界与西缅块体相隔，东以昌宁-孟连-清迈-庄他武里-文冬-劳勿缝合带为界与兰坪-思茅块体及印支块体相隔。这些缝合带以存在古特提斯残存沉积建造为特征（刘海龄等，2004；陈永清等，2010）。

从地层发育情况与组成特点来看，保山-掸泰块体作为微板块可能长期漂泊在原特提斯-古特提斯洋中，早古生代靠近扬子板块，晚古生代又靠近冈瓦纳大陆（李继亮等，1999）。下二叠统生物地层组合表明，该块体在生物古地理方面具有冈瓦纳属性。钟大赉等（1998）据含砾地层成因分析，结合冷温型动植物化石和古地磁资料，认为部分杂砾岩属于与冰川作用有关的冈瓦纳型典型沉积记录，印支期古特提斯关闭，中生代侏罗纪-白垩纪为新特提斯演化时期，始新世之后出现河湖相沉积，第四系主要表现为河湖及滨海三角洲松散沉积。

3. 兰坪-思茅块体

兰坪-思茅块体位于昌宁-孟连-清莱-清迈板块结合带（澜沧江缝合带）以东，哀牢山深变质带及难河-程逸蛇绿岩带以西。块体北部主体为兰坪-思茅盆地，与羌塘-昌都块体相连，连接部位为近南北走向的狭长条带；南部为泰国素可泰（Sukhothai）褶皱带。块体东侧隔金沙江-哀牢山缝合带、难河-程逸缝合带，自北而南依次为松潘-甘孜块体、扬子块体、华南块体和印支块体。块体周边基本上为蛇绿岩缝合线，边界清晰。

对兰坪-思茅块体加里东造山带和印支褶皱带基底的研究表明，该块体为晚古生代华夏生物区系的一部分（钟大赉等，1998），寒武系主要见于无量山地区，已遭受了强烈地变形变质改造，石炭系-二叠系大范围出露于块体中南部，包括云南普洱地区至泰国帕府-程逸一带，与周围中、新生界红层断裂接触（云南省地质矿产局，1990）。块体中火山岩零星分布，可能由于澜沧江缝合带和金沙江缝合带的消减作用，形成了中石炭世中酸性火山岩（青泥洞）、晚二叠世的安山岩与英安岩（芒康-加色顶-海通-灵芝河桥一带）、二叠纪的安山岩、英安岩、流纹岩（思茅盆地内挖令、文垒等地）等俯冲带弧火山岩，但缺失同一时期发育于保山-掸泰块体内的大陆板内张裂型玄武岩（池际尚指导，莫宣学等，1993）。

中、新生界地层主要分布于兰坪-思茅盆地，变质微弱，中三叠世以后产生张裂型火山岩，以及古近纪的粗面岩（池际尚，莫宣学等，1993）。据李兴振等（2002）研究认为，兰坪-思茅盆地自中三叠世以后开始接受沉积，与下伏地层不整合接触，早期为上兰组砂岩透镜体薄层灰岩，呈河流相到海相逐步加深态势，物源受到了西部火山弧的影响；其上依次发育上三叠统歪古村组、三河洞组、挖鲁八组和麦初箐组，上覆侏罗系，与侏罗系整合接触，物源来自金沙江-哀牢山带和澜沧江带；侏罗系主要为砂岩，上部见厚层泥岩和泥灰岩。白垩系主要发育于走滑盆地中，与上覆古近系呈连续沉积。不整合亦存在于始新统下部，始新统以上表现为河湖相沉积。

兰坪－思茅块体内褶皱构造非常发育，褶皱枢纽走向具有从西北部的近南北向到东南侧的北西－南东向的变化特点。

4. 印支块体

印支块体包括中南半岛的主体、马来半岛、苏门答腊岛、加里曼丹岛的一部分，水域还包括泰国湾、南海、爪哇海的一部分，西北以奠边府－难河－程逸缝合带与兰坪－思茅块体相隔，东北以马江缝合带与华南块体相连，其西界为庄他武里－沙拉缴－文冬－劳勿缝合带，东界为红河断裂、南海西缘断裂、卢帕尔断裂以及万安西断裂等组成的走滑构造带，两边界较清晰，西南界出了马来半岛后接婆罗洲默腊土斯蛇绿岩带，该段为推测边界。

印支块体具有太古宇－元古宇的结晶片岩、片麻岩基底，李春昱等（1982）推测该基底类似于扬子块体基底，主要出露于越南长山山脉以南的昆嵩及柬埔寨豆蔻山脉地区，经历了所谓前寒武纪造山运动（Workman，1977）。

印支块体总体上包括中南半岛和巽他陆架两部分。中南半岛位于印支块体的北部，受印度板块碰撞楔入的影响，新生代沿哀牢山－红河剪切断裂带向南东方向挤出，哀牢山－红河断裂带是华南块体和印支块体的分界线，因而在运动形式上存在明显差异。印支块体核心为前寒武系陆核，向外依次为海西和印支褶皱带；巽他陆架位于印支块体南部，包括禅邦高原、单那沙林海岸地带、马来半岛和苏门答腊东北地区，其核心由前寒武系、古生界和中生界地层组成。

5. 若开－爪哇－帝汶俯冲－碰撞带

该俯冲带呈弧形带状环绕于图幅（图1－28）西南部，西和西南以海沟（俯冲带）与印度－澳大利亚板块相接，东界分别和西缅块体、保山－掸泰块体、印支块体相连，东界也是一条蛇绿岩带，代表新特提斯洋闭合的缝合线，北部以雅鲁藏布－那加－若开新特提斯缝合线与西缅块体相接，从钦敦江往南，经伊洛瓦底江口进入安达曼海，穿过苏门答腊岛中部后沿爪哇岛北侧向东延伸至马都拉岛，从爪哇岛出来后该缝合线是否向东延伸不确切。整个俯冲带为岛弧带，岩浆活动强烈，在东南部与沙捞越－苏禄－吕宋碰撞带以及菲律宾对冲带相连。

该俯冲带中，冈底斯弧上的钙碱性火山岩属中侏罗世，说明印支板块北部的洋壳消减作用开始于中侏罗世前；羊卓雍湖等地蛇绿岩带南侧的晚侏罗世－白垩纪放射虫硅质岩夹基性火山岩为碳酸钙补偿深度以下的细粒大洋沉积，说明消减过程中印度陆块北侧是有洋壳的。而雅鲁藏布江缝合带中的早白垩世蛇绿岩残片，则说明了新特提斯洋的存在。缝合带附近，藏南浪卡子地区辉绿岩中锆石 SHRIMP U－Pb 测年（江思宏等，2006），表明了新特提斯洋张开事件发生于侏罗纪－早白垩世的燕山期。至于关闭时间，缅甸西部的那加－若开带早白垩世即开始活动（黄汲清等，1980），但雅鲁藏布江缝合带南侧海相地层的最高层位为渐新世－中新世红色磨拉石建造的断陷盆地及主边界断裂南侧的中新世－上新世锡瓦利克群等。据以上分析，印度板块与欧亚板块之间的新特提斯洋关闭时代是在始新世及渐新世之间，两者边界为典型蛇绿岩带出露，边界清晰，与西侧海沟俯冲带构成一条狭长的结合带。

6. 马江结合带

马江结合带北以红河断裂与华南块体相连，南以马江蛇绿岩缝合带与印支块体相接为界，呈北西西 - 南东东向展存于华南块体和印支块体之间的结合带。马江一带的残留蛇绿岩系印支块体与华南块体的缝合带，该结合带东西两侧边界清晰。马江洋盆至少在中石炭世（C_2）就开始消减了。早 - 中石炭世大规模褶皱、逆冲和推覆活动的发生，近期有日本学者在该带内发现了柯石英。古生物学研究表明，马江缝合带南北两侧的中石炭世（C_2）浅海相生物种类不同；两侧的中石炭世浅海相动物是一致的，泰国东北印支岩系植物也表明石炭纪印支、华南的距离具有由远及近变化的特点。该构造岩浆岩带大地构造背景比较复杂，马江缝合带曾为古特提斯洋的一支，新生代以来受红河右行剪切带改造。

三、三江特提斯洋的构造演化

三江特提斯洋的构造演化总体上可以分为原特提斯洋演化、古特提斯洋演化、中特提斯洋演化、新特提斯洋演化（图6 - 11）以及后碰撞造山等五个阶段（Deng et al.，2017；邓军等，2020）。

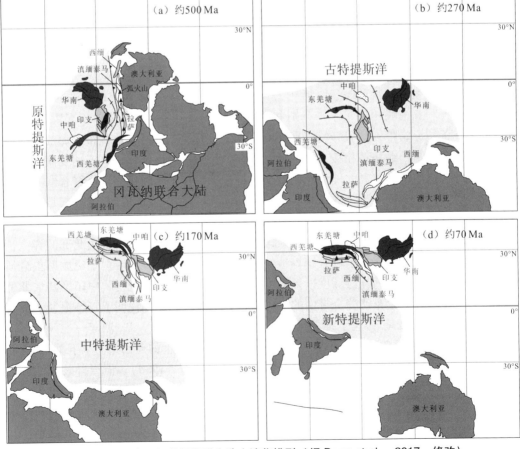

图6 - 11　西南三江特提斯增生造山演化模型（据 Deng et al.，2017，修改）

1. 原特提斯洋演化阶段

原特提斯洋大致发育在新元古代－早古生代。早元古代初，全球泛大陆解体，形成南部冈瓦纳大陆群、北部劳亚大陆群和居间的泛华夏大陆群。南、北两大陆群之间为原特提斯洋，泛华夏大陆群各陆块散布在原特提斯洋中。现今，代表原特提斯阶段所形成的海洋岩石圈残余的原特提斯蛇绿岩主要分布在秦祁昆巨型构造岩浆岩带内。

早寒武世（约 500 Ma），原特提斯洋（龙木措－双湖－昌宁－孟连洋）开始俯冲消减，其北段龙木错－双湖洋向南俯冲于西羌塘、拉萨地块之下，南段昌宁－孟连洋向西俯冲于保山－腾冲地块之下，并于早古生代末期闭合，导致华南板块、印支地块和东羌塘地块拼贴增生于冈瓦纳大陆边缘。同时，位于泛华夏大陆群南北及其间的小洋盆开始闭合，形成泛华夏大陆。但古澜沧江洋等未能完全封闭，和晚古生代再度打开的昌宁－孟连、金沙江－哀牢山洋和甘孜－理塘洋一起，进入古特提斯的发展演化阶段。

2. 古特提斯洋演化阶段

西南三江古特提斯洋主要包括一个主洋（龙木措－双湖－昌宁－孟连洋）和两个分支洋（甘孜－理塘洋和金沙江－哀牢山洋），于早－中泥盆世同时开启，导致华南地块、中咱地块和昌都－思茅地块从冈瓦纳古陆北缘裂解并向北漂移。晚石炭世，昌宁－孟连洋和金沙江－哀牢山洋分别开始东向、西向俯冲于印支地块之下，并于中三叠世闭合，华南地块、思茅地块与保山地块拼合。洋盆消减完毕后，发生陆陆碰撞造山作用，并形成了晚三叠世岩浆岩（以后碰撞临沧花岗岩基和“双峰式”火山岩为代表）。而甘孜－理塘洋于中三叠世开始消减，至晚三叠世末期完全闭合，中咱地块与松潘－甘孜带拼合。昌宁－孟连缝合带东侧临沧勐库地区首次发现了榴辉岩，变质锆石 U－Pb 定年结果为约 245 Ma，变质相图揭示其为冷俯冲大洋板片折返的产物。该发现为古特提斯洋的消减和闭合提供了新的关键证据。

古特提斯洋闭合使冈瓦纳古陆的前缘与劳亚古陆的前缘发生碰撞。晚古生代时泛华夏大陆边缘为多岛弧盆体系构造特征，北澜沧江带中发育洋岛或洋脊型火山岩，硅质岩中含有 D－C 放射虫组合，还发育蓝闪石－硬玉等高压变质矿物。金沙江蛇绿混杂岩（C－P）中，首次发现榴闪岩和蓝片岩。这些为研究古特提斯洋的演化提供了证据。

昌宁－孟连洋、澜沧江洋（原特提斯残留洋）、金沙江－哀牢山洋、甘孜－理塘洋四个古特提斯洋的发育及消减闭合（表 6－4，图 6－12），是三江造山系重要的构造演化事件。

表 6-4 估算三江古特提斯大洋扩张宽度及板块消减宽度

	澜沧江洋	金沙江洋	甘孜－理塘洋
扩张速度（cm/a）	0.67	0.90	0.80
洋盆宽度（km）	992 （C_1－C_2）	1836 （C_1－P_1）	448 （P_2－T_2）
闭合速度（cm/a）	5.25	5.58	4.96
俯冲导致的闭合宽度	2940 （P_1－T_2）	2790 （P_2－T_2）	1091 （T_3）

续表

	澜沧江洋	金沙江洋	甘孜 – 理塘洋
俯冲期间的扩张宽度	750	900	352
纯闭合宽度	2190	1890	739

（据莫宣学等，1993）

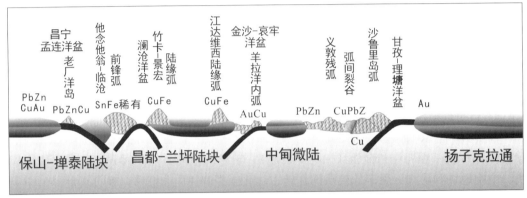

图 6 – 12　三江地区四个古特提斯洋发育特征

3. 中特提斯洋演化阶段

中特提斯洋发育有一个主支（班公湖 – 怒江洋）与一个陆内裂谷盆地（潞西 – 三台山裂谷盆地），其中班公湖 – 怒江洋盆开启于早二叠世，致使腾冲 – 保山地块和西羌塘地块分别从澳大利亚大陆和印度大陆边缘裂解并向北漂移。中三叠世，班公湖 – 怒江洋开始东西双向俯冲消减，至早白垩世闭合，拉萨与西羌塘地块拼合，继而进入陆陆碰撞造山阶段。潞西 – 三台山裂谷盆地开启于早二叠世晚期，未产生成型洋盆，并于中三叠世关闭。此过程中发育有早侏罗世 – 早白垩世具有岛弧性质的花岗岩、早白垩世碰撞型花岗岩及中晚三叠世 S 型花岗岩。

4. 新特提斯洋演化阶段

新特提斯洋即印度河 – 雅鲁藏布江洋。洋盆开启于中三叠世（约 230 Ma）。中侏罗 – 古新世向北俯冲，始新世初期（约 55 Ma）洋壳消减完毕，印度大陆与拉萨地块（即欧亚大陆南缘）碰撞拼贴。发育了早白垩世（128～120 Ma）俯冲型（SSZ）蛇绿岩与晚白垩世（95～80 Ma）冈底斯岩基。

5. 后碰撞造山阶段

新生代三江特提斯带已完全闭合形成中南半岛，在印度 – 亚洲大陆碰撞作用下，中南半岛向东南方向挤出，造成红河 – 哀牢山断裂上千千米的走滑运动。

第七章　古华南洋构造演化

第一节　古华南洋的基本概况

古华南洋是新元古代之前，冈瓦纳西侧的扬子块体和华夏块体之间发育的古大洋（图7-1），后闭合并经造山作用形成现今的华南造山带。关于华南造山带的演化过程以及碰撞前的华夏块体（或古陆）存在的范围、时代、命名等方面还存在较大争议。

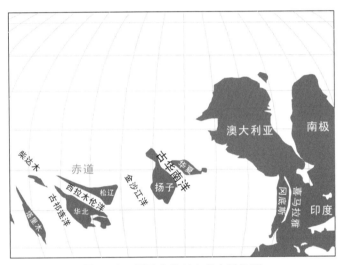

图7-1　新元古代时古华南洋位置

1. 华南板块

由多个块体或地体拼合增生而成的大陆板块，主要构造单元包括扬子地块、江南造山带、华夏地块等。华南板块北部边缘为秦岭-大别-苏鲁碰撞造山带，这一造山带将华南地块与华北地块拼合在一起。西以龙门山-横断山断裂与特提斯构造域青藏高原相连，西南边缘通过红河断裂与印支地块相连，东南缘为沿海岩浆-变质构造带（图7-2）。

2. 华夏古陆

该名词由美国地质学家葛利普1924年创立，是指震旦纪至侏罗纪时期位于华夏地槽以东并高出海平面的古陆地，主要分布于现今粤闽中东部和浙南东部经东海延伸至日本东北部海域（图7-3），是震旦纪至早古生代华夏地槽沉积的主要物源区。其概念出自地槽理论体系中的构造单元并兼有古地理涵义，得到了古生物学、地层学（包括地层接触关系和地层厚度分析等）和沉积学等当时的先进地质研究途径的支持。华夏古陆的提出对中国的区域地质和地质构造研究产生了巨大而深远的影响，以后的研究经过了地槽理论阶段和板块构造理论阶段（卢华复，2006）。

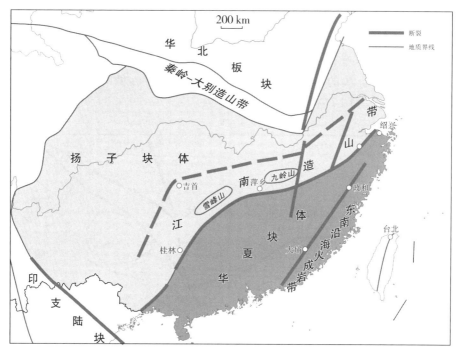

图7-2 华南构造格架（据舒良树，2012，修改）

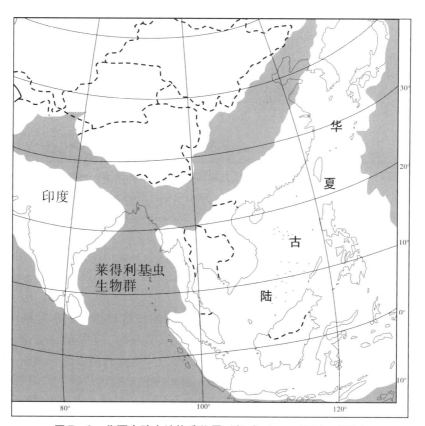

图7-3 华夏古陆大地构造位置（据Grabau，1924，修改）

　　黄汲清（1960）在《中国地层构造基本特征的初步总结》一文中指出：广东、福建和江西的大部地区都是加里东褶皱区，均称为华夏褶皱带，并再一次明确华夏褶皱带就是华夏古陆。黄汲清确定了华南广大地域加里东褶皱带的客观存在，在认识华南大地构造性质方面产生了巨大的影响。然而，他的华夏古陆存在的时间是指加里东运动之后，即泥盆、石炭纪（图7-4）。

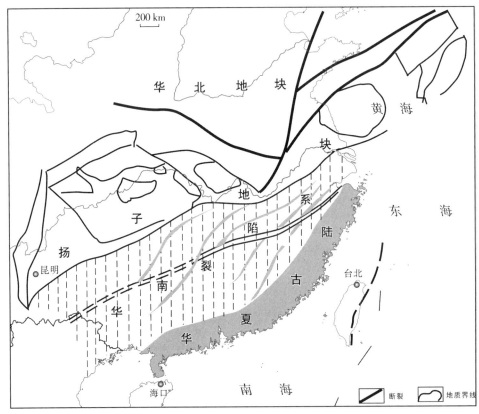

图7-4　黄汲清提出的华夏古陆大地构造位置（据杨森楠，1989，修改）

　　结合构造变形特征、同位素成分分区、变质岩石组合及其时空分布，舒良树（2006）、王鹤年等（1992）以及马瑞士（2006）圈定了一个粗略的前震旦纪古陆地体的古地理区域：北起萍乡-江山-绍兴断裂，西到四会-吴川断裂，东界已入东海，南界为政和-大埔断裂（图7-5）。分布在浙南-闽北、赣中-赣南和云开大山三个区块，中间是巨厚的震旦纪-奥陶纪海槽沉积区。

　　舒良树（2006）认为，在全球罗迪尼亚超大陆的构造框架中，华夏地块占有突出的地位。然而，华夏地块在国内一直存在不同认识，其核心一是年龄，二是范围。根据出露在研究区的中-高级变质岩、韧滑流变形迹和近年大批高质量测年数据，舒良树认为华南曾经存在过一个前成冰纪的古老基底，由元古代片岩、片麻岩、混合岩等组成，原岩为碎屑岩、火山岩和深成侵入岩，最老年龄达2 Ga，习惯上称为华夏地块，但范围比Grabau描述的要小。在8亿~9亿年间，伴随古华南洋的闭合，华夏地块与扬子陆块碰撞聚合，成为罗迪尼亚超大陆的一部分（图7-6）。

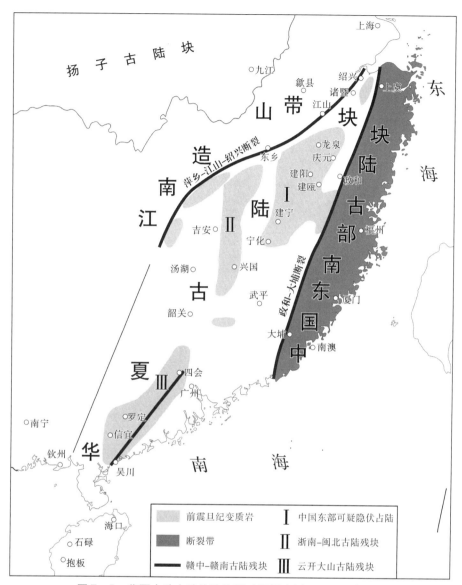

图 7-5　华夏古陆大地构造位置（据舒良树，2006，修改）

舒良树（2006）和王鹤年等（1992）等人的华夏地块与葛利普的华夏古陆在时空上完全不同。前者在政和-大埔断裂以西，后者在该断裂以东；前者在前震旦纪，震旦纪和早古生代已分为几个块体，后者在震旦纪和古生代及三叠纪、侏罗纪。

综上所述，我们可以归纳对几个概念的认识。

（1）华夏古陆反映的是一个古地理名词，过去是真实存在的，现今已消失成为造山带（褶皱带）。

（2）华南（陆块、板块）包括扬子地台以南的广大地区。

（3）华南造山系（造山带、褶皱带）与过去华夏古陆及西部裂陷带的范围相当，也就是说华夏古陆及西部裂陷带后来演变成了现在的华南造山带。

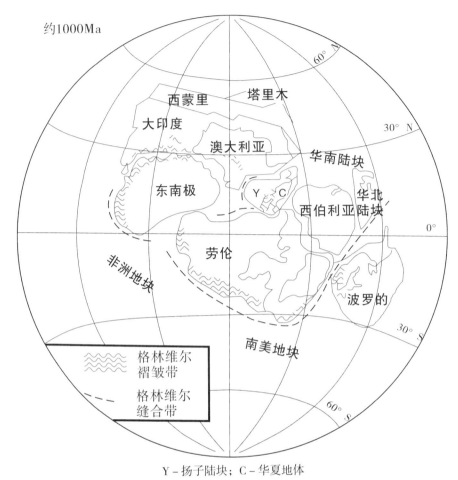

约1000Ma

Y-扬子陆块；C-华夏地体

图7-6 华夏地体在 Rodinia 超级大陆重建中的位置（据 Li et al.，1995，1996，修改）

第二节 古华南洋的构造演化

受华夏古陆（块体）不确定性影响，古华南洋以及华南造山带的构造演化也存在较大争议。

任纪舜等（2016）认为，中国东南部角度不整合于泥盆纪沉积之下的变质岩并不是前震旦纪的变质岩系，而是加里东造山作用的产物，因此华南不是前震旦纪的华夏古陆或华夏地块，而是加里东造山带；华南造山带是奠基于古老大陆地壳之上的造山带，扬子与华南之间呈构造过渡关系，扬子、华南、南海三个构造单元应属于一个大陆板块，即南中国板块，中国南部不是罗迪尼亚的一部分，而极可能是新元古代形成的冈瓦纳大陆的一部分。

马瑞士（2006）认为，东安－雪峰期（800 Ma，相当于新元古代南华纪）华南洋的洋壳板块上可能驮着包括浙闽地体在内的一系列大小不等的陆块向扬子大陆俯冲，因此在俯冲时这些地体与扬子活动大陆边缘发生碰撞。

政和－大埔断裂带上一系列镁铁－超镁铁杂岩，它应代表大洋地壳的残留体，南华纪时政和－大埔一线的东南地区应为洋壳地区。在该洋的西侧应有武夷地体。应当指出，在政和－大埔洋的东南福建沿海地区，还有一个被化石证明有早古生代岛弧的存在（卢华复等，1993），因此该洋区可能为弧间盆地（图7－7）。

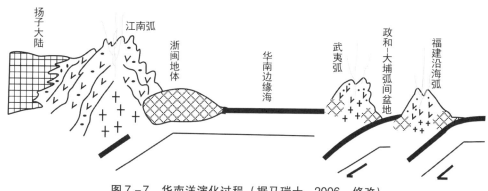

图7-7　华南洋演化过程（据马瑞士，2006，修改）

元古代江南岛弧东南侧和云开隆起的西北侧，分别向北西和现在南东方向俯冲，形成武夷火山弧和云开火山弧，据此推断原来华南洋在南华纪呈弧形被"捕获"成边缘海盆地，其内部可能有若干陆壳地体的存在（马瑞士，2006）（图7－8）。

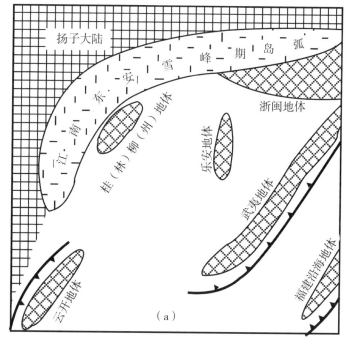

图7-8　华南南华纪－早古生代板块俯冲简图（据马瑞士，2006，修改）

胡受奚等（2006）认为，华南是从早 - 中元古代的江南造山带→晚元古 - 早古生代的震旦 - 加里东造山带→海西 - 印支 - 燕山造山带→喜山造山带的多旋回大陆增生和演化 - 发展过程。从中生代开始库拉板块、特提斯板块和太平洋 - 古太平洋板块对华南沟 - 弧 - 盆体系的形成具有重要影响。华南从元古代到新生代的主要大地构造单元可分为 5 个造山带：①武陵 - 双桥山 - 双溪坞 - 舟山造山带；②震旦 - 早古生代造山带；③海西造山带；④印支 - 燕山火山岩带；⑤台东 - 喜马拉雅火山弧。

本教材根据舒良树（2012）的研究成果，整理了华南洋的大地构造演化过程及后期造山运动演化过程。华南至少经历了 4 期区域规模的大陆动力学过程，除新元古代和晚中生代具有活动陆缘背景外，均在板块内部发生并完成。华夏块体是一个以新元古代岩石为主体构成的前南华纪基底，不是稳定的克拉通古陆，经历了聚合 - 裂解 - 再聚合的复杂构造演化。志留纪发生的板内碰撞 - 拼合事件使华夏块体与扬子块体再次缝合，形成真正统一的中国南方大陆。

1. 新元古代早期（1.0～0.80 Ga）：板块俯冲→碰撞阶段

新元古代早期，古华南洋板块朝扬子块体东南缘俯冲，华南洋关闭，华夏与扬子两大块体发生碰撞，形成华南联合大陆，是罗迪尼亚超大陆的一部分（图 7 - 9，7 - 10A、B、C）。关于这期古板块俯冲、岛弧岩浆与块体拼合作用的构造 - 岩浆事件主要证据包括蛇绿混杂岩带、岛弧岩浆岩、高压变质岩、韧性剪切带、区域绿片岩相变质岩、后碰撞花岗岩、角度不整合面等。

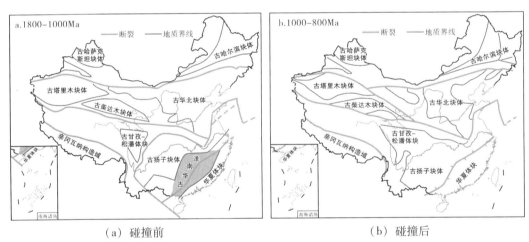

(a) 碰撞前　　　　　　　　　　　　　　（b) 碰撞后

图 7 - 9　华南联合大陆的形成

这些具体的证据表现为：在华南地区，存在绍兴 - 江山 - 萍乡（简称"江绍"）新元古代早期的蛇绿混杂岩带，代表古华南洋的闭合带或扬子和华夏两大块体的拼合带；岛弧岩浆岩主要分布在江南地区，华夏块体中仅零星可见；关于高压变质岩，在德兴西湾一条宽 2～3 m 的南北向角闪片岩探槽中发现蓝闪石片岩，在德兴饶二和茅桥发现有蓝闪石片岩和硬玉石英片岩；江绍蛇绿混杂岩带和赣东北蛇绿混杂岩带均遭受强烈变形，呈现为韧性剪切带面貌，其上被脆性变形的南华纪粗碎屑岩不整合覆盖；区域低绿片岩相变质岩区，由各种变余岩石、板岩、千枚岩组成，局部见石榴黑云片岩、十字石片岩、角闪片岩和花岗片麻岩，主要发育在俯冲带上盘的扬子块体江南地区；沿扬子－华夏2个块体的拼合带，出露了10多个花岗质侵入体，包括浙东道林山、皖南休宁、许村，浙西石耳山，赣北九岭山，桂北本洞、三防、摩天岭等花岗质岩体，面积大的千余平方千米，小的几百平方千米；扬子块体东南缘普遍发育早南华世粗碎屑岩层序，角度不整合或平行不整合覆盖在前南华系之上，尤以皖南兰田，江西弋阳板竹坑、赣北九岭山、修水任家铺，湘北岳阳横铺、沅陵马底驿、东安，贵州梵净山等地的角度不整合关系较清楚。

2. 新元古代晚期：大陆裂解→陆内裂谷沉积阶段

新元古代晚期（南华纪之后，800 Ma），受全球罗迪尼亚超大陆裂解事件的影响，由扬子块体与华夏块体聚合而成的华南联合陆块发生裂解并发生陆内拉张－岩浆作用和裂谷作用，形成大小不等的裂解块体和裂谷盆地。华夏基底被裂解成若干区块，并在深部地幔岩浆上涌的作用下，产生基性岩墙（见图7－10D），证据包括华夏块体SE缘的镁铁－超镁铁岩、全区分布的双峰式岩墙群和裂谷盆地。扬子陆块南部形成巨大的华南裂陷系，与东南部的华夏古陆相对应。

裂解的位置或沿袭早先拼合带，如绍兴－江山－萍乡断裂带，或沿新生的引张带，如两大块体内部的断裂带。裂解导致原蛇绿混杂岩带发生位置错动，如在绍兴－江山－萍乡拼合带，原蛇绿混杂岩带被一分为二。根据镁铁－超镁铁岩的裂解错动位置，可判断其为一种朝西张开的剪刀式裂解。

受新元古代裂解事件的影响，扬子块体和华夏块体上的南华和震旦纪－早古生代地层层序、岩石组合差异明显。扬子块体江南区南华纪冰碛岩特征明显，层位和厚度相对稳定；华夏块体的南华纪冰碛岩似是而非且不稳定。江南区震旦纪－早古生代为浅海相碳酸盐岩－硅质岩组合，华夏区则为韵律状笔石相含炭泥砂质板岩岩系，夹灰岩透镜体。

裂解的证据中，镁铁－超镁铁岩主要分布在政和－大埔断裂带的龙泉、庆元、政和、顺昌、建阳、建瓯一带，主要岩石组合为变质的辉长岩、辉绿岩、玄武岩、长英质火山岩，常与无根的蛇纹岩、辉石岩共存，其围岩多为石英片岩、片麻岩和混合岩化片麻岩。其辉长岩、辉绿岩经SHRIMP锆石U－Pb测定，年龄为847 Ma±8 Ma到795 Ma±7 Ma，长英质火山岩锆石U－Pb年龄为818 Ma±9 Ma，并展现了大陆裂谷的地球化学性质。

关于双峰式岩墙群（810～760 Ma）与裂谷盆地，辉绿岩与细粒花岗岩常以侵入岩墙的方式出现在后碰撞期过铝质花岗岩基中，时代略晚于花岗岩。双峰式岩浆活动到760 Ma基本停息，其后为陆内裂谷盆地的沉积充填期，包括江南区的冰碛岩堆积。研究较详细的有NE向的南华裂谷盆地、富阳盆地、政和－建瓯盆地和SN向的康滇裂谷盆地。自680 Ma即震旦纪以来，华南进入稳定的陆缘滨海－浅海－斜坡相沉积环境。

关于古华南洋关闭及再次发生裂解的岩石圈动力学模式，舒良树（2012）认为，新元古代早期（1000～900 Ma），古华南洋板块朝扬子块体东南缘俯冲，形成江南活动大陆边缘（图7－10A）。大约从870 Ma开始，大洋关闭，华夏与扬子两大块体发生碰撞，产生高压低温变质作用，形成挤压褶皱、逆冲推覆和左旋走滑韧性剪切，导致陆壳增厚（图7－10B）。在850～800 Ma间，在地温累积和放射性热能的作用下，增厚的陆壳发生部分熔融，形成过铝质花岗岩（图7－10C）。其后受全球罗迪尼亚超大陆裂解事件的影响，由扬子块体与华夏块体聚合而成的华南联合陆块发生裂解，形成大小不等

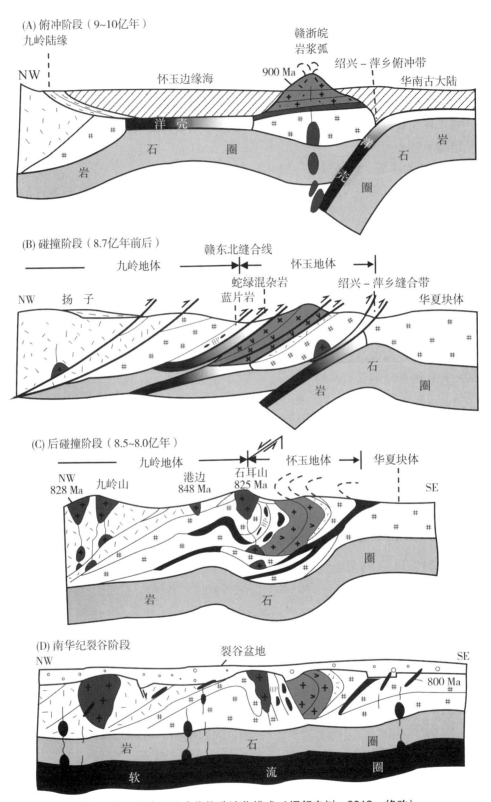

图7-10　华南新元古代构造演化模式（据舒良树，2012，修改）

的裂解块体和裂谷盆地。在深部地幔岩浆上涌的作用下，产生基性岩墙，发育在裂谷盆地和早先的花岗岩基中（图7-10D）。资料表明，早先裂解尺度大，断裂可达软流圈，致使华夏块体南东缘形成镁铁-超镁铁岩带，江绍拼合带发育基性岩墙群。大约从7亿年开始，转变为壳内尺度的伸展，形成持续稳定的华南板内构造背景，出现长达5亿多年的板内沉积与构造环境。

3. 早古生代陆内褶皱-造山阶段

大量资料表明，华南地区在420～400 Ma经历过一次强烈的构造-热事件，即加里东期构造事件。此次事件突出表现在三个方面：①震旦系-下古生界的强烈褶皱与韧性剪切变形；②强烈的花岗岩浆活动；③区域角度不整合。震旦纪-奥陶纪属于板内稳定沉积环境，以早古生代笔石相碎屑岩为代表，主要分布在武夷山南北两缘和西缘。晚奥陶世开始，在全球板块碰撞聚合的背景下，发生以武夷基底为核部，南侧的南海-东海块体与华夏块体、北侧的扬子块体与华夏块体的碰撞，以及武夷、南岭、云开等区块与周围震旦纪-早古生代海盆的碰撞-堆叠作用，致使华夏块体边界和内部发生强烈的褶皱和推覆、低绿片岩相变质与同构造期花岗岩浆活动，最终形成早古生代陆内造山带。华南裂陷槽的闭合具有自北向南逐渐变晚的特征，北边形成晋宁期褶皱带，南边形成加里东期褶皱带（图7-11）。

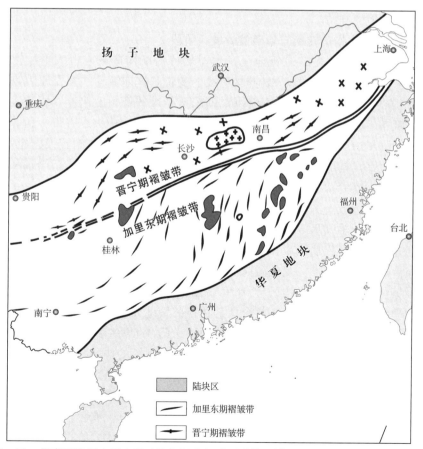

图7-11　华南裂陷系中晋宁运动和加里东运动形成的褶皱系（据杨森楠，1989，修改）

4. 早中生代陆内褶皱 – 推覆阶段

华南块体南北两侧古特提斯洋在早中生代的闭合及其对应的碰撞作用（250～220 Ma），为华南块体内部地质体的变形、花岗岩浆与成矿热液的活动提供了强大的驱动力，华南属于板块构造围限下的陆内再造区。

受印支运动的影响，华南地区进入大规模造山作用阶段，在南北向挤压背景之下，扬子板块北缘、东南沿海地区均发育大规模褶皱 – 推覆构造。在晚泥盆世或早石炭世 – 中三叠世期间，整个华南基本处在一个稳定的滨海 – 浅海环境，并出现萍乡 – 乐平、永安 – 梅州、涟源 – 邵阳等断裂坳陷带。其中，在晚泥盆世或早石炭世时期，大部分地区以陆缘碎屑物充填为特征；石炭纪 – 中三叠世，全区以台地相和陆表浅海相碳酸盐岩夹硅质岩组合为特征，化石丰富，沉积厚度相对稳定。在早 – 中三叠世期间，东亚境内古特提斯洋的关闭导致华南地区发生强烈的构造 – 岩浆作用。

在此南北两大构造体制的挟持下，华南块体内部晚古生代滨海 – 浅海相地层发生了强烈的褶皱和推覆，导致前泥盆纪构造层被强烈再造乃至置换。这期变形作用席卷全区，形成大规模的早中生代褶皱 – 推覆系、大型走滑韧性剪切带和一系列 S 型花岗岩，并使华南构造格架基本定型。

晚三叠世 – 早侏罗世在华南地区形成区域角度不整合，其表现形式在华南块体的不同区段略有差别，对整个华南的影响是非常强烈的，这一事件导致了华南海相环境的结束、陆相河湖环境的开始。

5. 晚中生代以来构造转换与华南盆岭发育阶段

早中生代构造事件之后，东亚地区发生了从特提斯构造域向古太平洋构造域的转换，发生了由近 EW 向构造线朝 NE 向构造线的变化。这期活动的主要原因是古太平洋（南部的库拉板块、北部的伊泽奈崎板块）朝东亚陆缘的低角度俯冲。研究表明，古太平洋板块在晚中生代的俯冲带位置是日本中央构造带 – 台湾中央纵谷带 – 西菲律宾的民都洛 – 巴拉望。早白垩世开始，从特提斯向古太平洋构造域的体制转换已经基本完成，全区主要受古太平洋构造域的控制，形成东南沿海花岗质火山 – 侵入杂岩带和沉积盆地群，并导致了华南盆岭构造的形成。这期构造 – 岩浆活动，强烈改造、置换了华南陆块的 EW 向特提斯构造域。例如，南岭地区的三大花岗岩带均呈 EW 向展布，但带内的一些早白垩世花岗岩长轴却呈 NE 向延伸。

中生代是古太平洋板块活动的高峰期，太平洋岩石圈沿俯冲带朝东亚大陆碰撞拼贴，形成宽广的活动陆缘带。受此碰撞的影响，东南沿海形成了 NE 向的长乐 – 南澳大型左旋走滑韧性剪切带，新生白云母 Ar – Ar 测年值为 120～100 Ma。浙闽沿海地区出现多处晚白垩世粗碎屑岩微角度不整合覆盖在早白垩世火山岩之上的现象。

晚白垩世以来，在太平洋高角度俯冲作用下，俯冲带朝洋跃迁，导致新的海沟与日本弧之间处于拉张应力状态，使东亚陆缘发生了更大规模的伸展减薄活动。

强烈的古太平洋板块俯冲作用，不仅形成了宽广的活动陆缘带，也触发了深部地幔活动，促使幔源岩浆顺断裂通道朝陆缘伸展区上涌、底侵，导致晚中生代双峰式火成岩、花岗岩（沿海 I 型为主、陆内 S 型为主）、碱性花岗岩、基性岩墙群在华南广泛发育，局部见深源基性麻粒岩包体，构成伸展型岩浆组合。其中，晚中生代双峰式火成岩包括双峰式火山岩与双峰式侵入岩 2 种，形成于早 – 中侏罗世和早白垩世 2 个时代。

第八章　西太平洋构造演化

第一节　西太平洋的基本概况

西太平洋板块边缘，北起千岛海沟，往南包括日本海沟、南海海槽、琉球海沟、菲律宾海沟、新几内亚海沟、马努斯海沟、北所罗门海沟等一系列俯冲带，延绵数千千米，构成地球上规模最大最复杂的板块边界（图 8 - 1）。该边缘构造带，地震活动强烈，是中生代以来太平洋板块与欧亚板块、印度 - 澳大利亚板块长期演化的结果，包含极其复杂的俯冲、碰撞、增生以及弧后扩张等构造过程。

西太平洋边缘最为典型的构造是沟 - 弧 - 盆体系，其核心之一是边缘海。李学杰等（2017）认为，以台湾和马鲁古海为界，西太平洋至少可以分为 3 段：北段是典型的沟 - 弧 - 盆体系，千岛海盆、日本海盆及冲绳海槽均为典型的弧后扩张盆地；中段菲律宾岛弧构造带为双向俯冲带，构造复杂，新生代经历大的位移和重组，使得欧亚大陆边缘的南海、苏禄海和苏拉威西海成因存在很大的争议；南段新几内亚 - 所罗门构造带是太平洋板块、印度 - 澳大利亚及欧亚板块共同作用的结果，既有不同阶段的俯冲、碰撞，也有大规模的走滑与弧后的扩张，其间既有新扩张的海盆，又有正在俯冲消亡的海盆。

台湾以北，也是典型的沟 - 弧 - 盆体系，其边缘海，包括千岛海盆、日本海和冲绳海槽，分别是千岛海沟、日本海沟、南海海沟和冲绳海沟俯冲形成的弧后盆地。台湾岛处于枢纽部位，欧亚板块在此被撕裂，南部欧亚大陆边缘南海洋壳沿马尼拉海沟俯冲于菲律宾岛弧之下，而北部菲律宾海洋壳沿琉球海沟俯冲于欧亚大陆之下。

菲律宾岛弧，由复杂的岛弧和陆块组成，其东侧菲律宾海板块沿北吕宋海沟和菲律宾海沟俯冲于该岛弧之下，而南海、苏禄海和苏拉威西海洋壳沿马尼拉海沟、内格罗斯海沟和哥打巴托海沟俯冲于该岛弧之下，形成双向俯冲带，其间包括大量的碰撞缝合线和大型走滑断裂。

马鲁古海是西太平洋板块边界又一转折点，马鲁古海板块往东下插于哈马黑拉岛弧之下，往西下插于桑义赫弧，形成反 U 形双向俯冲汇聚带，其洋壳板块已基本全部消失，哈马黑拉弧与桑义赫弧已于晚上新世开始碰撞。

新几内亚 - 所罗门构造带是太平洋板块、印度 - 澳大利亚及欧亚板块共同作用的结果，其构造复杂，既有不同阶段的俯冲、碰撞，又有大规模的走滑与弧后的扩张。该构造带北部以新几内亚海沟、马努斯海沟、维蒂亚兹海沟，与加罗林板块及太平洋板块为邻；南为 Tarera Aiduna 断裂带与澳大利亚板块为界，包括斯兰俯冲带、班达弧 - 弧后盆地、俾斯麦海、所罗门海和伍德拉克海等。

图 8-1 西太平洋构造简图

第二节 西太平洋的构造演化

一、前新生代太平洋构造演化

距今 190 Ma 前后的印支期，太平洋板块在库拉、法拉隆和凤凰板块三联点处开始形成。然后不断增生扩张，至早白垩世演化为库拉、法拉隆、太平洋和菲尼克斯四大板块。

由于库拉 – 太平洋扩张脊的 SN 向增生扩张和太平洋板块南部没有俯冲消减带，库拉板块 – 太平洋扩张脊便以两倍的速度沿横切该扩张脊的 SN 向转换断层向 NNW 快速运动，推挤亚洲板块东北缘并向西潜没于亚洲大陆之下。因此，造就了太平洋相对向北、亚洲大陆相对向南的左行直扭应力场，形成了东亚大陆边缘北起俄罗斯远东锡霍特阿林 – 西南日本 – 我国东南沿海及台湾 – 菲律宾的钙碱性安山岩、花岗岩带并与中生界沉积岩、前中生界变质岩一起构成规模宏伟的安第斯式弧形山系。

中生代时，在太平洋的扩张脊至少由三条主要的脊组成，库拉板块、法拉龙板块以及菲尼克板块从北西、北东和南面围限着太平洋板块（图 8 – 2）。

在 185～100 Ma 期间，联络库拉 – 太平洋板块和特提斯 – 印度洋板块的洋脊系统和转换断层系统大致呈东西向延伸，并被一系列近南北向的转换断层错开。东西向扩张脊的扩张，就导致板块沿南北向转换断层发生相对运动。这个时期，特提斯板块向北推移和俯冲，库拉 – 太平洋板块向北北西向俯冲，中国大陆东缘和南缘受到这两方面的板块运动的联合作用，大陆边缘被迫向太平洋方向蠕散。

大约 100 Ma（大致相当于晚白垩世），随着沿板块边界脊的持续扩张，太平洋板块的范围扩大，库拉 – 太平洋脊的西端俯冲到亚洲边缘日本海的附近，活动洋脊附近的岩石圈以很小的倾角俯冲到大陆边缘下面，在很宽范围内，增加地壳内部温度，岩石遭到熔融，岩浆活动造成异常宽的火成岩活动带。受库拉 – 太平洋脊向大陆边缘斜向俯冲的影响，在亚洲沿岸带产生向大洋拉张的运动，古南海张开。

大约 65 Ma（大致相当于始新世早期），库拉 – 太平洋板块运动由北西向转变为北西西向，使大陆边缘向太平洋方向蠕散受阻，原来亚洲东南的太平洋板块沿北西西运动的近南北向转换断层成为地壳的薄弱带，并开始了新的俯冲作用，转换断层转变为俯冲带。

二、新生代西太平洋构造演化

西太平洋构造域是一个多岛弧盆的复杂构造域，经历了板块的俯冲、陆块或岛弧的漂移、拼贴和碰撞，构造演化十分复杂，且发育极不均衡。本教材主要参考 Lee Tungyi 等（1995）发表的研究成果，以南海及邻区为中心，通过恢复各微陆块新生代以来的大地构造位置，重建西太平洋构造演化过程。

1. 新生代初各微陆块原始位置恢复

通过西菲律宾海、南海、苏禄海以及苏拉威西海等的磁条带异常以及前人的古地磁资料，对古新世（约 60 Ma）以来南海及邻区的主要微陆块古新世的原始位置进行了恢复。

对沿红河断裂的左旋走滑运动研究（Tapponnier et al. ，1990；McClay et al. ，1995）表明，印支地块在 60 Ma 前位于现今西北约 500 km 处，根据古地磁数据推测从晚白垩世以来顺时针方向旋转了 20°～30°（Jarrard and Sasajima, 1980；Achache et al. ，1983；Maranate and Vella, 1986；Yan and Courtillot, 1989），越东断裂在 18°N 附近是红河断裂带的延伸。在印支地块东边，华南大陆东南部台湾岛和西南部海南岛之间中生代存在一些微陆块，包括北巴拉望地块、班乃岛和民都洛岛的一部分，以及南沙、礼乐滩、中沙

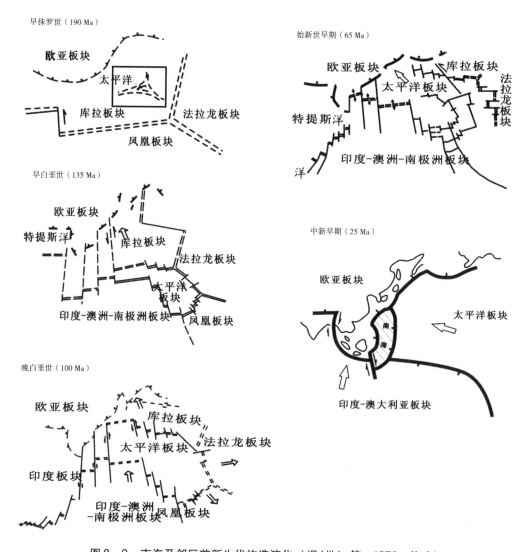

图 8 - 2　南海及邻区前新生代构造演化（据 Hilde 等，1976，修改）

群岛和西沙群岛，这些的微大陆自晚白垩世以来才从华南大陆逐渐裂离（Holloway，1982）。

在西印支半岛，缅甸地块恢复到原来的位置，表明其在墨吉盆地和安达曼海（Andaman Sea）张开之前就已存在。右旋实皆断裂是从缅甸地块运动的标志（Curray et al.，1979；Curray，1989；Dewey et al.，1989）。中缅泰地块伴随印支半岛顺时针旋转，这些盆地在新近纪表现为 EW 向伸展（McCabe et al.，1988），这种伸展作用在南部的曼谷盆地比北部要大（McCabe et al.，1988）。马来半岛沿着 Ranong 断裂向南运动导致了印支地块南部泰国湾和马来盆地的张开。

印尼－加里曼丹和沙捞越（Halle et al.，1977；Halle，1979）和沙巴（Schmidtke et al.，1990）等地区的研究者都有对加里曼丹岛古地磁研究的报道。Halle（1977）从加里曼丹西部晚白垩世基岩中发现古地磁数据，他们的研究表明自白垩纪以来加里曼丹岛西部逆时针旋转了 50°，但纬度不变。加里曼丹晚白垩世的古地磁极与马来半岛一致，因此，我们推测自白垩纪以来，加里曼丹岛和马来半岛之间没有或很少发生相对运动。Halle（1979）报道发现了沙捞越渐新世/中新世红层的古地磁数据，这些红层的古地磁数据与现今的磁场没有区别，表明加里曼丹的逆时针旋转在三叠纪末就已经完成。虽然加里曼丹岛晚白垩世和三叠纪有限的古地磁数据表明其是独立的构造单元，并发生了逆时针旋转 50°，但其北部却由蛇绿岩残片组成（Hutchison，1975）。Hamilton（1979）认为这些残片是白垩纪和第三纪的混杂岩带。Schmidtke 等（1990）根据新的数据重新厘定了加里曼丹西部相对于稳定的东亚在白垩纪或新生代发生了较大的逆时针旋转，他们的数据表明加里曼丹相对欧亚大陆逆时针旋转了 108°。如果 Hamilton（1979）所定义的东南部爪哇和加里曼丹白垩纪大陆地壳的岩石边界被接受，那么加里曼丹绕任意的旋转极（中心加里曼丹的最小垂直，岛上的水平位移）逆时针旋转 108°将会把西北的混杂岩带移至东部，即现今的西里伯斯海和苏拉威西岛。巽他陆架基底结构研究（Ben - Avraham and Emery，1973）表明，加里曼丹岛西部大陆边缘（小 Billiton 坳陷可能是个例外）直接与新加坡地台相接，很可能是连接到马来半岛。西加里曼丹和新加坡地台之间没有重大的结构或地形间断，因此，不可思议的是加里曼丹旋转作为一个已经旋转的孤立地块竟然没有导致其他结构单元的重大重组。如果在白垩纪或新生代加里曼丹确实发生了 108°逆时针旋转，应该在纳土纳地区、Tin 群岛和爪哇海（特别是在爪哇海的西北部）存在大型走滑运动和挤压的证据，但地震反射剖面结构研究表明爪哇海的巽他盆地只显示伸展特征，如断块和铲式断层（Fainstein and Pramono，1986）。其他已发表的资料也表明，伸展构造是该地区的主要构造特征（Ponto et al.，1988）。最近加里曼丹岛西部的古地磁研究表明，加里曼丹至少从始新世开始一直没有发生旋转（Lumadyo et al.，1990，1993），这一结果与观察到的地质特征相符。Lumadyo 等人（1990，1993）这一观点与其他已发表的古地磁数据并不矛盾，因为其他学者（Haile，1979；Schmidtke et al.，1990）古地磁测量表明旋转作用在白垩纪是可能发生的。经过审慎考虑后，在本研究中加里曼丹岛一直固定在马来半岛进行新生代重建，这就限制了加里曼丹在三叠纪发生旋转，作为一个对这些块体的附加约束。苏门答腊岛西南部恢复到沿苏门答腊断层系发生的构造运动之前（Huchon and Le Pichon，1984）。

随着对印支半岛、马来半岛以及加里曼丹岛的恢复，仍然留下一个"缺口"：华南地块和加里曼丹北部之间。我们根据 Holloway（1982）和 Parker and Gealey（1985）的研究，假设这一地区原为古南海，新生代裂谷作用沿着华南边缘导致古南海俯冲至北加里曼丹岛和巴拉望之下（Williams et al.，1988）。

东加里曼丹岛、三宝颜半岛和苏禄脊被认为形成于苏禄海盆地张开前，而卡加延脊则在苏禄海盆地张开之后（Rangin，1991）。西苏拉威西岛紧接着加里曼丹岛形成于望加锡海槽海底扩张之前。苏拉威西岛的北支最初是毗邻加里曼丹和西苏拉威西岛 NS 向（Otofuji et al.，1981），后来与西里伯斯海顺时针方向发生旋转。Surmont 等（1994 年）古地磁研究结果表明中新世之后北支顺时针方向旋转 20°～25°，如果这是正确的，结合西里伯斯海近 EW 向磁异常条带（18 - 20 号）（Weissel，1980）分析，很可能北支的旋转发生在中始新世，即里伯斯海海底扩张之前。西苏拉威西岛、北苏拉威西岛和苏禄脊可能受太平洋 - 澳大利亚板块向北俯冲的影响形成一个连续的岩浆弧。

在古新世，菲律宾群岛位于赤道附近（McCabe et al.，1987），根据古地磁数据收敛速度和方向分析，它呈近 EW 方向展布（Seno et al.，1987；Ranken et al.，1984）。菲律宾群岛的古地理由对偏移的地质特征，包括弧前盆地、蛇绿岩带和火山带，以及偏移的长波长区域布格重力异常、空间重力异常和磁异常等地球物理异常的恢复推导出（Bischke et al.，1990）。这些不同的特征表明，自中新世中期以来沿菲律宾断层发生了 200～300 km 左旋偏移。菲律宾海盆开始打开 26 号磁异常条带（晚古新世，Hilde and Lee，1984）意味着始新世形成的冲大东和大东山脊可能形成时紧靠菲律宾群岛。Lewis 等（1982）指出菲律宾海盆的形成与沿着菲律宾群岛向北的俯冲有关。沿着澳大利亚 - 新几内亚的北部边缘，斯兰岛和 Burn 岛通过沿西缘的伊里安查亚（Irian Java，印尼方面的新几内亚岛）的 Vogeikop 旋转 90°到达现在的位置可以重建，与 Haile（1979）的古地磁资料相符，也与本大陆残片和澳大利亚大陆（Pigram and Panggabean，1984）地层有较大的相似性。邦盖 - 苏拉微大陆的侏罗系断陷漂移序列的识别表明它可能最初来自澳洲大陆的北缘，现在发现在新几内亚中部（Pigram and Panggabean，1984）。虽然这种微大陆的前位置没有约束，但把它放在澳大利亚大陆北部的新几内亚的伊里安查亚的北缘是合理的。Audley - Charles 等（1988）指出，苏拉威西岛东南支也来自澳大利亚 - 新几内亚大陆的北缘，但同样缺乏证据确定其准确的位置，可能邦盖 - 苏拉三叠世已经在现在东南苏拉威西相邻的位置（Pigram and Panggabean，1984）。因此，苏拉威西的东南支也被重建为澳大利亚 - 新几内亚大陆北缘的位置，紧挨邦盖 - 苏拉微大陆。至于 Sepik 复合地块的位置，由于其位于复杂的西太平洋边缘和缺乏这一地区的古地磁数据，在这一阶段对其位置的判定是不可能的，在本次重建中它被放置在太平洋板块西南缘。Sepik 弧类似现今的南班达弧，在下一地质阶段将增生到澳大利亚边缘（Pigram and Davies，1987）。

通过以上分析，基本确定了南海及邻区新生代初的各微陆块地理位置及其构造发育特征，为构造演化研究奠定了基础。

2. 新生代南海及邻区构造演化过程

（1）50 Ma。印度板块和西藏板块之间的碰撞使特提斯洋关闭。中国南缘沿 NW - SE 向发生张裂作用，珠江口盆地逐渐开启。Hamilton（1979）提出的西苏拉威西岛在渐新世从加里曼丹岛分离出来，望加锡海盆地开始张裂。Situmorang（1982a，1982b）利用井资料和多道地震反射剖面确定望加锡海盆地发生张裂作用是在中始新世早期（甚至更早），但在早中新世停止（见图 8 - 3）。

（2）40 Ma。华南地台南部的大陆边缘在始新世继续发生张裂和伸展作用，晚白垩世 - 始新世，NE - SW 向地堑发育，并最终形成了珠江口盆地（Feng and Zhang，1986；Chen et al.，1987；Ru，1986；Yu，1988），44～20 Ma 期间，印度板块和欧亚大陆之间的碰撞导致中南半岛沿红河断裂带左旋东南方向挤出（Wu et al.，1989；Tapponnier et al.，1990），这次中始新世构造事件已经被卢帕尔线东部的沙捞越始新世混杂岩所证明（Benard et al.，1990）。Hamilton（1979）和 Holloway（1982）研究表明，古南海沿加里曼丹岛北缘向南俯冲导致地壳沿西北加里曼丹岛和沿南巴拉望岛弧增生，同时使古南海面积缩小；印支地块的东南运动也可能引发了南海莺歌海、北部湾和中建南盆地的发育（Shen et al.，2000）；马来半岛、苏门答腊岛和加里曼丹岛在中始新世也随着中南半岛向东南移动，根据这些地区的断裂特征研究，伸展方向可能由 NW - SE 向转为 NS 向。

望加锡海盆中始新世的张裂（Situmorang，1982a，1982b）与苏拉威西（西里伯斯）海盆张裂的时代一致（Weissel，1980；Silver et al.，1991），这一巧合可能表明，北西方向持续的俯冲作用导致了东加里曼丹岛至南苏禄脊之间的张裂-漂移事件，始新世北西方向俯冲作用打开了西里伯斯海盆，同时导致苏拉威西岛北支顺时针旋转从东北加里曼丹分离出来。苏拉威西岛北支顺时针旋转之后，西里伯斯海的张开可能持续到渐新世（甚至中新世）（Otofuji et al.，1981）。

Hall（1987）根据层序地层研究认为，哈马黑拉岛基底复混合体和东棉兰老岛基底是晚白垩世-早第三纪岛弧和和弧前的一部分，两者从晚始新世至渐新世早期形成单一的板块。Cardwell 和 Isacks（1981）根据贝尼奥夫带标识已恢复俯冲的马古鲁板块，把现今的哈马黑拉岛放至东菲律宾的东南部并考虑到沿菲律宾和索龙断裂的移动。始新世哈马黑拉岛的位置复原意味着它属于菲律宾海板块边缘。澳大利亚-新几内亚板块北缘东帝汶岛始新世基本上就在现今的位置上，因为它是澳大利亚外大陆边缘的一部分。

（3）30 Ma。随着中国大陆边缘新的伸展作用，南海 SN 向扩张开始（Taylor and Hayes，1980；Holloway，1982）。通过华南大陆南缘可以识别出一个与南海海盆海底扩张相关的不整合面（Holloway，1982）。海底扩张把北巴拉望岛-礼乐滩-南沙群岛等微陆块从华南大陆分离开来，这些微陆块的运动各不相同的，北巴拉望和礼乐滩的运动与南海 SN 向扩张方向基本一致。另一方面，主要的断裂走向在海南岛和西沙群岛之间的区域是 NE - SW 向（Liu and Yang，1988），而礼乐滩和华南地块之间是近 EW 向。西沙群岛似乎在 NW - SE 方向有过移动，而礼乐滩的运动方向为 NNW - SSE 向。随着现今南海海盆的增长，加里曼丹岛西北部古近系的构造混杂岩带证明了古南海俯冲至加里曼丹岛北部（Hamilton，1979），同时在东部它也消减在西北菲律宾群岛的古马尼拉海沟（图 8 - 3）。

印度与欧亚板块的碰撞似乎使印支半岛的挤出作用大于中缅泰地块或缅甸地块。这导致了一系列沉积盆地在泰国中部、泰国湾和墨吉盆地的打开，且在南部比在北部有更大的相对运动，同时也表明印支半岛的自转极位于北部，可能在华南地块的南缘（Mc-Cabe et al.，1987）。

渐新世，岛弧在太平洋地区向 NNW 向移动，开始增生至向北移动的澳大利亚-新几内亚陆块北缘上（Daly et al.，1987）。渐新世晚期（25 Ma），最先与澳大利亚-新几内亚北部边缘碰撞的是塞皮克弧（Pigram and Davies，1987），从前陆盆地的发育特征来看，这次碰撞事件可能延长至 lrian Jaya 省西部。左旋走滑运动使微板块沿新几内亚北部大陆边缘向西运动。

在西菲律宾海盆的扩张在磁异常 13 号条带（36 Ma，渐新世初，Hilde and Lee，1984），海底扩张转移到 Parece Vela 海盆。渐新世早期，帕劳-九州脊上存在着一条向西倾的俯冲带。30 Ma 时，帕劳-九州火山弧分开（磁异常 10 号条带，渐新世晚期开始），帕劳-九州脊和西马里亚纳脊之间的 EW 弧间扩张开始（Mrozowski and Hayes，1979）。

（4）20 Ma。南海海底扩张在 21 Ma 发生了重大的变化，扩张方向从 NW - SE 向转为 N-S 向（Pautot et al.，1986）。这种变化可能是由于洋脊的跳跃或斜向扩张所致（Hayes，1988；Taylor and Rangin，1988）。这时古南海基本上俯冲消减完，沿红河断裂带的左旋运动在约 23 Ma 停止（Scher et al.，1990；Tapponnier et al.，1990），在纳土纳盆地西部的以挤压作用为主（Wirojudo and Wongsosantiko，1985），这一地区之前为拉张作用。这一变化在先存的正断层和半地堑中引起的反向运动，标志着印支地块挤出作用的结束（Wirojudo 和 Wongsosantiko，1985）。从构造演化图中也可以看出，这时南海西侧是紧密连在一起的刚性陆块。刚性的华南地块、印支地块和巽他地块之间仅留下狭小的空间给南海海盆在 NS 方向的扩张。相比之下，南海海盆的东部边界仍然是一个自由边界，东南部古南海俯冲仍在消减在南巴拉望岛和加里曼丹岛北部。这时扩张方向有所变化，从近 NS 向转为 NW-SE 向，南海海盆（包括礼乐滩和北巴拉望）发生顺时针旋转，旋转极位于南海盆地的西南端（5.3°N，109.4°E）。

早中新世，马来半岛已达到现今的位置，但在北苏门答腊盆地和泰国中部盆地仍处于扩张中（McCabe et al.，1988）。这些盆地扩张的结果之一，是造成沿 Ranong 断裂从右旋向左旋走滑运动的转变。望加锡海峡在中新世早期停止扩张（Situmorang，1982a，1982b），可能造成东苏拉威西和西苏拉威西的碰撞。苏拉威西岛北支也旋转至今日的位置。松巴岛的东南移动造成了 Flores 盆地的打开，这一张裂事件和加里曼丹南部火山弧的形成被认为是沿爪哇海沟俯冲所造成的。

沿着西菲律宾群岛的持续俯冲造成吕宋岛弧向北延伸，包括东台湾岛弧和一个吕宋岛和台湾东部之间火山弧（Ho，1986；Richard et al.，1986；Suppe，1981）。Sepik 弧和新几内亚之间的碰撞发生在中新世初（Pigram and Davies，1987），引起沿澳大利亚-新几内亚板北部大陆边缘的走滑运动，造成东苏拉威西岛向北西西方向移动以及 Seram-Buru 微陆块开始逆时针旋转至现今位置。

Parece Vela 和 Shikoku 盆地的海底扩张，使马里亚纳-小笠原海沟相对于向帕劳-九州脊向东移动。随着卡罗琳板块的接近，卡罗琳脊和马里亚纳弧之间的碰撞发生在大约晚渐新世-中新世早期（McCabe and Uyeda，1983）。沿菲律宾-卡罗琳板块南部边界连续的俯冲带从西菲律宾一直延伸到新几内亚复合体的东部。在这俯冲带和西里伯斯海之间唯一剩下的洋壳可能是现今马古鲁海。另一块洋壳处于北新几内亚-所罗门弧与东新几内亚复合体之间，该大洋板块可能是所罗门海板块在渐新世晚期在新几内亚-所罗门弧北部和东新几内亚复合体之间形成的（Honza et al.，1987）。

（5）15 Ma。北巴拉望地块与加里曼丹在约 17 Ma 的碰撞，阻碍了南海新生代的海底扩张（Holloway，1982；Taylor and Hayes，1983）。中中新世，红河断裂从左旋运动变为右旋运动（Wang et al.，1995）。这一反转造成一些局部不整合和高角度逆冲断层的形成。Tapponnier 等（1982）认为，红河断裂带运动方向的反转与华南陆块相对于印支地块的挤出速率增加有关，可能是印支地块和"刚性"巽他陆块之间挤压作用增强导致。中南半岛向西南运动被巽他大陆阻挡，巽他大陆反过来开始与澳洲大陆的前锋发生碰撞（见图 8-3）。

苏拉威西岛中部蓝片岩带证明了中中新世东苏拉威西与西苏拉威西发生碰撞（Audley-Charles et al.，1988），该碰撞使班达海发生分离并使苏拉威西北支产生更大的旋转。由于加里曼丹（Rangin and Silver，1991）的北东缘俯冲作用，苏禄海盆在中新世早期开始打开。目前，尚不清楚苏禄海海底是否与古南海地壳在卡加延脊向南俯冲有关，或是菲律宾群岛和苏禄脊之间西北向洋壳俯冲形成的弧后盆地。北巴拉望地块和加里曼丹岛中中新世之间的碰撞也可能终止了苏禄海盆的扩张。向北运动的苏拉威西岛、西里伯斯海盆和苏禄脊可能引起苏禄海盆在 15 Ma 左右向西南俯冲到苏禄海沟之下（Rangin and Silver，1991）。

Parece Vela 盆地北部的海底扩张仍在持续，卡罗琳岭和马里亚纳弧之间的碰撞持续至中中新世，这次碰撞使得马里亚纳弧的一部分弯曲，把沟槽系统转换成一个右旋的转换断层（McCabe and Uyeda，1983）。发生在约 15 Ma 的东新几内亚复合地体与新几内亚 - 澳大利亚大陆边缘对接（Pigram and Davies，1987），可能关闭了南部岩层的俯冲作用。东新几内亚复合地体的对接可能导致了新几内亚 - 澳大利亚大陆边缘北部一个新的向南俯冲带的形成，并导致俯冲极的反转，该俯冲带消减了新几内亚 - 澳大利亚大陆边缘和北新几内亚弧之间的所罗门海板块，并使北新几内亚弧与新几内亚大陆在晚中新世发生碰撞。

（6）10 Ma。北巴拉望地块与西菲律宾群岛于晚中新世在民都洛岛和班乃岛附近的碰撞，接着在苏禄脊与西菲律宾岛在三宝颜半岛于中中新世发生碰撞（Mitchell et al.，1986），导致菲律宾海板块从菲律宾群岛分离（McCabe and Cole，1989），并导致从民都洛岛南部到班乃岛之间马尼拉海沟向东俯冲的停止，俯冲的性质发生反转。向西俯冲引发沿着菲律宾群岛东侧的菲律宾海沟的形成（Uyeda and McCabe，1983），此沟槽系统可能一直延伸到哈马黑拉岛北部。第二次碰撞后，西菲律宾群岛基本上通过巽他大陆与华南陆块相连。左旋菲律宾断裂，包括 Bischke 等（1990 年）定义的锡布延分支引起了东菲律宾和西菲律宾地块之间的运动，正如苏门答腊断层系统使苏门答腊西南部俯冲方向上的残片与苏门答腊岛发生偏移一样（Allen，1962）。在这两种情况下斜向俯冲导致的走滑断层上的偏移。沿着 Surnatran 断裂系统的运动开始于大约 13 Ma（Huchon and Le Pichon，1984），可能是在苏门答腊岛观测到的地壳缩短部分响应（Hamilton，1979）西北苏门答腊、巽他海峡的打开也是西南苏门达腊地块向西北移动的结果（Huchon and Le Pichon，1984）。

在西菲律宾的碰撞也切断了棉兰老岛和北苏拉威西岛之间马鲁古海西部的俯冲带，哈马黑拉岛被围在马鲁古海和西菲律宾海板块两俯冲之间。

在安达曼海中部发现了可识别的中中新世海底磁异常条带（Curray et al.，1979），可能是由于印度板块向北移动过程中把安达曼海撕开。最初向北运动并不包括苏门答腊断层系统，仅仅穿过苏门答腊约 95°E 的大陆边缘。安达曼海打开时，安达曼和尼科巴群岛作为安达曼海的外弧而形成在印度板块之上。苏拉威西北支的旋转和北移都有可能造成西里伯斯海沿北苏拉威西海沟向南俯冲。

在琉球海沟俯冲产生的活性琉球海沟西北的冲绳海槽在晚中新世发生张裂（Letouzey and Kimura，1985；Miki et al.，1990），新几内亚弧西北部与新几内亚 - 澳大利亚大陆边缘北部在晚中新世早期碰撞（Pigram and Davies，1987）。碰撞后期横向平移引起邦盖 - 苏拉微大陆与东部苏拉威西岛碰撞（Hamilton，1979）。翁通 - 爪哇高原与索罗门群岛的碰撞导致的岛屿北部的俯冲带消亡（Honza et al.，1987），这种碰撞可能导致的晚中新世 - 上新世发育的所罗门群岛南部新不列颠海沟向北倾。

（7）5 Ma。菲律宾海板块已经在琉球群岛和菲律宾海沟消减。在过去的几百万年来，沿马尼拉海沟北部的俯冲导致马尼拉海沟北部的吕宋岛弧与东亚大陆边缘台湾发生俯冲碰撞（Suppe，1981）。基于台湾东部的地质分析，Teng（1990）的分析表明吕宋岛弧与东亚大陆之间的碰撞发生在约 5 Ma，估计台湾北部地区的地壳缩短 200～300 km（Suppe，1981）。南冲绳海槽扩张之前，东亚大陆边缘从台湾南部至琉球海沟西端的倾向约为 50°，如果北吕宋岛弧的北部在 5 Ma 延伸到台湾东部，那么就可以估算出这段时间内沿菲律宾断裂的运动。从菲律宾群岛块在晚中新世开始与北巴拉望岛碰撞，这些碰撞激活了菲律宾断裂，直到 5 Ma 时北吕宋岛弧与华南大陆发生碰撞，沿菲律宾断裂的运动速度为 41 mm/yr。碰撞事件发生后，通过分析北吕宋岛弧与台湾相撞前漂移的总距离可知沿菲律宾断裂运动速度减慢至 21 mm/yr，这估算值与 Barrier et al.（1991）预测的 20～25 mm/yr 相近，即使在台湾的碰撞，琉球海沟在东北部的俯冲仍在继续，引起冲绳海槽持续的弧后扩张（Letouzey and Kimura，1985）（图 8 - 3）。

马鲁古海板块沿着西侧菲律宾北移。这北移是补偿新几内亚 - 澳大利亚板块向北运动以及马鲁古海板块俯冲至哈马黑拉岛。因此，哈马黑拉岛东北部沟槽系统有一个右旋走滑分量，可以合理地假设，Ayu 海槽的扩张部分原因是由于哈马黑拉岛的西北运动形成了虚脱空间。Ayu 海槽东部，因为新几内亚弧与新几内亚 - 澳大利亚大陆边缘北部之间的碰撞，开始了新的沟槽系统以维持欧亚大陆 - 菲律宾海板块和新几内亚 - 澳大利亚板块之间的收敛效应。随着卡罗琳板块南部俯冲至新几内亚和马努斯海槽，以及东部俯冲至 Mussau 海槽，卡罗琳板块（西卡罗琳脊，西卡罗琳盆地，东卡罗琳盆地以及 Eauripik 脊）的主体部分已经发生了逆时针旋转。这种旋转是拉开卡罗琳脊、西卡罗琳脊和卡罗琳板块西部 Ayu 海槽之间的 Sorol 海槽的必要条件。

在重建马里亚纳脊时，不可能通过有限的旋转马里亚纳脊来完全关闭马里亚纳盆地，有两种可能的解释，一是可能盆地的扩张具有差异性（即中心快和两端慢），另一种解释是 McCabe and Uyeda（1983）提出的，渐新世晚期卡罗琳脊与古马里亚纳岛弧的碰撞过程中造成了脊的弯曲。后者的解释得到了古地磁数据和该地区其它地质和地球物理资料的支持（McCabe，1984），证明是可以重建的。在马里亚纳海沟南端的右旋转变相当发育（McCabe 和 Uyeda，1983），这种转变为马里亚纳海槽的扩张提供了条件。

（8）现今。安达曼海盆 NW - SE 向扩张一直持续到现在，沿苏门答腊断层系统已经发生了至少 100 km 右旋运动。北吕宋岛弧与欧亚大陆边缘在台湾碰撞已经把缝合带花东纵谷转变为左旋转换带。本哈姆高原至菲律宾海沟的通道可能已经阻挡了俯冲带，并将转换段中吕宋岛东部的部分转变为左旋转换系统，与马里亚纳海沟南部类似（McCabe and Uyeda，1983）。Audley - Charles 等（1988）认为澳大利亚西北被动大陆边缘与班达弧碰撞产生了帝汶岛地体，Burke and Rutherford（1987）提出的松巴岛滑离帝汶岛形成 Savu 盆地也是该碰撞的结果。该碰撞也可能使 Wetar 岛沿左旋走滑断层与 Alor 岛发生分离，在 Wetar 岛至 Alor 岛之间产生弧后冲断带（Breen et al.，1989）。

翁通 - 爪哇高原与所罗门岛的碰撞有效地阻止了在北所罗门海沟系统的进一步俯冲（Honza et al.，1987）。所罗门海板块沿新不列颠海沟向北俯冲，卡罗琳板块沿马努斯海沟向南俯冲以及新几内亚弧与新几内亚 - 澳大利亚部北部大陆边缘之间的左旋走滑运动共同作用可能使俾斯麦盆地在 3.5 Ma 以来发生海底扩张（Taylor，1979；Weissel et al.，

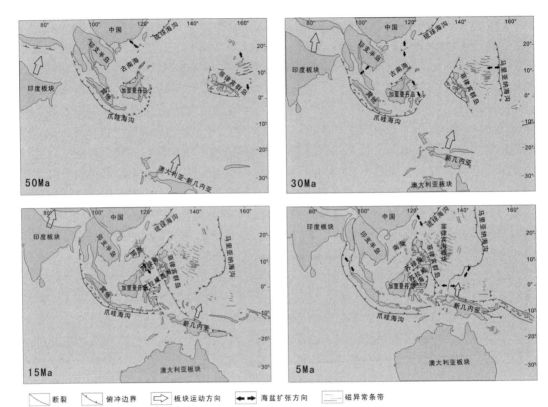

图 8-3　南海及邻区新生代构造演化图（据 Lee et al. 1995；姚伯初等，1996，1998，2004，综合编制）

1982；Honza et al.，1987）。所罗门海板块向南俯冲至 Tribiand 弧之下可能是伍德拉克盆地上新世海底扩张的响应（Honza et al.，1987），海盆扩张时伍德拉克盆地东部正高速（>10mm/yr）俯冲至所罗门群岛之下（Weissel et al.，1982）。

参考文献

[1] BOUCOT A J, 陈旭, SCOTESE C R. 显生宙全球古气候重建 [M]. 北京：科学出版社, 2009.

[2] 别辽耶夫 H M. 材料力学 [M]. 干光瑜等, 译. 北京：高等教育出版社, 1956.

[3] 卜建军, 何卫红, 张克信, 等. 古亚洲洋的演化：来自古生物地层学方面的证据 [M]. 地球科学, 2020, 45 (3): 711 – 727.

[4] 车自成, 罗金海, 刘良. 中国及其邻区区域大地构造学 [M]. 北京：科学出版社, 2002.

[5] 陈国达. 地台活化及其找矿意义 [M]. 北京：地质出版社, 1960.

[6] 陈国达. 地洼区的第三构造层：地洼沉积层 [J]. 科学通报, 1959 (5): 173 – 174.

[7] 陈国达. 中国地台"活化区"的实例并着重讨论"华夏古陆"问题 [J]. 地质学报, 1956 (3): 239 – 271.

[8] 邓军, 王庆飞, 陈福川, 等. 再论三江特提斯复合成矿系统 [J]. 地学前缘, 2020, 27 (2): 106 – 136.

[9] 邓军, 王庆飞, 李龚健. 复合造山和复合成矿系统：三江特提斯例析 [J]. 岩石学报, 2016, 32 (8): 2225 – 2247.

[10] 邓军, 王长明, 李文昌, 等. 三江特提斯复合造山与成矿作用研究态势及启示 [J]. 地学前缘, 2014, 21 (1): 52 – 64.

[11] 范丽琨, 蔡岩萍, 梁海川, 等. 东昆仑地质构造及地球动力学演化特征 [J]. 地质调查与研究, 2009, 33 (3): 181 – 186.

[12] 冯岩, 温珍河, 侯方辉, 等. 青藏高原及其邻区晚古生代以来构造演化与古大陆再造 [J]. 海洋地质与第四纪地质, 2013, 33 (1): 33 – 44.

[13] 葛肖虹, 马文璞. 中国区域大地构造学教程 [M]. 北京：地质出版社, 2014.

[14] 郭兴伟, 张训华, 温珍河, 等. 中国海陆及邻域大地构造格架图编制 [J]. 地球物理学报, 2014, 57 (12): 4005 – 4015.

[15] 侯增谦, 莫宣学, 朱勤文, 等. "三江"古特提斯地幔热柱：洋岛玄武岩证据 [J]. 地球学报, 1996 (4): 343 – 361.

[16] 侯增谦, 莫宣学, 朱勤文, 等. "三江"古特提斯地幔热柱：洋中脊玄武岩证据 [J]. 地球学报, 1996 (4): 362 – 375.

[17] 侯增谦, 郑远川, 卢占武, 等. 青藏高原巨厚地壳：生长、加厚与演化 [J]. 地质学报, 2020, 94 (10): 2797 – 2815.

[18] 胡琳, 彭博. "三江"特提斯的演化及成矿意义 [J]. 地质论评, 2015, 61 (S1): 653 – 654.

[19] 胡受奚，叶瑛. 对"华夏古陆"、"华夏地块"及"扬子－华夏古陆统一体"等观点的质疑 [J]. 高校地质学报，2006 (4): 432 – 439.

[20] 黄汲清. 试论地槽褶皱带的多旋回发展 [J]. 中国科学，1979 (4): 384 – 397.

[21] 黄汲清. 中国大地构造基本轮廓 [J]. 地质学报，1977 (2): 117 – 134.

[22] 黄汲清. 中国主要地质构造单位 [M]. 北京：地质出版社，1945.

[23] 黄立言，卢德源，赵文津，等. 藏南帕里至达吉地带的上地壳结构特征－－REFTEK 顺带广角地震观测结果分析 [J]. 地球学报，1996, 17 (2): 165 – 176.

[24] 李德威. 青藏高原及邻区大地构造单元划分新方案 [J]. 地学前缘，2003, 10 (2): 291 – 292.

[25] 李建国，周永胜，宋瑞卿，等. 岩石圈塑性流动网络与多层构造变形的物理模拟 [J]. 地震地质，1997, 19 (3): 248—258.

[26] 李朋武，高锐，崔军文，等. 西藏和云南三江地区特提斯洋盆演化历史的古地磁分析 [J]. 地球学报，2005 (5): 3 – 20.

[27] 李三忠，曹现志，王光增，等. 太平洋板块中－新生代构造演化及板块重建 [J]. 地质力学学报，2019, 25 (5): 642 – 677.

[28] 李三忠，杨朝，赵淑娟，等. 全球早古生代造山带 (Ⅱ): 俯冲－增生型造山 [J]. 吉林大学学报 (地球科学版)，2016, 46 (4): 968 – 1004.

[29] 李三忠，索艳慧，周洁，等. 微板块与大板块：基本原理与范式转换 [J]. 地质学报，2022, 96 (10): 3541 – 3558.

[30] 李四光. 地壳构造与地壳运动 [J]. 中国科学，1973 (4): 400 – 429.

[31] 李四光. 地质力学方法 (重印本) [M]. 北京：科学出版社，1976.

[32] 李四光. 地质力学概论 [M]. 北京：地质出版社，1999.

[33] 李学杰，王哲，姚永坚，等. 西太平洋边缘构造特征及其演化 [J]. 中国地质，2017, 44 (6): 1102 – 1114.

[34] 李扬鉴，张星亮，陈延成. 大陆层控构造导论 [M]. 北京：地质出版社，1996.

[35] 李曰俊，孙龙德，吴浩若，等. 南天山西端乌帕塔尔坎群发现石炭－二叠纪放射虫化石 [J]. 地质科学，2005, 40 (2): 220 – 226, 236 – 308.

[36] 梁光河. 新大陆漂移模型与地震成因关系研究 [J]. 科学技术与工程，2018, 18 (28): 47 – 57.

[37] 梁光河. 印度大陆板块北漂的动力机制研究 [J]. 地学前缘，2020, 27 (1): 211 – 220.

[38] 刘海龄，郭令智，孙岩，等. 南沙地块断裂构造系统与岩石圈动力学研究 [M]. 北京：科学出版社，2002.

[39] 刘海龄，刘迎春，阎贫，等. 南沙微板块新生代基底的层块构造及其板内成盆机制 [M]//李家彪，高抒，主编."中国边缘海形成演化系列研究"丛书第三卷，中国边缘海岩石层结构与动力过程. 北京：海洋出版社，2004.

[40] 刘海龄，孙岩，郭令智，等. 南沙微板块边界的动力学演化 [J]. 海洋学报，2001, 23 (5): 95 – 103.

[41] 刘海龄，阎贫，施小斌，等. 南沙微板块的层块构造特征 [J]. 中国地质，2002,

29（4）：374－381.

［42］刘海龄，阎贫，张伯友，等. 南沙板内新生代沉积基底构造特征及其控盆机制［J］. 海洋通报，2004，23（6）：38－48.

［43］刘海龄. 南沙超壳层块边界断裂的运动学与动力学特征［J］. 热带海洋，1999，18（4）：8－16.

［44］卢华复. 关于华夏古陆［J］. 高校地质学报，2006（4）：413－417.

［45］罗国煜. 岩坡优势面分析理论与方法［M］. 北京：地质出版社，1991.

［46］马瑞士. 华南构造演化新思考兼论"华夏古陆"说中的几个问题［J］. 高校地质学报，2006（4）：448－456.

［47］马杏垣. 中国岩石圈动力学纲要［M］. 北京：地图出版社，1987.

［48］莫宣学，路凤香，沈上越，等. 三江特提斯火山作用与成矿［M］. 北京：地质出版社，1993.

［49］潘桂堂，肖庆辉. 中国大地构造［M］. 北京：地质出版社，2017.

［50］潘桂棠，肖庆辉，陆松年，等. 大地构造相的定义、划分、特征及其鉴别标志［J］. 地质通报，2008（10）：1613－1637.

［51］潘桂棠，李兴振，王立全，等. 青藏高原及邻区大地构造单元初步划分［J］. 地质通报，2002（11）：701－707.

［52］潘桂棠，肖庆辉，陆松年，等. 中国大地构造单元划分［J］. 中国地质，2009（1）：1－29.

［53］潘桂棠. 青藏高原碰撞构造与效应［M］. 广东：广东科技出版社，2013.

［54］任纪舜，郝杰，肖草薇. 回顾与展望：中国大地构造学［J］. 地质评论，2002，48（2）：113－124.

［55］任纪舜，李崇. 华夏古陆及相关问题——中国南部前泥盆纪大地构造［J］. 地质学报，2016，90（4）：607－614.

［56］舒良树. 华南构造演化的基本特征［J］. 地质通报，2012，31（7）：1035－1053.

［57］舒良树. 华南前泥盆纪构造演化：从华夏地块到加里东期造山带［J］. 高校地质学报，2006（4）：418－431.

［58］孙卫东. "岩浆引擎"与板块运动驱动力［J］. 科学通报，2019，64（Z2）：2988－3006.

［59］孙岩，施泽进，勾佛仪. 中下扬子区叠层倾滑系统及其地震地质意义［M］. 北京：地震出版社，1992.

［60］孙岩，施泽进，舒良树，等. 层滑—倾滑断裂构造与油气地质研究［M］. 南京：南京大学出版社，1991.

［61］孙岩，旋泽进，勾佛议. 湘赣地区的岩石力学参数和区域层滑系统研究［J］. 中国科学（B），1992（8）：860－867.

［62］孙岩，沈修志，铃木茎士. 岩石简单剪切中的韧性变形域研究——以苏南地区盖层脆性断裂为例［J］. 中国科学（B），1992（6）：650－656.

［63］孙岩. 层滑论——地壳运动观［J］. 地质系统管理研究，1986（3）：58－63.

［64］万天丰，李三忠，杨巍然，等. 板块运动的机制与动力来源学术争鸣［J］. 地学前

缘, 2019 (26): 1 - 10.

[65] 万天丰. 论全球板块构造的动力学机制 [J]. 地学前缘, 2018, 25 (2): 319 - 335.

[66] 万天丰. 中国大地构造学 [M]. 北京: 地质出版社, 2011.

[67] 万天丰. 中国大地构造学纲要 [M]. 北京: 地质出版社, 2003.

[68] 万天丰. 中国东部中新生代板内变形、构造应力场及其应用 [M]. 北京: 地质出版社, 1993.

[69] 王鹤年, 周丽娅. 华南地质构造的再认识 [J]. 高校地质学报, 2006 (4): 457 - 465.

[70] 王鸿祯. 全球构造研究的简要回顾 [J]. 地学前缘, 1995, 2 (1): 37 - 42, 66.

[71] 王绳祖, 张宗淳. 亚洲中东部岩浆岩网络状分布与塑性流动网络 [J]. 地震地质, 1997, 19 (3): 235 - 247.

[72] 王绳祖. 大陆板块内部变形的多层构造模型 [C]//马宗晋, 主编. 大陆多震层研究——国际大陆多震层学术讨论会选集. 北京: 地震出版社, 1992.

[73] 王绳祖. 亚洲大陆岩石圈多层构造模型和塑性流动网络 [J]. 地质学报, 1993, 67 (1): 1 - 18.

[74] 王义昭. 三江地区南段大地构造与成矿 [M]. 北京: 地质出版社, 2000.

[75] 王长明, 陈晶源, 杨立飞, 等. 三江特提斯兰坪盆地构造 - 流体 - 成矿系统 [J]. 岩石学报, 2017, 33 (7): 1957 - 1977.

[76] 巫建华等. 大地构造学基础与中国地质学概论 [M]. 北京: 地质出版社, 2013.

[77] 吴凤鸣. 大地构造学发展简史: 史料汇编 [M]. 北京: 石油工业出版社, 2011.

[78] 吴有林, 张琴华. 颤动构造评述 [J]. 浙江地质科技情报, 1996 (2): 14 - 21.

[79] 肖文交, 韩春明, 袁超, 等. 新疆北部石炭纪 - 二叠纪独特的构造 - 成矿作用: 对古亚洲洋构造域南部大地构造演化的制约 [J]. 岩石学报, 2006, 22 (5): 1062 - 1076.

[80] 肖序常, 王军, 苏梨, 等. 青藏高原西北西昆仑山早期蛇绿岩及其构造演化 [J]. 地质学报, 2005 (6): 756.

[81] 肖序常. 开拓、创新, 再创辉煌——浅议揭解青藏高原之秘 [J]. 地质通报, 2006 (Z1): 15 - 19.

[82] 许志琴, 李海兵, 杨经绥, 等. 东昆仑山南缘大型转换挤压构造带和斜向俯冲作用 [J]. 地质学报, 2001, 75 (2): 156 - 164.

[83] 许志琴, 杨经绥, 李海兵, 等. 印度 - 亚洲碰撞大地构造 [J]. 地质学报, 2011 (1): 1 - 33.

[84] 许志琴, 杨经绥, 李化启, 等. 中国大陆印支碰撞造山系及其造山机制 [J]. 岩石学报, 2012 (6): 1697 - 1709.

[85] 闫全人, 王宗起, 刘树文, 等. 西南三江特提斯洋扩张与晚古生代东冈瓦纳裂解: 来自甘孜蛇绿岩辉长岩的 SHRIMP 年代学证据 [J]. 科学通报, 2005 (2): 158 - 166.

[86] 杨莉, 袁万明, 朱晓勇, 等. 三江特提斯南段多期构造活动的锆石裂变径迹证据

[J]．岩石学报，2019，35（5）：1478－1488．

[87] 杨天南，薛传东，信迪，等．西南三江造山带古特提斯弧岩浆岩的时空分布及构造演化新模型 [J]．岩石学报，2019，35（5）：1324－1340．

[88] 杨晓松，金振民．壳内部分熔融低速层及其研究意义 [J]．地球物理学进展，1998，13（3）：38－45．

[89] 叶灿华．运动的地球——现代地壳运动和地球动力学研究及应用 [M]．长沙：湖南科学技术出版社，1997．

[90] 云金表，庞庆山，方德庆．大地构造与中国区域地质 [M]．哈尔滨：哈尔滨工程大学出版社，2002．

[91] 张伯声，王战．地壳波浪状镶嵌构造学说撮要 [J]．长安大学学报（地球科学版），1993（4）：6－10．

[92] 张光亚，赵文智，王红军，等．塔里木盆地多旋回构造演化与复合含油气系统 [J]．石油与天然气地质，2007（5）：653－663．

[93] 张国伟，孟庆任，赖绍聪．秦岭造山带的结构构造 [J]．中国科学（B），1995，25（9）：994－1003．

[94] 张克信，何卫红，徐亚东，等．中国洋板块地层分布及构造演化 [J]．地学前缘，2016，23（6）：24－30．

[95] 张文佑，叶洪，钟嘉猷．"断块"与"板块" [J]．中国科学，1978（2）：195－211，248．

[96] 张文佑，钟嘉猷．中国断裂构造体系的发展 [J]．地质科学，1977（3）：197－209．

[97] 张文佑．断块构造导论 [M]．北京：石油工业出版社，1984．

[98] 张文佑．中国大地构造纲要 [M]．北京：科学出版社，1959．

[99] 张文佑．中国及邻区海陆大地构造 [M]．北京：科学出版社，1986．

[100] 张训华，郭兴伟．块体构造学说的大地构造体系 [J]．地球物理学报，2014，57（12）：3861－3868．

[101] 赵磊，何国琦，朱亚兵．新疆西准噶尔北部谢米斯台山南坡蛇绿岩带的发现及其意义 [J]．地质通报，2013，32（1）：195－205．

[102] 赵政璋．青藏高原大地构造特征及盆地演化 [M]．北京：科学出版社，2001．

[103] 周维贵，李余生，雷庆，等．浅析三江特提斯成矿域成矿作用与找矿方法 [J]．矿物学报，2015，35（S1）：462．

[104] 朱英．中国及邻区大地构造和深部构造纲要：全国1：100万航磁异常图的初步解释 [M]．北京：地质出版社，2004．

[105] CHRISTENSEN N I, MOONEY W D. Seismic velocity structure and composition of the continental crust: A global view [J]. Journal of Geophysical Research Atmospheres, 1995. 100 (B7): 9761－9788.

[106] CLEMENS J D, VIOLZEUF D . Constraints on melting and magma production in the crust [J]. Earth and Planetary Sciences Letters, 1987, 86: 287－306.

[107] DAVIDSON C, HOLLISTER L S, SCHMID S M. Role of melt in the formation of a

deep-crustal compressive shear zone: the Maclaren Glacier Metamorphic Belt, south central Alaska [J]. Tectonics, 1992, 11 (2): 348 – 359.

[108] DENG J, WANG Q F, LI G J. Tectonic evolution, super-simposed orogeny, and composite metallogenicsystem in the Sanjiang region, southwestern China [J]. Gondwana Research, 2017, 50: 216 – 266.

[109] JIM Z-M, GREEN H W, YI Z. Melt topology in porrtial molten mantle peridotite during ductile deformation [J]. Nature, 1994, 372: 164 – 166.

[110] KUSZNIR N J, ZIEGLER P A. The mechanics of continental extension and sedimentary basin formation: A simple-shear/pure-shear flexural cantilever model [J]. Tectonoplysics, 1992, 215: 117 – 131.

[111] LEE T Y, LAWVER L A. Cenozoic plate reconstruction of Southeast Asia [J]. Tectonophysic, 1995, 251 (1/2/3/4): 85 – 138.

[112] LI SANZHONG, SUO YANHUI, LI XIYAO, et al. Microplate tectonics: Insights from micro-blocks in the global oceans continental margins and deep mantle [J]. Earth-Science Reviews, 2018, 185: 1029 – 1064.

[113] LIU HAI-LING, HONG-BO ZHENG, YAN-LIN WANG, et al. Layer-Block Tectonics, a New Concept of Plate Tectonics-An Example from Nansha Micro-Plate, Southern South China Sea [D]. Tectonics, 2011, 1: 251 – 272.

[114] LIU HAILING, SUN YAN, GUO LINGZHI, et al. On the boundary faults' kinematic characteristics and dynamic process of Nansha ultra-crust layer-block. ACTA GEOLOGICA SINICA (English edition), 1999, 73 (4): 452 – 463.

[115] MCKENZIE D. The extraction of magma from the crust and mantle [J]. Earth Planet, 1985, 74: 81 – 91.

[116] O'NEILL C, MARCHI S, BOTTKE W, et al. The role of impacts on Archaean tectonics [J]. Geology, 2020, 48 (2): 174 – 178.

[117] O'NEILL C, MARCHI S, ZHANG S, et al. Impact-driven subduction on the Hadean Earth [J]. Nature Geoscience, 2017 (10): 793 – 797.

[118] ODE H. Faulting as a Velocity Discontinuity in Plastic Deformating in Rock Deformation [J]. Geological society of America memoirs, 1960, 79: 293 – 322.

[119] OXBURGH E R. Flake tectonics and continental collision [J]. Nature, 1972, 239: 202 – 204.

[121] RUSHENTSEV S V, TRIFONOV V G. Tectonic layering of the lithosphere [J]. Episodes, 1985, 7: 44 – 48.

[122] SCHMITZ M, HEINSOHN W D, SCHOOLING F R. Seismic, gravity and petrological evidence for partial melt beneath the thickened central Andean cruct (21 – 23) [J]. Tectonophysics, 1997, 270: 313 – 326.

[123] SUN Y, JIA CHENG-ZAO, JIANG YONG-JI, et al. Determination of Physical Parameters of Rocks and Establishment of Regional Layership Systems in the Northern Tarim Area [J]. Chinese Journal of Geophysics, 1997, 40 (1): 63 – 78.

［124］ SUN Y, WAN L, GUO Z L. Study on the mylonite of the shallow structure level in Southeastern China ［J］. Structural Geology and Geomechanics, 2018, 3: 66 - 73.

［125］ WANG XIAOFENG, LI ZHONGJIAN, CHEN BOLING, et al. The evolution of Tan-Lu fault zone and its geological significance ［C］//Origin and evolution of the Tan-Lu fault system, eastern China ［D］. Workshop of the 30th IGC, Beijing: Geological Society of China, 1996: 12 - 20.